Aachener Bausachverständigentage 1991
Fugen und Risse in Dach und Wand
Rechtsfragen für Baupraktiker

Aachener Bausachverständigentage 1991

REFERATE UND DISKUSSIONEN

Eberhard Baust	Fugenabdichtung mit Dichtstoffen und Bändern
Erich Cziesielski	Gebäudedehnfugen
Günter Dahmen	Dehnfugen in Verblendschalen
Wilhelm Fix	Das Verpressen von Rissen
Gerd Hauser, Anton Maas	Auswirkungen von Fugen und Fehlstellen in Dampfsperren und Wärmedämmschichten
Walter Jagenburg	Die außervertragliche Baumängelhaftung
Nikolai Jürgensen	Öffnungsarbeiten beim Ortstermin
Reinhard Lamers	Dehnfugenabdichtung bei Dächern
Dietrich Mauer	Auslegung und Erweiterung der Beweisfragen durch den Sachverständigen
Rainer Oswald	Grundsätze der Rißbewertung
Werner Pfefferkorn	Erfahrungen mit fugenlosen Bauwerken
Gerhard Schellbach	Mörtelfugen in Sichtmauerwerk und Verblendschalen
Peter Schießl	Risse in Stahlbetonbauteilen
Ulrich Werner	„Auslegung von HOAI und VOB – Aufgabe des Sachverständigen oder des Juristen?"

Aachener Bausachverständigentage 1991

Fugen und Risse in Dach und Wand

mit Beiträgen von
Eberhard Baust   Anton Maas
Erich Cziesielski   Dietrich Mauer
Günter Dahmen   Rainer Oswald
Wilhelm Fix   Werner Pfefferkorn
Gerd Hauser   Gerhard Schellbach
Walter Jagenburg   Peter Schießl
Nikolai Jürgensen   Ulrich Werner
Reinhard Lamers

Rechtsfragen für Baupraktiker

mit Beiträgen von
Walter Jagenburg   Dietrich Mauer   Ulrich Werner

Herausgegeben von Erich Schild und Rainer Oswald
AIBau – Aachener Institut für Bauschadensforschung und angewandte Bauphysik

BAUVERLAG GMBH · WIESBADEN UND BERLIN

Die Deutsche Bibliothek – CIP-Einheitsaufnahme

Fugen und Risse in Dach und Wand / mit Beitr. von Eberhard Baust
. . . Rechtsfragen für Baupraktiker / mit Beitr. von Ulrich Werner
. . . [Gesamtw.:] Aachener Bausachverständigentage 1991. Hrsg. von Erich Schild und Rainer Oswald. – Wiesbaden ; Berlin : Bauverl., 1991.
ISBN 3-7625-2875-6
NE: Schild, Erich [Hrsg.]; Baust, Eberhard; Aachener Bausachverständigentage <1991>; Beigef. Werk

Referate und Diskussionen der Aachener Bausachverständigentage 1991

Das Werk einschließlich aller seiner Teile ist urheberrechtlich geschützt. Jede Verwertung außerhalb des Urheberrechtsgesetzes ist ohne Zustimmung des Verlags unzulässig und strafbar. Das gilt insbesondere für Vervielfältigungen, Übersetzungen, Mikroverfilmungen und die Einspeicherung und Verarbeitung in elektronischen Systemen.

© 1991 Bauverlag GmbH, Wiesbaden und Berlin

Druck- und Verlagshaus Hans Meister KG, Kassel
ISBN 3-7625-2875-6

Vorwort

Die Notwendigkeit von Dehnfugen und die Zulässigkeit von Rissen wird sowohl bei der Neubauplanung und -ausführung als auch bei der Beurteilung fertiggestellter Gebäude immer wieder kontrovers diskutiert. Arbeiten zu diesem Themenkomplex sind bisher nur verstreut und bezogen auf baustoffliche oder konstruktive Teilbereiche publiziert worden.

Der vorliegende Bericht faßt daher für die praktisch tätigen Architekten, Ingenieure und Sachverständigen folgende wichtige Themenkreise zusammen:

- Zur Frage, wie die rißverursachenden Lage-, Form- oder Volumenänderungen von Baustoffen und Bauteilen durch konstruktive Maßnahmen berücksichtigt werden müssen, wird im Hinblick auf die Gebäudedehnfugen und die Verblendschalendehnfugen Stellung genommen.

- Fachgerechte Ausführung und Abdichtung der Fugen wird für die Mörtel- und Dehnfugen der Außenwände sowie für die Dehnfugen in Dächern dargestellt.

- Da Rißbildungen und Anschluß- und Arbeitsfugen unter baupraktischen Bedingungen häufig nicht vermeidbar sind, wird über die Auswirkung von Fugen und Fehlstellen sowie über die Bewertung von Rissen in mehreren Beiträgen berichtet. Abschließend befassen sich die bautechnischen Beiträge mit der Rißsanierung, insbesondere durch Verpressen.

Da das Planen, Realisieren und Beurteilen von Gebäuden in vielfacher Weise nicht nur mit technischen, sondern auch mit rechtlichen Problemen verknüpft ist, behandeln die Aachener Bausachverständigentage grundsätzlich nicht nur technische, sondern auch juristische Themen – soweit sie für den Baupraktiker wichtig und interessant sind.

Im vorliegenden Bericht werden Rechtsfragen zur Auslegung von HOAI und VOB, der Interpretation von Beweisfragen und der außervertraglichen Baumängelhaftung abgehandelt. Sowohl die Beiträge, erst recht aber die ebenfalls abgedruckten Podiumsdiskussionen zeigen, daß im Spannungsfeld zwischen Theorie und Praxis unter Fachleuten keineswegs fällige Einigkeit zum dargestellten Themengebiet besteht. Im Fluß der sich ständig weiterentwickelnden technischen Erkenntnisse umreißt der vorliegende Bericht daher nicht nur den derzeitigen Wissensstand, sondern dokumentiert auch die noch offenen Fragen.

Wir freuen uns, durch dieses Buch – über den großen Teilnehmerkreis der Tagung hinaus – einer breiteren Fachöffentlichkeit Informationen und Anregungen zur weiterführenden Diskussion zu geben. Den Referenten und Tagungsteilnehmern ist herzlich zu danken.

Dr.-Ing. R. Oswald

Inhaltsverzeichnis

Werner, „Auslegung von HOAI und VOB – Aufgabe des Sachverständigen oder des Juristen?" 9

Mauer, Auslegung und Erweiterung der Beweisfragen durch den Sachverständigen. 22

Jagenburg, Die außervertragliche Baumängelhaftung 27

Cziesielski, Gebäudedehnfugen 35

Pfefferkorn, Erfahrungen mit fugenlosen Bauwerken 43

Dahmen, Dehnfugen in Verblendschalen 49

Schellbach, Mörtelfugen in Sichtmauerwerk und Verblendschalen. 57

Baust, Fugenabdichtung mit Dichtstoffen und Bändern 72

Lamers, Dehnfugenabdichtung bei Dächern. 82

Hauser/Maas, Auswirkungen von Fugen und Fehlstellen in Dampfsperren und Wärmedämmschichten 88

Oswald, Grundsätze der Rißbewertung 96

Schießl, Risse in Stahlbetonbauteilen 100

Fix, Das Verpressen von Rissen 105

Jürgensen, Öffnungsarbeiten beim Ortstermin 111

Podiumsdiskussionen 115

„Auslegung von HOAI und VOB – Aufgabe des Sachverständigen oder des Juristen?"

Dr. Ulrich Werner, Rechtsanwalt, Köln

A. Grundsätzliche Überlegungen

Auf den ersten Blick scheint diese Frage rasch beantwortet zu sein. Die Aufgabenfelder zwischen dem Gerichtssachverständigen und Richter sind nämlich grundsätzlich verteilt: In den Artikeln 92 und 97 des Grundgesetzes ist nämlich geregelt, daß den Richtern das alleinige Recht und die alleinige Pflicht zur Entscheidung der gerichtlichen Verfahren zusteht. Dem Richter ist also die Rechtsfindung anvertraut: Er entscheidet den Rechtsstreit in alleiniger Verantwortung und bestimmt, welche Bedeutung eine Rechtsnorm konkret hat und inwieweit der Einzelfall unter diese Norm zu subsumieren ist. Der Richter ist es also auch, der die Maßstäbe von HOAI und VOB im Einzelfall mit endgültiger Verbindlichkeit für die streitenden Parteien anwendet.

Bei dieser dominierenden Rolle des Richters bleibt für den Sachverständigen nur der Part des Richtergehilfen, oder, wie man neuerdings wohl besser sagt, des „Helfers" (Jessnitzer, Der gerichtliche Sachverständige, 9. Aufl. 1988, S. 57). Er hilft dem Richter bei seiner Entscheidung, indem er ihm seinen speziellen Sachverstand zur Verfügung stellt und bei der Aufbereitung der Entscheidungsgrundlage unterstützt (vgl. Sendler, Richter und Sachverständige, NJW 1986, 2907f.) oder bei der Anwendung technischer Generalklauseln oder unbestimmter Gesetzesbegriffe behilflich ist, beispielsweise bei Klärung der Frage, was „anerkannte Regeln der Technik" sind.

Bei dieser Rollenverteilung könnte man meinen, daß die Zusammenarbeit zwischen Richter und Sachverständigen problemlos sein müßte. Gleichzeitig ist aber der Konflikt im Justizalltag aufgezeigt:

> Der eine (Richter) hat zwar keine Sachkunde, aber die alleinige Entscheidungskompetenz;
>
> der andere (Sachverständige) zwar die Sachkunde, aber keine Entscheidungskompetenz (Bayerlein, Praxishandbuch, Sachverständigenrecht, 1990, § 12 Rdn. 68).

Bleiben wir zunächst bei der Hilfe des Sachverständigen im Tatsachenbereich, der Basis der richterlichen Entscheidung. Der Sachverständige soll dem Richter Fakten zur Verfügung stellen, die es ihm ermöglichen, im juristischen Subsumtionsprozeß das Recht zu finden (Müller, Die Rolle des Sachverständigen im gerichtlichen Verfahren, ZSW 1983, 106).

I. Der Grundsatz der freien Beweiswürdigung

Nicht nur in baurechtlichen Prozessen hängt die Entscheidung häufig von der Bewertung technischer Gegebenheiten ab, wobei es dem Richter zumeist an der Sachkunde fehlt, die zur selbständigen Beurteilung spezieller technischer Probleme erforderlich ist. Füllt der Sachverständige die betreffenden Wissenslücken des Richters auf, so bedeutet dies rechtstheoretisch nun keineswegs, daß die richterliche Entscheidungsbefugnis und -verantwortlichkeit eingeschränkt wird. Der Sachverständigenbeweis unterliegt nämlich, wie alle Beweisarten, dem Grundsatz der freien richterlichen Beweiswürdigung, § 286 ZPO, d.h., der Richter ist rechtlich nicht verpflichtet, einem Gutachten zu folgen. Bewiesen im Sinne der freien Beweiswürdigung ist eine Tatsache nur dann, wenn sie zur vollen richterlichen Überzeugung feststeht.

Das bedeutet aber nicht, daß freie Beweiswürdigung mit richterlicher Willkür gleichzusetzen wäre. Vielmehr hat der Richter, um sich eine eigene Überzeugung zu bilden,

– das Sachverständigengutachten nach Kräften auf seine logische und wissenschaftliche Begründung nachzuprüfen (BGH, BB 76, 481; Baumbach/Duden/Albers/Hartmann, ZPO, Übersicht § 402, Anm. 2d.),

– die vom Sachverständigen herangezogenen Erfahrungssätze und Untersuchungsmethoden hinsichtlich ihrer Überzeugungskraft und die Anwendung auf den konkreten Einzelfall kritisch zu beleuchten (vgl. Arens, Deutscher Landesbericht, S. 31),

– sich damit auseinanderzusetzen, ob sein „Helfer" von zutreffenden und vollständigen tatsächlichen Grundlagen ausgegangen ist
– und schließlich das Ergebnis insgesamt zu würdigen (vgl. Arens, a.a.O.).

Kommt das Gericht bei seiner Überprüfung zu dem Ergebnis, dem Gutachten nicht folgen zu können, so kann es dies tun. Allerdings muß es dann auch, neben der geschilderten Auseinandersetzung mit der Expertise, darlegen, daß seine eigene Sachkunde ausreicht, um das Ergebnis des Sachverständigen verwerfen zu können (vgl. BGH, NJW 1981,2578; BGH, NJW 1984, 1408).

Im Ergebnis besteht also keine rechtliche Bindung des Richters an das Sachverständigengutachten. Er kann sich in freier Beweiswürdigung dem Gutachten anschließen, dies aber auch bleiben lassen (Beispiele: Gutachten in Beweissicherungsverfahren/Privatgutachten).

Ein kleiner historischer Ausflug: Im Gegensatz zum heutigen Recht war das Gericht nach dem gemeinen Deutschen Prozeßrecht bis zur Mitte des 19. Jahrhunderts an die Feststellungen des Sachverständigen gebunden (Olzen, Das Verhältnis von Richtern und Sachverständigen im Zivilprozeß unter besonderer Berücksichtigung des Grundsatzes der freien Beweiswürdigung, ZZB 93 (1980), 66, 74): Den Richter sah man als „Sachverständigen für das Recht" als ohne Verantwortung für das Sachverständigengutachten; diese lag allein beim Sachverständigen als „judex facti", also dem Richter des Tatsächlichen.

1. Die freie Beweiswürdigung und komplizierter technischer Sachverhalt

Freilich trägt die heutige saubere Arbeitsteilung zwischen Herrn und Helfer Züge „eines frommen Selbstbetruges" auf Seiten der Richter, wie es Sendler zutreffend gesagt hat (vgl. Sendler, NJW 1986, 2908). Denn unbestreitbar gibt es gerade im technischen Bereich Gutachten, die ein Jurist, eben weil er Jurist und nicht Chemiker, Physiker oder Statiker ist, weder fachlich überprüfen noch gedanklich wirklich nachvollziehen kann (Franzki, Die Reform des Sachverständigenbeweises in Zivilsachen, Deutsche Richterzeitung 1976, 97,98). Wie soll z.B. ein Richter baustatische oder bauphysikalische Berechnungen wirklich nachprüfen? In solchen Fällen ist mit der „freien" Beweiswürdigung nicht allzuviel Staat zu machen: Der Richter soll die gutachterliche Aufbereitung eines technisch schwierigen Sachverhalts würdigen,

– die er dem Sachverständigen überlassen hat, weil er zu ihr selbst nicht in der Lage war
– und zu der er nach der Erstattung des Gutachtens mit Sicherheit immer noch nicht fähig ist.

Trotzdem soll er zu einer eigenen Überzeugung kommen, da er von der Verantwortung für die zu treffende Entscheidung auch in solchen Fällen nicht entbunden ist (vgl. BGHSt 8, 113). So verlangt der BGH, daß der Richter,

„zu einem eigenen Urteil auch in schwierigen Fachfragen verpflichtet ist. Er hat die Entscheidung auch über diese Fragen selbst zu erarbeiten, ihre Begründung selbst zu durchdenken. Er darf sich dabei vom Sachverständigen nur helfen lassen. Je weniger sich der Richter auf die bloße Autorität des Sachverständigen verläßt, je mehr er den Sachverständigen nötigt, ihn – den Richter – über allgemeine Erfahrungssätze zu belehren und mit möglichst allgemein verständlichen Gründen zu überzeugen, desto vollkommener erfüllen beide ihre verfahrensrechtliche Aufgabe."

Also muß der Richter das Gutachten auch in dieser mißlichen Lage kontrollieren, aber nur in dem ihm zur Verfügung stehenden begrenzten Rahmen.

– So kann er beispielsweise die Fachkunde des Sachverständigen durch Informationen über dessen Ausbildung und Reputation überprüfen (vgl. Nicklisch, Generalbericht, S. 221, 252 f.), aus dessen fachlicher Autorität also gewisse Rückschlüsse auf die Qualität des Gutachtens ziehen (vgl. Nicklisch, S. 253; Jessnitzer, S. 56; BGHSt 7, 238, 239 f.).
– Neben dieser indirekten Prüfung ist freilich auch eine Kontrolle der Expertise selbst im Hinblick auf logische Stringenz und Plausibilität (Pieper/Bräuning/Stahlmann, Sachverständige im Zivilprozeß, S. 31) sowie Schlüssigkeit der Begründungen möglich (Nicklisch, S. 254).
– Abgesehen davon hat das Gericht ohnehin stets zu überprüfen, ob das Gutachten die gestellte Beweisfrage umfassend beantwortet und ob die tatsächlichen Voraussetzungen, von denen der Sachverständige ausgeht, dem Sach- und Streitstand entsprechen.

Ist wegen der Schwierigkeit der Materie eine umfassende inhaltliche Würdigung des Gutachtens durch das Gericht nicht möglich, so bedeutet dies, daß der entsprechende Teil der Entscheidung des Richters, der sich dem Gutachten anschließt, de facto vom Sachverständigen und nicht vom Richter herührt (vgl. Nicklisch, S. 252). Dieser Teil „Entscheidungsgewalt" des Sachverständigen ist um so größer, desto weniger der richterliche Laie die fachliche Materie durchdringen kann.

Beinhaltet die anzuwendende Norm auch noch hochkomplizierte technische Begriffe, besteht die Gefahr, daß der Richter auch bei der Subsumtion faktisch ausfällt: Subsumieren unter einen technischen Begriff kann in diesen Fällen nämlich nur derjenige, der auch versteht, was der vom Gesetz verwendete technische Begriff bedeutet. Und das ist der Sachverständige (vgl. Müller, ZSW 83, 100, 107). Faktisch wächst ihm dann ein wesentlicher Teil der Entscheidungsgewalt zu: Der Richter wird zu seinem Gehilfen degradiert (vgl. Müller, a.a.O.).

Glücklicherweise aber sind derartige Konstellationen – schwieriger technischer Sachverhalt und auch noch schwierige technische Norm – im Baurecht nur selten anzutreffen. Im Atomrecht beispielsweise aber stößt die richterliche Beweiswürdigung hart an ihre Grenzen. So hörte das Gericht im Verfahren um die Genehmigung des Kernkraftwerks Wyhl 53 Sachverständige und hatte außerdem 50 teilweise sehr umfangreiche Gutachten zu würdigen, unter anderem aus den Bereichen Sicherheitstechnik, Radioökologie, Hydrologie, Meteorologie und Seismologie (Arens, S. 33). Bei einer derartigen Flut technischer und wissenschaftlicher Details, garniert mit widerstreitenden Expertenmeinungen dürfte das Gericht zu einer umfassenden Beweiswürdigung schwerlich in der Lage gewesen sein.

2. Freie Beweiswürdigung und anerkannte Theorien

Die faktische Aushöhlung des Grundsatzes der freien Beweiswürdigung als richterlichem „Herrschaftsinstrument" über den Sachverständigen wird in der Praxis noch unterstützt durch die höchstrichterliche Rechtsprechung selbst. So müssen wissenschaftliche Erkenntnisse – also Erfahrungs- und Wissenssätze, sogenannte Theorien –, die in den maßgebenden Fachkreisen allgemein und zweifelsfrei als richtig und zuverlässig anerkannt sind, vom Richter hingenommen werden, selbst wenn er nicht in der Lage ist, ihre Grundlagen erschöpfend nachzuprüfen (Pieper/Bräuning/Stahlmann, a.a.O.). Können demnach wissenschaftliche Erkenntnisse nicht selbst in Zweifel gezogen werden, bleibt für die Beweiswürdigung kein Raum (Pieper/Bräuning/Stahlmann, a.a.O.).

Dem Richter ist damit ganz offen auch insoweit ein Teil der Verantwortung für die prozessuale Wahrheitsfindung aus der Hand genommen worden: Er hat den vom Sachverständigen vermittelten Theorien zu folgen.

3. Handhabung der freien Beweiswürdigung in der Praxis

Auch eine empirische Untersuchung deutet darauf hin, daß der Sachverständige trotz der vorgeschriebenen Beweiswürdigung in der Praxis vielfach zum judex facti avanciert sein dürfte. Nach dieser Untersuchung stimmen in ca. 95 % der Fälle die Urteile mit dem eingeholten Gutachten gänzlich oder zum überwiegenden Teil überein (Arens, S. 32). Dies kann sicherlich an der Qualität der Sachverständigen und ihrer Gutachten liegen. Mindestens ebenso naheliegend ist es jedoch, daß der Richter der Expertise folgt, weil es einfacher ist, sich einem Sachverständigengutachten anzuschließen, als den Versuch zu machen, es überzeugend zu widerlegen (Sendler, NJW 1986, 2908, 2909). Will er es nämlich widerlegen, so ist er – wie schon gesagt – gesetzlich verpflichtet, eine genaue Begründung zu liefern, § 286 Abs. 2 ZPO. Hinzu kommt eine von der höchstrichterlichen Rechtsprechung errichtete weitere Hürde: Der Richter hat darzulegen, daß seine eigene Sachkunde ausreicht, um sich ein von der Ansicht des Sachverständigen abweichendes Urteil bilden zu können (BGH, NJW 1981, 2578).

Vor diesem Hintergrund ergibt sich jedenfalls bei den komplizierten technisch-wissenschaftlichen Gutachten eine faktische Bindung des Gerichts an die Meinung des Sachverständigen (Arens, S. 32). Zwar kann das Gericht bei Zweifeln am Sachverständigen und dessen Ergebnis ein weiteres Gutachten einholen, doch wird das Problem dadurch nicht gelöst, sondern nur verschoben.

Die häufig vorhandene richterliche Hilflosigkeit schlägt sich auch bei der Wiedergabe der inhaltlichen Auseinandersetzung mit dem Gutachten im Urteil nieder: Hier nehmen die Richter häufig – sicherlich oft schlechten Gewissens – seit eh und je Zuflucht zu Leerformeln und

formelhaften Wendungen (vgl. Sendler, NJW 1986, 2908, 2909) wie
– „der Senat trägt keine Bedenken, den überzeugenden Ausführungen des Sachverständigen Dr. X, an dessen Sachkunde zu zweifeln kein Anlaß besteht, in vollem Umfang zu folgen" (OLG Hamm, NJW-RR 1989, 602, 603)
– oder „das Gericht hat sich nach Überprüfung des Gutachtens aufgrund eigener Urteilsbildung den überzeugenden Ausführungen des Sachverständigen angeschlossen" (vgl. Franzki, Deutsche Richterzeitung 1976, 97).

4. Zwischenergebnis

Halten wir also insoweit fest, daß der Grundsatz der freien Beweiswürdigung vor dem Hintergrund der immer komplexer und komplizierter werdenden Technik in der Praxis Einschränkungen erfährt. Der Sachverständige wird de facto zum Richter auf dem Terrain, das der Richter hat räumen müssen. In dem Maße, in dem der Richter ein Gutachten nur noch unkontrolliert übernimmt, bestimmt der Sachverständige mittelbar, inwieweit die Voraussetzungen einer Norm im Einzelfall erfüllt sind.

II. Freie Beweiswürdigung und unbestimmte Gesetzesbegriffe bzw. Generalklauseln

Wie wir bereits festgestellt haben, unterstützt der Sachverständige den Richter neben der Zulieferung von technischen Fakten auch durch seine Hilfe bei der Anwendung unbestimmter Rechtsbegriffe und Generalklauseln, wie z. B. „Regeln der Baukunst bzw. Technik".

Das BGB kennt übrigens den Begriff der anerkannten Regeln der Technik nicht. Auch die VOB erwähnt den Begriff der anerkannten Regeln der Technik fast nur beiläufig, wenn sie in § 4 Nr. 2 VOB/B erwähnt, daß der Auftragnehmer bei der Ausführung der Bauleistung die anerkannten Regeln der Technik zu beachten hat. Ähnliches ist dann in § 13 Nr. 1 VOB/B noch zu finden.

Der Gesetzgeber bedient sich solcher unbestimmten Rechtsbegriffe und Generalklauseln, damit er die Gesetze nicht ständig den technischen Neuerungen anpassen muß, was in dem ohnehin schwerfälligen Gesetzgebungsverfahren letztlich auch unmöglich ist. In diesem Fall weist der Gesetzgeber die Konkretisierung der betreffenden Generalklausel den zuständigen Gerichten zu (sogenannte Delegationsfunktion der Generalklausel). Die Lücke wird also durch eigene Wertung des Gerichts geschlossen (Arens, a.a.O., S. 38). Damit überwindet er den Gegensatz zwischen statisch angelegtem Recht und sich ständig weiterentwickelnder Technik („Dynamik der Technik" und „Statik des Rechts"). Die Rechtsform paßt sich flexibel und dynamisch der jeweiligen technischen Entwicklung an und behindert dadurch nicht den technischen Fortschritt (Nicklisch, S. 226).

Erkauft wird die Flexibilität freilich durch einen gewissen Verzicht auf Rechtssicherheit. Die jeweilige Vorschrift nämlich hat eine Lücke, die bei jeder Anwendung auf den Einzelfall aufs Neue gefüllt werden muß: Das kann bei gleichem Sachverhalt aufgrund der raschen technischen Entwicklung zeitlich versetzt zu unterschiedlichen Ergebnissen führen.

1.

In einem Verfahren, in dem das Gericht technische Standards anzuwenden hat, wird nun ein hinzugezogener Sachverständiger auf zwei Ebenen tätig.

– Zum einen erstellt er ein Gutachten, in dem die Generalklausel konkretisiert, also erläutert, was Regel der Technik im Einzelfall ist, damit wird der technische, gleichzeitig aber auch der rechtliche Beurteilungsmaßstab ermittelt (vgl. Nicklisch, S. 228).

– Zum anderen hilft er dem Gericht bei der Subsumtion der von ihm festgestellten Einzelheiten unter die Generalklausel, führt also aus, ob die von ihm ermittelten Regeln der Technik im Einzelfall eingehalten worden sind.

Auf den ersten Blick ist es hier nun der Sachverständige, der die Norm jedenfalls hinsichtlich der Generalklausel auslegt und insoweit die Richterrolle übernimmt. Bei der Ausfüllung des Begriffs „Regel der Technik" als Generalklausel es auch unumgänglich, den Sachverstand des Experten heranzuziehen, weil ein Gericht in aller Regel nicht die notwendige eigene Sachkunde hat. Nicht einmal auf DIN-Normen nämlich kann sich ja der Richter zur Konkretisierung der Generalklausel „Regel der Technik" ohne weiteres verlassen (a.A. Nicklisch, S. 266 f.). Denn nicht jede DIN-Norm oder jedes andere Regelwerk ist auch gleichzeitig stets Regel der Technik, so etwa, wenn die DIN-Norm mangels Fortschreibung veraltet ist und damit nicht mehr den neueren Erkenntnissen der Theorie und Baupraxis entspricht. Schöne Beispiele hierfür sind einmal die alte DIN 4108 (Wärmeschutz im Hochbau jetzt in der überarbeiteten Fassung August 1981) (vgl. hierzu Knüttel, BauR 1985,

54; Mantscheff, BauR 1982, 435; Kamphausen/Reim, BauR 1985, 397; Glitzka, BauR 1987, 388 u. Lühr, BauR 1987, 390; OLG Hamm, BB 1981, 1975), aber auch die DIN 4109 (Schallschutz) (vgl. Werner/Pastor, Der Bauprozeß, 6. Aufl. 1990, Rdn. 1276), die beide Gegenstand zahlreicher gerichtlicher Entscheidungen und vieler Aufsätze waren.

Aber auch der umgekehrte Fall ist möglich: Es existieren Regeln der Technik, aber (noch) keine entsprechenden DIN-Normen, weil in aller Regel die DIN-Normen den anerkannten Regeln der Technik nur mit einer zeitlichen Verzögerungen angepaßt werden können. Beispiel hierfür ist die Kerndämmung im Rahmen eines zweischaligen Verblendmauerwerks, die von Technik und Praxis durchaus als bautechnisch und bauphysikalisch anerkannt war und daher auch vom Institut für Bautechnik in vielen Genehmigungsverfahren zugelassen worden ist, aber nicht in der DIN 1053 ihren Niederschlag gefunden hat. Erst in der Neufassung von Feburar 1990 wurde dies nachgeholt (vgl. hierzu Groß/Riensburg, BauR1986, 533 u. BauR 1987, 633; Glitzka, BauR 1987, 388; Lühr, BauR 1987, 390; Reim/Kamphausen, BauR 1987, 629).

Anerkannte Regeln der Technik müssen in der Theorie und Baupraxis anerkannt sein. Die Regeln müssen also einmal in der Wissenschaft – durch wissenschaftliche Erkenntnisse – als theoretisch richtig erkannt sein. Zum anderen muß aber die Regel auch in der Baupraxis bekannt und aufgrund längerer praktischer Erfahrungen als richtig und notwendig anerkannt worden sein; insoweit muß also ein allgemeiner Konsens in der Fachwelt bestehen (Symbiose von Theorie und Praxis; Knüttel BauR 1985, 54, 61: „Theorie ist, wenn man alles weiß und nichts funktioniert; Praxis ist, wenn alles funktioniert und keiner weiß warum"). Da ein Gericht den Konsens von Theorie und Praxis aufgrund mangelnden Fachwissens selbst nicht ermitteln kann, muß es sich hierzu des Sachverständigen bedienen. Dessen Aufgabe ist es, die Mehrheitsauffassung unter den Experten in Theorie und Praxis zu vermitteln.

Unter Technikern, aber auch Sachverständigen wird, wie die Umfrage einer IHK ergeben hat, die Meinung vertreten, daß man unter Regeln der Technik die Summe aller geltenden DIN-Normen zu verstehen hat. Das ist falsch. Damit ist auch eine Schlußfolgerung eines Sachverständigen unrichtig, daß ein Verstoß gegen die Regeln der Technik vorliegt, wenn ein bestimmtes Regelwerk oder eine DIN-Norm nicht eingehalten worden ist. Das kann, aber muß nicht sein. Es ist – insbesondere bei Zweifeln – Aufgabe des Sachverständigen, in diesem Zusammenhang dem Gericht zu erläutern, daß die betreffende DIN-Norm Regel der Technik ist oder nicht. Die DIN-Normen stellen nur einen Teil der anerkannten Regeln der Technik dar. Sie sind also nicht mit den anerkannten Regeln der Technik identisch. Sie gelten vielmehr als Unterfall der allgemein anerkannten Regeln der Technik.

Das Verhältnis der DIN-Norm zu den anerkannten Regeln der Technik charakterisiert sich darüber hinaus dadurch, daß sich DIN-Normen nur durch eine ausdrückliche Fortschreibung verändern, während sich die Regeln der Technik im Laufe der Zeit gleitend fortentwickeln. Sie haben also gewissermaßen eine Eigendynamik.

Diese Eigendynamik und diese gleitende Fortentwicklung in der Technik kann nur ein Sachverständiger dem Gericht vermitteln. Auf diesen Erkenntnissen kann dann das Gericht seine weiteren Überlegungen aufbauen.

2.

Nach alledem: Kommen ausfüllungsbedürftige Generalklauseln wie die Regeln der Technik zur Anwendung, wird der Sachverständige faktisch, zumindest graduell, zum Richter. Denn er konkretisiert die Generalklausel und legt ihre Reichweite fest.

Jedoch bleibt auch hier zumindest formal der Richter derjenige, der im Rahmen seiner Entscheidungsverantwortlichkeit das letzte Wort hat. Er hat nämlich auch das eine Generalklausel betreffende Sachverständigengutachten einer Beweiswürdigung zu unterziehen und stellt dann rechtsverbindlich den Inhalt des technischen Standards selbst fest. Allerdings steckt er hier in dem gleichen Dilemma wie bei der freien Beweiswürdigung von Gutachten im technischen Bereich. Wie soll er als Nichtfachmann den Experten überzeugen und fundiert widerlegen, ohne daß die höhere Instanz sein Urteil kassiert.

Im Ergebnis ist damit hinsichtlich der Überprüfung von Sachverständigengutachten festzuhalten: Die Anwendung und Auslegung von Rechtsnormen ist grundsätzlich und rechtstheoretisch dem Richter zugewiesen. Doch in dem Maße, in dem der Richter nicht mehr in der Lage ist, technische Gegebenheiten tatsächlich fundiert und detailliert nachzuvollziehen, wird diese Rolle zur Farce. Die entstandene Lücke füllt der Sachverständige auf.

B. Beispiele

Wo sind nun aber im konkreten Fall die Grenzen zwischen den Arbeitsfeldern des Sachverständigen und denen des Gerichts? Diese Frage möchte ich anhand von einigen Beispielen aus der HOAI und der VOB beantworten, nachdem ich bereits am Beispiel der Bewertung des Begriffs „Regeln der Technik" die Rollenverteilung zwischen Gericht und Sachverständigem aufgezeigt habe.

I. HOAI

1. Beurteilung der „Prüffähigkeit" einer Honorarrechnung

Die Gerichte müssen sich heute in verstärktem Maße der Hilfe und Unterstützung von Sachverständigen versichern, um Honorarrechnungen von Architekten und Ingenieuren auf der Basis der HOAI nachprüfen zu können. Im Gegensatz zur alten GOA gibt die HOAI mehr Rätsel auf, als daß sie Probleme löst. Obwohl die HOAI nunmehr über 14 Jahre existiert, wird sie von der Praxis in keiner Weise beherrscht: Mindestens 80 % aller Honorarrechnungen von Architekten und Ingenieuren entsprechen nicht den Bestimmungen der HOAI. Daraus kann gefolgert werden, daß die HOAI von dem Berufsstand, für den sie geschaffen wurde, nicht angenommen wurde (vgl. hierzu Werner, Festschrift Locher, S. 289). Das Unbehagen und das Unverständnis der Architekten und Ingenieure gegenüber ihrer HOAI ist auch nachvollziehbar, weil viele Vorschriften verunglückt und nicht praktikabel sind. Die vielen Nachbesserungen – inzwischen gibt es die 4. Änderungsnovelle – und die vielen Honorarprozesse sowie die Flut der Entscheidungen zur HOAI bestätigen dies.

Nach § 8 HOAI wird das Honorar der Architekten und Ingenieure erst fällig, wenn dem Auftraggeber eine prüffähige Honorarschlußrechnung überreicht worden ist. Die Feststellung der Prüffähigkeit der Honorarrechnung ist Sache des Gerichts. Hat es nicht die Sachkunde, muß es sich selbst die Sachkunde aneignen, weil das Lesen und Verstehen einer Verordnung sowie die Subsumtion unter den Einzelfall

nicht Sache der Techniker, sondern der Berufsgruppe ist, die diese verunglückte Honorarordnung geschaffen hat.

Das Gericht hat damit zu prüfen, ob die Form der Rechnung dem System der HOAI entspricht, also die Mindestangaben, die die HOAI verlangt, enthält. Das sind bei Architektenrechnungen folgende Mindestangaben:

– das Leistungsbild
– die Honorarzone
– der Gebührensatz
– die anrechenbaren Kosten
– die erbrachten Leistungen
– die Vomhundertsätze.

Eine prüffähige Schlußrechnung kann auch dann vorliegen, wenn die Rechnung falsch ist, das System der HOAI aber eingehalten wurde (OLG Hamm, NJW-RR 1990, 522). Macht z.B. der Architekt unrichtige Angaben bezüglich der anrechenbaren Kosten unter Berücksichtigung des richtigen Kostenermittlungsverfahrens nach der DIN 276, ist die Schlußrechnung des Architekten durchaus überprüfbar und damit fällig. Der Bauherr kann nunmehr aber die Höhe der anrechenbaren Kosten beanstanden.

Entspricht demgegenüber eine Honorarrechnung eines Architekten nicht den Anforderungen der HOAI (insbesondere hinsichtlich der Zweiteilung der anrechenbaren Kosten im Rahmen des § 10 Abs. 2 HOAI), ist sie nicht prüffähig und damit nicht fällig. Eine Klage, die auf diese Schlußrechnung gestützt wird, ist mangels Fälligkeit als derzeit unbegründet abzuweisen, was in der Praxis sehr häufig geschieht. Eine nicht prüffähige Schlußrechnung eines Architekten kann auch nicht – im Rahmen einer gerichtlichen Auseinandersetzung – durch Einholung eines Sachverständigengutachtens „prüffähig gemacht werden". Vor allem kann die von dem Architekten geschuldete Kostenermittlung nicht durch ein Sachverständigengutachten ersetzt werden. Eine Überprüfung durch einen Sachverständigen kommt daher nur dann in Betracht, wenn die Richtigkeit der nach der HOAI prüffähig erstellten Honorarschlußrechnung zur Diskussion steht, also insbesondere die Frage, ob die angegebene Honorarzone zutreffend ist oder die in Ansatz gebrachten Leistungen tatsächlich erbracht sind.

In einer etwas rätselhaften Entscheidung hat zwar der BGH (BauR 1990, 97 = MDR 1990, 330 = ZfBR 1990, 19) eine Kostenermittlung aufgrund eines Sachverständigengutachtens als ausreichend für die Fälligkeit des Architektenhonorars angesehen. Es handelt sich aber insoweit um einen Ausnahmefall aufgrund des Grundsatzes von Treu und Glauben, weil in diesem Fall eine nachträgliche Rekonstruktion der maßgeblichen Kostenansätze praktisch nicht mehr möglich und auch unzumutbar war.

Hat das Gericht festgestellt, daß die Rechnung nicht prüffähig ist, weil z. B. die Zweiteilung der Kostenermittlung nicht gewahrt ist, hat es nunmehr von sich aus eine etwaige Klage als unbegründet abzuweisen. Der Architekt hat damit Gelegenheit, dem Bauherrn nunmehr eine neue prüffähige Schlußrechnung vorzulegen.

Stellt das Gericht fest, daß die Rechnung prüffähig ist, muß es nunmehr auf etwaige Einwendungen des Auftraggebers feststellen, ob die in der Rechnung enthaltenen Angaben richtig oder falsch sind.

2. Bestimmung der „anrechenbaren Kosten"

In Honorarprozessen ist insoweit Hauptstreitpunkt die Feststellung der richtigen anrechenbaren Kosten als wichtigste Grundlage für die Ermittlung des Honorars. Hierzu wird nun in aller Regel der Sachverständige gefordert. Dabei können sich Fragen ergeben wie:

– Sind die Massen und Einheitspreise im Rahmen der vom Architekten vorgenommenen Kostenberechnung angemessen oder zu hoch angesetzt, um das Honorar entsprechend anzuheben?
– Sind die im Rahmen der Kostenfeststellung ermittelten tatsächlichen Kosten richtig?
– Welche ortsüblichen Preise sind in Ansatz zu bringen, wenn der Bauherr selbst Lieferungen oder Leistungen übernimmt?
– Welche vorhandene Bausubstanz ist technisch oder gestalterisch mitverarbeitet worden, so daß diese bei den anrechenbaren Kosten angemessen zu berücksichtigen ist (§ 10, Abs. 3 a HOAI)?

Es können auch differenziertere Fragen auftauchen. Immerhin gibt es allein zu diesem Komplex der anrechenbaren Kosten ein über 200 Seiten starkes Buch von Enseleit/Osenbrück. In einem meiner Bauprozesse tauchte z. B. die Frage auf, ob ein Verblendmauerwerk von 9 cm Stärke bei einem Zweischalenmauerwerk zu den anrechenbaren Rohbaukosten bei der Tragwerksplanung gehört. In § 62 HOAI heißt es insoweit: „Nicht anrechenbar sind die Kosten für nicht tragendes Mauerwerk, wenn es kleiner als 11,5 cm ist.

Es gibt insoweit zwei Meinungen:

1. Das Verblendmauerwerk ist ein nicht tragendes Mauerwerk. Es wird gesondert erstellt und ist daher nicht als eine Einheit im gesamten Mauerwerk zu sehen, so daß die Kosten als nicht anrechenbare Kosten im Sinne des § 62 HOAI anzusehen sind.
2. Ein Zweischalenmauerwerk ist eine Einheit. Das Verblendmauerwerk ist ein ganz wesentlicher Bestandteil des gesamten Aussenmauerwerks, insbesondere wenn die Schicht zwischen Innenschale und Verblendmauerwerk mit Beton vergossen wird. Die Dicke des Außenmauerwerks ergibt sich daher aus der Addition der Innenschale und des Verblendmauerwerks, so daß auch die Kosten für das Verblendmauerwerk anrechenbare Kosten sind.

Nun könnte man meinen, daß die Bewertung dieser Frage eine klassische Aufgabe eines Sachverständigen ist. Dem ist aber nicht so: Auch hier kann ein Sachverständiger nur Hilfestellung leisten. Letztlich muß daß Gericht diesen Begriff auslegen und vor allem die Motive erforschen, aus welchen Gründen der Verordnungsgeber diese Regelung in § 62 HOAI getroffen hat. Geht man so vor, kann man nur zu dem juristischen Ergebnis kommen, daß grundsätzlich alles das, was ohne statischen Nachweis erstellt werden kann, nicht unter die anrechenbaren Kosten fallen sollte, wie z. B. leichte Trennwände usw. Bei einem Verblendmauerwerk sind aber statische Überlegungen hinsichtlich der Schale, der Verankerung und der Abfangung durchaus notwendig, so daß es auch gerechtfertigt erscheint, dieses Mauerwerk zu den anrechenbaren Kosten zu zählen.

3. Festlegung der Honorarzone im Sinne der §§ 11 und 12 HOAI

Wer bestimmt im Rahmen eines Rechtsstreits – als weiteres Beispiel – welche Honorarzone bei einem Gebäude zutreffend ist? Ob es sich bei dem betreffenden Bauvorhaben um eines der in § 12 HOAI genannten Objekte handelt – etwa eine Garage oder ein Sportleistungszentrum –, kann zweifellos auch der nicht sachverständige Richter beurteilen. Schwieriger wird es dann schon bei der Frage, ob die Merkmale des Objekts auch mit den Charakteristika der entsprechenden Honorarzone nach § 21 Abs. 1

HOAI in Einklang stehen, die Garage also beispielsweise tatsächlich eine einfache Konstruktion bzw. das Sportleistungszentrum eine überdurchschnittliche technische Ausrüstung hat. Hier wird das Gericht regelmäßig auf die Hilfe eines Sachverständigen angewiesen sein, wenn es in Anwendung des § 11 Abs. 2 und 3 HOAI über die Einordnung eines Gebäudes mit Bewertungsmerkmalen aus mehreren Honorarzonen entscheiden soll (vgl. Locher/Koeble/ Frik, Kommentar zur HOAI, 5. Aufl. 1989, § 11, Rdn. 8). Dabei wird der Richter die Bedeutung der sechs Bewertungsmerkmale meist noch ohne Gutachter erfassen können. Ein Blick in einen Kommentar zur HOAI macht ihm deutlich, was es mit den Merkmalen Einbindung in die Umgebung, Anzahl der Funktionsbereiche, gestalterische Anforderungen usw. auf sich hat.

Im Kommentar wird etwa „Einbindung in die Umgebung" als Einordnung des Bauvorhabens in den dafür maßgebenden näheren, um das Gebäude liegenden Baubereich in ästhetischer und bauordnungsrechtlicher Hinsicht definiert (Hesse/Korbion/Mantscheff/Vygen, §§ 11, 12 HOAI, Rdn. 11) und mit Beispielen konkretisiert. Hier ergeben sich meist Fragen der Eingliederung in die Landschaft, topographische Anforderungen und Überlegungen, Fragen des Landschaftsschutzes und auch sonstige öffentlich-rechtliche Gesichtspunkte.

Kann sich der Richter nach dem Studium der Kommentare also etwas unter den Bewertungsmerkmalen im einzelnen vorstellen, so wird er als Nichtfachmann regelmäßig (zumindest bei planerisch schwierigen Vorhaben) überfordert sein, wenn er eine stichhaltige Begründung dafür liefern soll, daß z. B. die Planung sehr hohe oder nur durchschnittliche oder gar nur geringe konstruktive Ansprüche mit sich bringt. Will er dennoch in solchen Fällen die betreffende Beurteilung ohne Sachverständigen vornehmen, so hat er nach höchstrichterlicher Rechtsprechung näher darzutun, worauf denn eigentlich seine eigene Sachkunde beruht (vgl. BGH, NJW 1970, 419).

Vor diesem Hintergrund kann es nicht verwundern, wenn die Einordnung der Bauvorhaben in Honorarzonen zunächst überwiegend den Gutachtern überlassen wird. Ob aber der Sachverständige tatsächlich und letztlich bestimmt, welche Bedeutung beispielsweise die insoweit unbestimmten Rechtsbegriffe „durchschnittlich" oder „gering" haben, und ob er damit letztlich die Reichweite der Norm im Einzelfall bestimmt, hängt auch hier von der Realisierung des Grundsatzes der freien Beweiswürdigung ab. Kann der Richter den Ausführungen des Gutachters folgen, inhaltlich also nachvollziehen, aufgrund welcher Umstände z. B. der Ausbau überdurchschnittlichen Charakter aufweist, kann er das Gutachten auch würdigen und behält damit seine Entscheidungsgewalt in vollem Umfang. Damit bestimmt das Gericht, was im konkreten Fall „durchschnittliche" oder „geringe" Planungsanforderungen sind. Daher wird regelmäßig der Richter derjenige sein, der letztlich den § 11 HOAI in Anwendung auf den Einzelfall auslegt; der Sachverständige hat insoweit nur helfende Funktion.

4. Exkurs: Beurteilung der Urheberrechtsfähigkeit eines Bauwerks

Insbesondere bei – vermeintlich – unkomplizierten Fällen kommt es häufiger vor, daß Gerichte versuchen, gänzlich ohne Sachverständigenhilfe auszukommen. Sie trauen sich zu, über genügend eigenes Fachwissen zu verfügen, um einen bestimmten Einzelfall sachkundig beurteilen zu können. In solchen Fällen läuft der Richter nicht Gefahr, seine Entscheidungsverantwortlichkeit teilweise an den Sachverständigen abgeben zu müssen. Die Tücke dieser richterlichen Souveränität liegt aber in der möglichen Überschätzung eigener Sachkunde, was dann zu fehlerhaften Urteilen führen kann. Dies mag ein Exkurs in die Rechtsprechung zum Urheberrecht belegen: Der Begriff der Urheberrechtsfähigkeit steht ja mit dem Begriff der gestalterischen Anforderungen im Sinne des § 11 HOAI in enger Beziehung.

Nach der Rechtssprechung des BGH zum Urheberrecht der Architekten kann ein Gericht unter Verzicht auf einen Sachverständigen auf die eigene Sachkunde zurückgreifen, „wenn es nicht auf ästhetische Feinheiten ankommt, zu deren Feststellung ein auf dem betreffenden Gebiet arbeitender Fachmann erforderlich ist, sondern nur auf den ästhetischen Eindruck, den das Werk nach dem Urteil eines für Kunst empfänglichen und mit Kunst einigermaßen vertrauten Menschen macht" (BGH, GRUR 1980, 853; OLG München, GRUR 1987, 290, 291). Für die Frage, ob es sich bei einem Bauwerk überhaupt um Kunst handelt – mit der Folge der Urheberrechtsfähigkeit –, kommt es nicht unbedingt auf die erwähnten ästhetischen Feinheiten an (vgl. OLG München, GRUR

1987, 290, 291). Insoweit kann ein Sachverständigengutachten also entbehrlich sein (vgl. OLG München, a.a.O.). Leider oder Gott sei Dank zeigt die Praxis, daß offenbar nicht jedes Gericht in dem Maße kunstempfänglich ist, daß es ein Werk auch ohne Sachverständigen beurteilen kann.

Ein schönes Beispiel der völligen Falschbeurteilung eines Bauwerks als Kunstwerk bietet ein Urteil des OLG Köln (AZ.: 6 U 238/89). Nach allgemeiner Rechtsprechung handelt es sich um ein Kunstwerk im Sinne des Urhebergesetzes, wenn das Vorhaben eine eigenpersönliche geistige Schöpfung darstellt (BGHZ 24, 55, 63; BGH, GRUR 80, 853, 854), also eine originelle, eigenschöpferische Darstellungsweise erkennen läßt (Werner/Pastor, Rdn. 1662 ff.). Das OLG Köln hat nun seiner Entscheidung einen eigenen – leider unzutreffenden – Kunstbegriff zugrunde gelegt:

> „Der Kläger hat eine durchaus individuelle Lösung der technischen und ästhetischen Probleme der Bebauung des vorgenannten Grundstücks gefunden; ohne Zweifel wären insoweit sowohl in technischer als auch in gestalterischer Hinsicht gänzlich andere Lösungen möglich gewesen."

Damit hat das Gericht die Wesensmerkmale eines Kunstwerks im Sinne des Urhebergesetzes verkannt. Kriterium ist nicht allein eine individuelle Lösung, die möglicherweise auch anders hätte aussehen können. Es gilt vielmehr, die spezifische geistige Schöpfung des Architekten zu würdigen, mit anderen Worten: Auf welchem schöpferischen Niveau sich die Individualität des Architektenwerks befindet.

5. Subsumtion des Begriffs der „grundsätzlich verschiedenen Anforderungen" mehrerer Vor- und Entwurfsplanungen

Doch kehren wir wieder zur HOAI selbst zurück. Dort bestimmt § 20 die Höhe der Honorarsätze,

> wenn für dasselbe Gebäude auf Veranlassung des Auftraggebers mehrere Vor- und Entwurfsplanungen nach grundsätzlich verschiedenen Anforderungen gefertigt worden sind.

Wer bestimmt hier nun letztlich, was verschiedene Anforderungen sind? Eine nur unwesentliche Abweichung in der Gestaltung des ursprünglichen Planungskonzepts reicht insoweit nicht aus, die Anforderungen müssen schon in beachtlichem Maße, voneinander abweichen (Hesse/Korbion/Mantscheff, § 20, Rdn. 3). Der Sachverständige wird also dem Richter erklären, ob die Abweichung in der Gestaltung bedeutsam oder unwesentlich ist und damit den Vor- und Entwurfsplanungen die gleichen oder verschiedenen Anforderungen zugrunde lagen. Doch bleibt dem Gutachter letztlich auch in diesem Beispiel ausschließlich die Helferrolle vorbehalten. Denn wie bei der Einordnung von Vorhaben in Honorarzonen wird auch hier der Richter mit einer umfassenden Würdigung des Gutachtens nicht überfordert sein, er behält damit die volle Entscheidungsgewalt. Eine gut abgefaßte Expertise wird ihn insoweit regelmäßig in die Lage versetzen, die feinen Unterschiede zwischen wesentlichen und unwesentlichen Abweichungen nachvollziehen und sich selbst damit auseinandersetzen zu können.

II. VOB/B

Wie sehen nun die tatsächlichen Herrschaftsverhältnisse zwischen Richtern und Sachverständigen im Bereich der VOB aus? Auch hier sollen einige Beispiele dies deutlich machen.

1. Minderung/Minderwert, § 13 Nr. 6 VOB/B

Wer bestimmt beispielsweise, ob ein Auftraggeber einen Minderungsanspruch hat und wie hoch ggf. der Mindertwert oder die Wertminderung anzusetzen ist.

a)

Im Gegensatz zum BGB kann der Auftraggeber nach § 13 Nr. 6 VOB/B nur unter bestimmten Voraussetzungen eine Minderung der Vergütung verlangen, nämlich wenn die Mängelbeseitigung
– unmöglich ist,
– einen unverhältnismäßig hohen Aufwand erfordert und der Auftragnehmer die Mängelbeseitigung deshalb verweigert,
– für den Auftraggeber unzumutbar ist.

Mit den entsprechenden Problemen hatten wir uns schon auf den Sachverständigentagen 1988 beschäftigt, so daß ich hierauf verweisen kann. Hier interessiert nur die Frage, wer bestimmt, ob nun die vorangegangenen Voraussetzungen gegeben sind. An diesem Beispiel kann man das „Rollenspiel" zwischen Richtern und Sachverständigen besonders deutlich markieren:

– Da es sich um die Auslegung und Subsumierung von Rechtsbegriffen (nämlich unbestimmter Rechtsbegriffe) handelt, ist es allein Sache des Gerichts, die entsprechenden Voraussetzungen zu bejahen oder zu verneinen.
– Andererseits ist das Gericht in aller Regel hierzu jedoch nicht in der Lage, weil ihm die technischen Grundlagen fehlen: Deshalb braucht das Gericht die Hilfe des Sachverständigen, der dann letztendlich die Weichen insoweit stellt. Er gibt nämlich vor:
– ob eine Mängelbeseitigung technisch unmöglich ist,
– welche Kosten mit einer Mängelbeseitigung verbunden sind und welcher Erfolg erzielt werden kann (zur Feststellung des unverhältnismäßigen Aufwandes),
– und schließlich mit welchen Einschränkungen für den Auftraggeber eine Mängelbeseitigung (z.B. längere Betriebsstörung) verbunden ist (zur Feststellung der Unzumutbarkeit).

Diese Rollenverteilung ist sicherlich die Regel. Das muß aber nicht der Fall sein. Ich darf an den Fall des OLG München (VersR 1965, 366) erinnern, bei dem es um die Frage ging, ob bei einer Vielzahl „kleinerer spritzerartiger Kratzer" in einer Thermopane-Isolierglasscheibe Mängelbeseitigung (Auswechslung) oder Minderung wegen unverhältnismäßigen Aufwandes verlangt werden kann: Der Senat beauftragte hier keinen Sachverständigen, sondern ließ es sich nicht nehmen, die Sache selbst in Augenschein zu nehmen, um dann zu entscheiden, daß es sich nicht nur um kleinere optische Mängel handelte und daher eine Mängelbeseitigung vom Auftraggeber zu Recht verlangt werden konnte.

b)

Wie sieht es nun bei Feststellung des entsprechenden Minderungsbetrages aus, wenn die Voraussetzungen des § 13 Nr. 6 VOB/B bejaht werden? Die gleiche Frage stellt sich, wenn trotz einer sorgfältigen Nachbesserung ein technischer oder merkantiler Minderwert verbleibt.

Die Bestimmung der Höhe des Minderungsbetrages oder eines Minderwertes gehört sicherlich in erster Linie zum Aufgabenbereich eines Sachverständigen (vgl. hierzu auch Mantscheff, BauR 1982, 435, 437). Gerade auf diesem Arbeitsfeld arbeitet der Sachverständige aber häufig „ohne Netz und Boden". Denn z.B. die Höhe eines verbleibenden technischen oder merkantilen Minderwertes vermag auch der Sachverständige nur zu schätzen, abgesehen davon, daß ohnehin niemand zu sagen vermag, ob etwa der angenommene merkantile Minderwert sich bei einem tatsächlichen Verkauf auch wirklich realisiert, was dem Gutachten des Sachverständigen damit einen gewissen prophetischen Charakter zuweist: Wie soll er zuverlässig feststellen, ob z.B. trotz einer fachgerechten Beseitigung von Schallschutzmängeln dem Gebäude dennoch der „Geruch" eines Mangels anhaftet, der den Kaufpreis drücken kann (vgl. hierzu OLG Hamm, NJW-RR 1989, 602: verneinend; LG Nürnberg-Fürth, NJW-RR 1989, 1106: bejahend)? Befindet sich aber der Sachverständige auf dem Gebiet der Schätzung, weil es keine konkreten Berechnungs- und Bestimmungsansätze insoweit gibt (vgl. Mantscheff, a.a.O.), so sind wir schnell wieder bei der richterlichen Dominanz: Auch das Gericht kann schätzen. Das soll es sogar im Einzelfall nach § 287 ZPO. Von dieser Möglichkeit machen viele Gerichte auch Gebrauch – mit und ohne Hinzuziehung eines Sachverständigen (gerade im Bereich der mangelhaften Schallisolierung, vgl. z.B. OLG Köln, Schäfer/Finnern/Hochstein Nr. 4 zu § 13 Nr. 6 VOB/B).

Einem Sachverständigengutachten kann und darf im übrigen ein Gericht ja nur folgen, wenn die Schätzung für das Gericht nachvollziehbar ist. Das hängt von der Methodik des Experten ab: Stützt er seine Schätzung ausschließlich auf seine Erfahrungen, so werden die seinem Ergebnis zugrunde liegenden Bewertungsvorgänge nicht objektiviert und bleiben dem Gericht verborgen, so daß eine Beweiswürdigung unmöglich ist. Das hat das OLG Stuttgart (BauR 1989, 611, 612) kürzlich zu Recht entschieden. Insoweit ist eine richterliche Würdigung im wesentlichen ausgeschlossen.

Nun haben verschiedentlich Sachverständige Methoden entwickelt, die die Ermittlung von Minderwerten transparenter und damit nachvollziehbarer machen. Erwähnt sei hier nur das Aurnhammersche Zielbaumverfahren, das es dem Gericht erlaubt, durch Offenlegung und Gewichtung der Bewertungselemente schon sehr präzise nachzuvollziehen, weshalb der Sachverständige im Einzelfall einen Minderwert von X und eben nicht Y oder Z annimmt (vgl. OLG Stuttgart, BauR 1989, 611ff.).

Mantscheff hat ein Berechnungsschemata für den technischen Minderwert bei unzureichendem Wärmeschutz (BauR 1982, 435) entwikkelt und vorgeschlagen. Dennoch – so begrüßenswert und hilfreich solche Methoden zur Minderwertermittlung auch sind – letztendlich basieren auch sie auf Schätzungen des Sachverständigen, der einen bestimmten Mangel in Zahlen umzusetzen hat. Daß beispielsweise beim Zielbaumverfahren ein fehlender Schallschutz nur mit einer relativ geringen Quote in Abzug zu bringen ist, mag noch nachvollziehbar sein. Warum diese Quote nun aber gerade 3 % und nicht etwa 5 % sein soll (gegenüber dem Feuchteschutz in Höhe von 15 %), ist kaum verständlich und eben wiederum nur eine Schätzung.

So hat der Richter gerade auf diesem Gebiet viel Spielraum: Er kann dem Sachverständigen folgen, er kann aber auch eigene Überlegungen einbringen und hierauf eine eigene Schätzung aufbauen (vgl. OLG Köln, a.a.O.). Das letztere verlangt wiederum Eigeninitiative und eine Begründung, warum er insoweit dem Experten nicht folgt. Deshalb wird von dem richterlichen Herrschaftsinstrument der freien Beweiswürdigung selten Gebrauch gemacht, sondern vielfach der Sachverständigenschätzung gefolgt, bei zwei Sachverständigen wird das Mittel genommen.

2. Schadensermittlung bei Behinderung, § 6 Nr. 6 VOB/B

Ähnlich liegen die Probleme im Rahmen des § 6 Nr. 6 VOB/B (Schadensersatz bei Behinderung). Hier kommen die Gerichte in aller Regel ohne Sachverständigen nicht aus, wenn es um die Frage des Schadens geht. Der BGH (BauR 1986, 347 = ZfBR 1986, 130) hat ja insoweit bestimmte Grundsätze entwickelt.

– So hat der BGH die abstrakte Schadensberechnung (z.B. durch baubetriebswirtschaftliche Gutachten unter Berücksichtigung allgemeiner Erfahrungssätze) ausdrücklich abgelehnt.
– Andererseits kann nach Auffassung des BGH die Vorschrift des § 287 ZPO dem Auftragnehmer die Darlegungslast erleichtern: Die Klage darf nicht wegen lückenhaften Vorbringens abgewiesen werden, wenn der Haftungsgrund (der Behinderung) unstreitig oder bewiesen, ein Schadenseintritt zumindest wahrscheinlich ist und greifbare Anhaltspunkte für eine richterliche Schadensschätzung vorhanden sind.

Die Überprüfung der konkreten Schadensermittlung des Auftragnehmers oder eine Schadensschätzung ist außerordentlich schwierig. In beiden Alternativen ist das Gericht in aller Regel hoffnungslos überfordert, weil insoweit meist grundsätzliche Kenntnisse der Baubetriebslehre erforderlich sind (vgl. Kapellmann/ Schiffers, Nachträge und Behinderungsfolgen beim Bauvertrag, 1990, S. 361ff.). So bleibt dem Gericht in aller Regel in diesem Fall nur die Möglichkeit, einen guten Sachverständigen auszusuchen und ihm dann zu folgen, ein Fall also, in dem der Sachverständige wieder einmal zum judex facti wird.

Am Rande sei vermerkt, daß Behinderungsprozesse selten für die Auftragnehmer erfolgreich abgeschlossen werden können und meist nicht einmal in die Station der Schadensermittlung gelangen, weil der Anspruch schon aus anderen Gründen scheitert:

– Kein Nachweis einer Behinderung (aufgrund fehlender oder keiner ordnungsgemäßen Dokumentation)
– Keine Verzögerung des Bauablaufs insgesamt aufgrund der Behinderung
– Keine Anzeige der Behinderung oder keine Offenkundigkeit der Behinderung
– Keine Verantwortung des Auftraggebers für die Behinderung.

3. Abgrenzung der „Nachbesserung" zur Herstellung eines „aliud"

In Bauprozessen ist häufig der von der VOB vielfach verwendete Begriff der Nachbesserung auszulegen, wenn der Bauunternehmer Vorschläge zur Sanierung von Mängeln macht, diese Mängelbeseitigungsarbeiten aber im Ergebnis auf eine andere Bauleistung, also ein aliud hinauslaufen. Grundsätzlich ist es dem Unternehmer überlassen, in welchem Umfang und auf welche Weise er einen Baumangel beseitigt (Werner/Pastor, Rdn. 1360), also nachbessern will. Er trägt das Risiko seiner Arbeit und soll daher auch allein entscheiden können, auf welche Weise er die Mängel zu beseitigen gedenkt (Werner/Pastor, Rdn. 1360). Allerdings sind hier der unternehmerischen Freiheit insoweit Grenzen gesetzt, als der Auftraggeber nicht jegliche Art von Nachbesserung hinnehmen muß. Zwar hat der Besteller ggf. Sanierungsmaßnahmen als Mängelbeseitigung zu akzeptieren, die ihm zuzumuten sind und bei denen die Grundsubstanz des erbrachten Werkes erhalten bleibt (KG, BauR 1981, 380, 381); beispielsweise hat es die Rechtsprechung als statthaft angesehen, daß der Unternehmer eine fehlerhaft gebaute Decke nachträglich durch Unterzüge tragfähig machte (BGHZ, BauR 1972, 176). Der Bauherr braucht sich aber nicht gefallen zu lassen, daß durch eine vorgenommene „Nachbesserung" ein anderes als das ursprünglich vertraglich vorgesehene Werk – ein sogenanntes aliud – entsteht. Laufen die Sanierungsmaßnahmen im Ergebnis auf ein aliud hinaus, so ist der Unternehmer ggf. gehalten, das geschuldete Werk erneut herzustellen. Aufgabe des Sachverständigen ist es hier nun,

> einerseits dem Richter zu vermitteln, wie die vertraglich vereinbarte Bauleistung hätte aussehen müssen und
> andererseits zu welchem Ergebnis die vom Unternehmer beabsichtigten Mängelbeseitigungen an dem fehlerhaft erstellten Werk führen.

Dabei wird der Gutachter den Richter gerade auf die Merkmale aufmerksam machen, die dem Werk unter Berücksichtigung der vertraglichen Abreden seine Eigentümlichkeiten geben. Ob die unternehmerischen Maßnahmen aber tatsächlich zu einem aliud führen, beurteilt schließlich allein der Richter. Dies mag ein Fall verdeutlichen, mit dem sich das OLG Köln (AZ.: 19 U 288/89) beschäftigt hat: Ein Unternehmer brachte Edelkratzputz auf eine Fassade auf. Später zeigten sich erhebliche Rißbildungen, vor allem in den Fensterbereichen. Der Unternehmer war zur Nachbesserung bereit und schlug eine Sanierung vor,

> den Putz großflächig in den Eckbereichen zu entfernen, anschließend diese Bereiche mit Diagonalgewebe versehen, wieder zu erneuern und
> das damit entstandene „Flickwerk" mit einem Anstrich des gesamten Putzes zu kaschieren.

Bei diesem Nachbesserungsvorschlag ergibt sich folgende Frage:

> Stellt die vorgeschlagene Nachbesserung mit Anstrich die Erfüllung der vertraglich vereinbarten Bauleistung dar
> oder
> wird hier eine andere Leistung – also ein aliud – angeboten mit der Folge, daß sich der Auftraggeber damit nicht einverstanden zu erklären braucht.

Der Sachverständige entschied sich hier für ein aliud, weil mit dem Nachbesserungsvorschlag des Unternehmers die Putzoberfläche ihren offenporigen, mineralischen Charakter verloren hätte, der gerade vertraglich geschuldet war.

Das letzte Wort hatten aber auch hier die Richter: Aufgrund der sachverständigen Hilfestellung waren sie nun in der Lage

> die unternehmerisch geschuldete Soll-Leistung
> mit
> der tatsächlich erbrachten, nachbesserungsbedürftigen Ist-Leistung
> abzugleichen.

Allerdings folgte auch hier das Gericht dem Gutachten und verurteilte den Unternehmer zur Neuherstellung des gesamten Putzes am Hause.

C. Ausblick

Gerade wegen der engen Verzahnung zwischen Technik und Rechtsanwendung in Bauprozessen ist es wünschenswert, aber auch dringend erforderlich, daß zwischen Richtern und Sachverständigen ein enger und rechtzeitiger Dialog stattfindet, um das ohnehin vorhandene Spannungsfeld zwischen Techniker und Jurist und die sich daraus ergebenden vielfachen Mißverständnisse im Interesse einer vernünftigen Rechtsfindung abzubauen. Das kann z. B. in der Weise erfolgen,

– daß der Sachverständige schon in einem früheren Stadium des Verfahrens hinzugezogen wird;
– daß der Sachverständige gegebenenfalls an der Beratung und Abfassung des Beweisbeschlusses beteiligt wird;
– daß das Gericht stärker die Tätigkeit des Sachverständigen leitet, wie das in dem neuen § 404 a ZPO vorgesehen ist;
– daß ihm sein Auftrag gegebenenfalls durch ein Begleitschreiben des Gerichts erläutert wird und daß er ggf. über rechtliche Zusammenhänge, die für das Gutachten von Bedeutung sind, belehrt wird (z. B. in einem Einweisungstermin – § 404 a ZPO);
– daß Rückfragen des Sachverständigen beim Gericht erfolgen, wenn der Inhalt und Umfang seines Auftrages unklar ist, wie das ebenfalls in der neuen ZPO-Novelle vorgesehen ist;
– daß das Gericht von sich aus nach Erstellung des Sachverständigengutachtens Rückfragen stellt und es nicht - wie es in aller Regel geschieht - nur den Anwälten überläßt, Unrichtigkeiten oder Unklarheiten im Gutachten auf-

zudecken, denn die Beweiswürdigung ist Sache des Gerichts;
– daß Kopien des Urteils an Sachverständige seitens des Gerichts versandt werden, um dem Sachverständigen einen Einblick in die Bewertung seines Gutachtens durch das Gericht zu ermöglichen.

Nachdem wir nun das Verhältnis des Richters zum Sachverständigen im Bauprozeß von der juristischen Warte aus beschrieben und die Herrschaftsverhältnisse in dieser Beziehung beleuchtet haben, möchte ich Sie zum Schluß noch auf den theoretischen Charakter der bisherigen Ausführungen hinweisen. Tatsache ist - wie ich schon eingangs erwähnt habe -, daß die Gerichte den Sachverständigengutachten in den meisten Fällen ohne "wenn und aber" folgen. In aller Regel sieht die Praxis - leider - so aus, daß eine kritische Auseinandersetzung seitens des Gerichts nur selten erfolgt. Damit ist zwar in der Theorie der Richter derjenige, der die Entscheidung allein zu treffen hat, doch hat der Sachverständige einen ganz erheblichen Anteil an der Entscheidungsgewalt, wenn er nicht gar insoweit ganz überwiegend der judex facti ist.

Auslegung und Erweiterung der Beweisfragen durch den Sachverständigen

Dietrich Mauer; Vorsitzender Richter am Oberlandesgericht Düsseldorf

I.

Es ist Aufgabe des Richters, den ihm unterbreiteten Sachverhalt darauf zu prüfen, ob er die vom Kläger für sich beanspruchte Rechtsfolge rechtfertigt. Da die Tatsachen, die der Urteilsfindung zugrunde zu legen sind, häufig streitig sind, muß im Wege der Beweisaufnahme geklärt werden, welche Tatsachen als feststehend erachtet werden können. Bei dieser Aufgabe ist der Sachverständige nach dem Verhältnis der Zivilprozeßordnung Erkenntnisgehilfe des Gerichts. Er soll mit seinem Fachwissen gewährleisten, daß die für die Entscheidung bedeutsamen Tatsachen zutreffend ermittelt und die sich daraus ergebenden Sachfragen nach den Regeln des einschlägigen Fachwissens überzeugend beantwortet werden. Die abschließende Bewertung und die Entscheidung sind Sache des Richters, ohne daß damit für die Zusammenarbeit zwischen Gericht und Sachverständigem ein Über- und Unterordnungsverhältnis vorgegeben wäre.

Für die Zusammenarbeit von Gericht und Sachverständigem gilt es aus der Sicht des Sachverständigen allgemein zu bedenken, daß an den Richter die unterschiedlichsten Sachverhalte herangetragen werden, deren Erfassung und Bewertung Sachkenntnis auf den verschiedensten Fachgebieten voraussetzt, die er in dieser Breite und Tiefe neben dem juristischen Fachwissen nicht zur Verfügung haben kann. Diese Herausforderung wird zwar zum Teil dadurch gemildert, daß im Rahmen der justizinternen Zuständigkeitsregelungen fachbezogene Schwerpunkte im Sinne der Spezialisierung gebildet werden. Das ist jedoch im Blick auf die Gesamtheit der Rechtsprechung eher die Ausnahme.

Wenn der Richter zu seiner Unterstützung einen Sachverständigen zuzieht, ist es für die Effizienz der Zusammenarbeit von erheblicher Bedeutung, daß beide sich an der Nahtstelle zwischen zwei Disziplinen einerseits der Grenzen ihrer Sachkompetenz bewußt sind, andererseits den Brückenschlag in den gebietsübergreifenden Fragen zu beiderseitigem besseren Verständnis suchen, ohne daß der eine den anderen bevormundet.

Ein signifikanter Anwendungsfall für die hier angesprochene Problematik ist der zentrale Begriff des Mangels. Der Sachverständige wird regelmäßig den vorgefundenen Zustand an den anerkannten Regeln der Technik messen und danach aus technischer Sicht sein Urteil abgeben, ob ein Mangel vorliegt. Diese Bewertung wird sich zwar in der Mehrzahl der Fälle auch mit der Beurteilung des Gerichts in Anwendung juristischer Grundsätze decken. Notwendig ist diese Übereinstimmung indes nicht. Der Mangelbegriff des Rechts kann nämlich im Einzelfall von subjektiven Maßstäben, die in vertraglichen Vereinbarungen Niederschlag gefunden haben, (mit)bestimmt werden mit der Folge, daß Sachverständiger und Richter zu voneinander abweichender Beurteilung kommen. So kann eine nach dem Vertrag von beiden Parteien vorausgesetzte besondere Tauglichkeit des Werkes dazu führen, daß der Sachverständige die ausgeführte Leistung (noch) nicht als mangelhaft bewertet, während das für den Richter (schon) der Fall ist. Umgekehrt kann eine nach dem Vertrag als Versuch unternommene Leistung für den Sachverständigen mißraten und damit mangelhaft sein, während für das Gericht in dem Fehlschlag nur das von den Parteien einkalkulierte Risiko zum Ausdruck kommt, das nach den vertraglichen Maßstäben eben keinen Mangel ausdrückt.

Diese unterschiedlichen Ausgangspunkte gilt es bei der Handhabung der Beweisfragen durch Sachverständigen und Gericht stets zu bedenken.

II.

Definierte Regeln, wie die Zusammenarbeit zwischen Sachverständigem und Gericht abzuwickeln ist, gab es bislang nicht. Eine Ergänzung der Vorschriften der Zivilprozeßordnung über den Sachverständigenbeweis fügt jedoch mit Wirkung ab 1. April 1991 einige Grundregeln in das zivilrechtliche Beweisverfahren ein, die zum Teil an Regeln anknüpfen, die schon seit geraumer Zeit für das Strafverfahren bestehen und auch in der zivilrechtlichen Praxis angewandt wurden.

Die wichtigsten Sätze seien hier des besseren Verständnisses wegen wörtlich zitiert.

Der neu eingefügte § 404a ZPO lautet:

(1) Das Gericht hat die Tätigkeit des Sachverständigen zu leiten und kann ihm für Art und Umfang seiner Tätigkeit Weisungen erteilen.
(2) Soweit es die Besonderheit des Falles erfordert, soll das Gericht den Sachverständigen vor Abfassung der Beweisfrage hören, ihn in seine Aufgabe einweisen und ihm auf Verlangen den Auftrag erläutern.
(3) Bei streitigem Sachverhalt bestimmt das Gericht, welche Tatsachen der Sachverständige der Begutachtung zugrunde legen soll.
(4) Soweit es erforderlich ist, bestimmt das Gericht, in welchem Umfang der Sachverständige zur Aufklärung der Beweisfrage befugt ist, inwieweit er mit den Parteien in Verbindung treten darf und wann er ihnen die Teilnahme an seinen Ermittlungen zu gestatten hat.
(5) Weisungen an den Sachverständigen sind den Parteien mitzuteilen. Findet ein besonderer Termin zur Einweisung des Sachverständigen statt, so ist den Parteien die Teilnahme zu gestatten.

Damit korrespondiert der ebenfalls neu eingefügte § 407a ZPO, der – soweit hier von Interesse – wie folgt lautet:

(1) Der Sachverständige hat unverzüglich zu prüfen, ob der Auftrag in sein Fachgebiet fällt und ohne die Hinzuziehung weiterer Sachverständiger erledigt werden kann.
(3) Hat der Sachverständige Zweifel an Inhalt und Umfang des Auftrages, so hat er unverzüglich eine Klärung durch das Gericht herbeizuführen.

Allgemein läßt sich sagen, daß damit Grundsätze zu gesetzlichen Regeln erhoben worden sind, die bisher schon ungeschrieben weithin praktischer Handhabung entsprachen. Auf Einzelheiten wird nachfolgend im Sachzusammenhang noch einzugehen sein.

Die dem Sachverständigen vom Gericht gestellte Aufgabe wird in Form von Beweisfragen an ihn herangetragen. Erste Schwierigkeiten können sich daraus ergeben, daß diese Beweisfragen ungenau oder unvollständig formuliert sind. Um diese Problematik und ihre Auflösung in den Griff zu bekommen, bietet sich eine gewisse Typisierung an, die freilich nicht als starres Schema, sondern nur als Hilfe zur richtigen Gewichtung und Einordnung (Auslegung oder Erweiterung im Sinne der Thematik dieses Vortrages) verstanden werden sollte.

Da gibt es zunächst die Fälle, in denen das Beweisthema insgesamt oder in Einzelheiten ungenau oder unvollständig erfaßt ist. Fragestellungen etwa danach, „ob der vom Kläger ausgeführte Rohbau des Hauses des Beklagten fehlerfrei erstellt ist" oder „ob die vom Beklagten ausgeführten Arbeiten die im Schriftsatz des Klägers vom ... aufgeführten Mängel aufweisen", sind eher geeignet, zunächst einmal Ratlosigkeit zu erzeugen als den Weg zu sachbezogener Aufklärung zu weisen. Vergleichsweise harmlos sind demgegenüber sprachlich-fachliche Mißverständnisse wie etwa die Bezeichnung von Loggien als „Lottchen". Hierhin gehören auch die Aufgabenstellungen, die zwar Wesentliches erfassen – z.B. bei einer Steildachentwässerung Gesamtfläche und Rinnen ansprechen –, ebenso Notwendiges – etwa Querschnitt der Fallrohre – aber nicht aufgreifen.

Rein sprachliche Fehlgriffe und sich aufdrängende Unvollständigkeiten sollten ohne besondere Betonung im Kontext des Gutachtens ausgebügelt werden. Die Übergänge zu den Fällen, in denen eine Klarstellung jedenfalls zweckmäßig oder angebracht ist, sind freilich fließend. Das Studium der Akten ist in jedem Fall angeraten. Insbesondere werden Pläne, Ausschreibung, Vertragsunterlagen oder vorprozessuale Rügeschreiben häufig Aufschluß darüber vermitteln, was Gegenstand der Auseinandersetzung ist. Wo solche Unterlagen fehlen, ist die Bitte an das Gericht, die Parteien zu deren Vorlage aufzufordern, der richtige Weg. Mit dieser Erkenntnisquelle wird sich nicht selten problemlos erschließen lassen, was mit einer auf den ersten Blick mehrdeutigen Fragestellung gemeint ist. Liegt diese Erkenntnis nicht gewissermaßen auf der Hand, wird es sich empfehlen, dem Gutachten oder auch der Behandlung einer einzelnen Frage „zum besseren Verständnis" eine klarstellende Bemerkung voranzustellen. So kann es zum Beispiel angebracht sein, bei der Ermittlung des Sanierungsaufwandes einen als Mangel zwar angesprochenen, in den Beweisfragen zur Höhe aber nicht erwähnten Arbeitsgang als notwendig voranzustellen. Hierhin gehören auch die Fälle, daß die Fragestellung ein vorgegebenes Sachverständnis offenbart, das fachlich nicht haltbar ist. Auch dann genügt es, die Ausgangsposition in dem Sinne „zurechtzurücken", daß das Beweisthema offenkundig den Inhalt hat, der ihm aus dem Sachzusammenhang allein beigemessen werden kann.

Für eine solche Handhabe ist freilich kein Raum mehr, wenn die Vorgaben des Beweisbeschlusses so ungenau sind, daß der Sachverständige nicht nur nach der gewünschten Antwort, sondern vorab nach der richtigen Fragestellung suchen müßte. Die eingangs erwähnte Bezugnahme allein auf schriftsätzliches Parteivorbringen stellt in der Regel einen solchen Fall dar. Dann sollte der Sachverständige das Gericht an seine Leitungsfunktion für Art und Umfang seiner Tätigkeit nach § 404a Abs. 1 ZPO erinnern. Er macht damit Gebrauch von seinem korrespondierenden Recht aus § 407a Abs. 3 Satz 1 ZPO, eine Klärung durch das Gericht herbeizuführen. Das kann mündlich oder schriftlich geschehen. Die wirkungsvollste Anwendung dieses Grundsatzes der Zusammenarbeit stellt wohl der jetzt in § 407a Abs. 2 ZPO geregelte sogenannte Einweisungstermin dar, in dem unter Beteiligung der Parteien die Aufgabenstellung eingekreist, d. h. die Formulierung der Beweisfragen unter sachverständiger Hilfe vorbereitet und damit Unklarheit über Weg und Ziel der Sachaufklärung frühzeitig abgefangen wird.

Allerdings ist in dem Zusammenhang einschränkend folgendes zu bedenken. Häufig wird das Gericht aus der Überlegung, dem Sachverständigen keine hinderlichen Fesseln anzulegen, die sich insbesondere aus fachlicher Sicht nachteilig auswirken könnten, die Beweisfragen bewußt weiter oder unbestimmt fassen, um Spielraum für eigene Ermittlungstätigkeit des Sachverständigen zu lassen. Nicht selten sind auch der oder die Mängel allein ihrer äußeren Erscheinungsform nach unbestritten oder bekannt. Die Erforschung ihrer Ursachen ist dann gerade ohne jede beschränkende Vorgabe Aufgabe des Sachverständigen. Eine Aufgabenstellung etwa dahin, ob eine Flachdacheindichtung undicht ist und auf welchen Umständen dies ggf. beruht, zielt ja gerade darauf ab, durch die Inanspruchnahme besonderer Sachkunde erst Klarheit über die Einzelheiten zu schaffen. Dann wäre es verfehlt, unter Hinweis auf die Leitungsfunktion des Gerichts eine Differenzierung der Aufgabenstellung zu fordern, die nach dem Inhalt der gestellten Frage gerade (noch) nicht möglich ist. Sofern Unklarheit darüber besteht, ob die Fassung des Beweisthemas diesen Spielraum bewußt einräumt, ist es nach § 404a Abs. 4 ZPO wiederum Sache des Gerichts, den Rahmen abzustecken.

Mitunter wird der Sachverständige mit dem Streitstand erst befaßt, wenn andere Beweiserhebungen, insbesondere Zeugenvernehmungen vorausgegangen sind, ohne daß daraus eindeutige Ergebnisse gewonnen worden wären. Stellt der Sachverständige fest, daß seine Tätigkeit davon abhängig ist oder auch nur davon beeinflußt wird, ob er eine bestimmte von mehreren möglichen Wertungen dieses Beweisergebnisses zugrunde legt, wird er in der Regel zuerst das Gericht wiederum um klarstellende Weisung bitten, wie es in § 404a Abs. 3 ZPO vorgesehen ist.

Das ist aber nicht der einzige Weg. Stellt sich zum Beispiel erst im Zuge der Begutachtung vor Ort heraus, daß es auf Vorgaben ankommt, die von Zeugen unterschiedlich dargestellt worden sind, ist es dem Sachverständigen unbenommen, einen Konsens der Parteien darüber herbeizuführen, von welchen tatsächlichen Grundlagen er ausgehen kann. Das gilt natürlich auch für Tatsachen, die sich überhaupt erst aus Anlaß eines Ortstermins als bedeutsam herausstellen und von den Parteien kontrovers dargestellt werden. In jedem Fall ist es dann angeraten, die einvernehmliche Festlegung als (Teil)Voraussetzung der Begutachtung im Gutachten selbst als solche kenntlich zu machen.

In diesen Zusammenhang gehört auch die Variante, daß aus den fachlichen Erkenntnissen vor Ort Rückschlüsse auf den Wahrheitsgehalt der einen oder anderen Darstellung möglich sind. Bekundungen etwa über die fachgerechte Ausführung eines horizontalen Isolieranstriches lösen sich u.U. wie dieser selbst als untauglich auf, wenn das erdberührte Kellermauerwerk im Zuge der Begutachtung erst einmal freigelegt ist. Dann genügt es, auf die Unvereinbarkeit von Behauptung und tatsächlichem Zustand zu verweisen.

Probleme in der Behandlung der Beweisfragen können sich weiterhin daraus ergeben, daß sich Gericht und Sachverständiger gegenseitig behindern, indem sie die fachbezogenen Grenzen ihrer Aufgabengebiete nicht beachten. Das Gericht mißt sich etwa in der Formulierung der Beweisfrage(n) technisches Vorwissen zu, das der Sachverständige nicht als richtig bestätigen kann. Umgekehrt – wenn auch für unser Thema weniger bedeutsam und deshalb hier nicht vertieft – unternimmt der Sachverständige Ausflüge in das Gebiet der rechtlichen Bewertung. Wenn dem Sachverständigen – häufig in Gestalt allzu sehr präzisierter Beweisfragen – Vorgaben gemacht werden, die ihm aus fachlicher Sicht verfehlt erscheinen müssen, ist er gefordert zu remonstrieren. Er muß die fachlichen Bedenken für das Gericht nachvollziehbar darstellen und damit den Ansatz liefern, die richtige Fragestellung als Weisung des Gerichts herbeizuführen. So wird es zum Beispiel notwendig sein, gegenüber der gerichtlichen Weisung, zur Bewertung der Frostbeständigkeit von in einer Verblendung verwendeten Klinkern den Frostversuch 1 einzusetzen, Bedenken anzumelden und unter Darstellung der anderen Prüfmethoden, ihrer Zielrichtung und ihres Aussagewertes auf die Herbeiführung der Einsicht hinzuwirken, daß mit der zunächst gewählten Vorgabe das Ziel verfehlt wird.

Eine Herausforderung besonderer Art stellt es für den Sachverständigen dar, wenn er – schon anhand des Akteninhalts oder aufgrund der Augenscheineinnahme – erkennen muß, daß die Fragestellung gewissermaßen nur an der Oberfläche kratzt. Zur Gratwanderung wird diese Aufgabe, wenn sich die Erkenntnis aufdrängt, daß eine Partei durchaus das gesamte Feld überblickt, die anderen Beteiligten aber in ihrer Unwissenheit belassen möchte. Die Richtschnur für das Verhalten des Sachverständigen in dieser Lage ergibt sich aus seiner Stellung als Gehilfe des Richters. Keinesfalls darf er sich als ermittelnder Staatsanwalt verstehen, für den die Beweisfragen nur Richtschnur und Ansporn wären, dem wahren Sachverhalt von Amts wegen auf die Spur zu kommen. Der Richter – und in seinem Gefolge der Sachverständige – sind wegen des den Zivilprozeß beherrschenden Grundsatzes der Parteiherrschaft an das Vorbringen der Parteien als Grundlage ihrer Tätigkeit gebunden. Das gilt freilich nicht im Sinne einer engherzigen Festlegung. Die in § 139 ZPO verankerte Aufklärungspflicht des Gerichts schafft vielmehr den im Interesse der Rechtsfindung notwendigen Freiraum, auf einen vollständigen und sachdienlichen Vortrag der Parteien hinzuwirken. Daran hat der Sachverständige als Gehilfe des Richters möglichen Anteil, indem er aufgrund seiner besonderen Sachkunde Zusammenhänge aufzeigt, die etwas Nachdenklichkeit erzeugen und den Richter erst in die Lage versetzen, von seinem Fragerecht gezielt Gebrauch zu machen. Das kann freilich im Einzelfall zur Gratwanderung geraten und erhebliches Einfühlungsvermögen erfordern, soll nicht der Eindruck einseitiger Parteinahme entstehen. So ist etwa vorstellbar, daß Rißbildung in tragenden Teilen eines Gebäudes nach der Fragestellung im Beweisbeschluß dem Bereich von Putzmängeln zugeordnet wird, obwohl sich der Verdacht aufdrängt, daß die Ursachen im Bereich der Standsicherheit zu suchen sind. Dann kann ein Hinweis des Gutachters, möglicherweise handele es sich um Fragen der Statik, für die ein anderer Sachverständiger kompetent sei, der richtigen Erkenntnis den Weg öffnen. Weniger schwierig sind dagegen etwa diejenigen Fälle zu handhaben, in denen die Erforschung der Fehlerursachen zu der Erkenntnis führt, daß Unverhältnismäßigkeit vorliegt, die zu einer Minderung führen sollte. Bei dieser Ausgangslage wird sich der Sachverständige zwar zweckmäßig nicht ungefragt zu den Nachbesserungskosten unter Gegenüberstellung mit der erreichbaren Verbesserung äußern, um die Wertung anzuschließen, es liege Unverhältnismäßigkeit vor, nur Minderung komme in Betracht. Er kann aber mit der Andeutung, daß die Mängelbeseitigung einen außerordentlich hohen Aufwand erfordere, den Anstoß dazu geben, daß der Richter von sich aus nachfragt.

Ein nach den Beobachtungen der Praxis besonders drängendes Kapitel sind in diesem Zusammenhang die sogenannten Ohnehinkosten. Vor allem bei Planungsfehlern, die sich in unterlassenen Bauleistungen niederschlagen, gerät bei der Ermittlung des Schadens die Überlegung allzu leicht ins Hintertreffen, daß die Nachbesserung Aufwand einschließt, der bei ursprünglich fachgerechter Planung und Ausführung auch entstanden wäre. Auch wenn nach dessen gesondertem Ausweis nicht gefragt ist, begegnet es jedoch keinen Bedenken, wenn in der Auflistung der einzelnen Schadenskosten erkennbar gemacht wird, daß auch solche Positionen in die Berechnung eingestellt sind, die in jedem Fall hätten aufgewendet werden müssen.

III.

Diese Ausführungen sind notwendig unvollständig. Sie können nur einige Grundsätze aufzeigen, um in der Vielgestalt möglicher Fragestellungen an der Nahtstelle zwischen Gericht und Sachverständigem zu Antworten zu finden, die der gedeihlichen Zusammenarbeit im Einzelfall dienlich sind. Zu einem wesentlichen Teil wird man die Frage nach den Interpretationsmöglichkeiten, die die Beweisfragen eröffnen, wie einen Anwendungsfall des § 4 Nr. 3 VOB/B verstehen können. Der Sachverständige kann jedenfalls im Zwiegespräch mit dem Gericht unbedenklich alles ansprechen, was aus der Sicht seines Fachwissens für den zur Beurteilung anstehenden Sachverhalt bedeutsam erscheint. Ohne diese Absicherung sollte er sich über das Beweisthema hinaus im Gutachten nur äußern, wenn das zum sachlichen Verständnis notwendig und/oder aus dem Zusammenhang der Fragestellung unabweisbar ist. Auf diese Weise wird er es vermeiden, sich dem Vorwurf der Parteilichkeit und damit der Gefahr der Ablehnung auszusetzen.

Die außervertragliche Baumängelhaftung

Prof. Dr. Walter Jagenburg, Rechtsanwalt in Köln
Honorprofessor an der Universität zu Köln

Jahrzehntelang haben die am Bau Beteiligten – Bauunternehmer, Architekten und Ingenieure – geglaubt, daß – von Ausnahmefällen wie dem arglistigen Verschweigen von Mängeln abgesehen – mit dem Ablauf ihrer vertraglichen Gewährleistung, also längstens nach 5 Jahren (§ 638 BGB), ihre Mängelhaftung regelmäßig zu Ende sei und das Projekt endgültig als erledigt ad acta gelegt werden könne.

Zwar gab es neben der vertraglichen Gewährleistung schon immer auch eine deliktsrechtliche Haftung nach dem Recht der unerlaubten Handlungen der §§ 823 ff. BGB. Diese sah man jedoch mehr als ein Randproblem und im wesentlichen beschränkt auf die allgemeine Verkehrssicherungspflicht.

I. Die Verkehrssicherungspflicht der Baubeteiligten

Auf Grund ihrer Verkehrssicherungspflicht müssen die Baubeteiligten – Bauunternehmer, Architekten und Ingenieure – dafür sorgen, daß von der Baustelle und dem Bauwerk keine Gefahren für die Allgemeinheit ausgehen. Das betrifft vor allem die Absicherung des Baubereichs wegen Unfallgefahren für Dritte, insbesondere spielende Kinder und unerbetene Besucher, aber auch am Bau tätige Arbeiter und Lieferanten. Diese Verkehrssicherungspflicht der Baubeteiligten besteht jedoch regelmäßig nur während der Bauzeit bis zur Baufertigstellung. Danach geht die Verkehrssicherungspflicht auf den Bauherrn über, ihn trifft die Streupflicht bei Schnee und Eis, er muß für ausreichende Beleuchtung im Haustürbereich und Treppenhaus sorgen, damit Bewohner und Besucher keinen Schaden erleiden.

Allerdings schließt das nicht aus, daß auch Bauunternehmer, Architekten und Ingenieure noch nach Abnahme und Inbenutzungnahme des fertiggestellten Bauwerks wegen Verletzung ihrer Verkehrssicherungspflicht nach Deliktsrecht haften.

So hat der Bundesgerichtshof schon 1964, als es auf Grund eines Fehlers des Architekten bei Planung und Bauleitung zum Einsturz einer Dachkonstruktion gekommen war, die deliktische Haftung des Architekten gegenüber Dritten bejaht (BGH VersR 1964, 1250; vgl. auch BGH VersR 1968, 470 und 1971, 644).

Gleiches gilt nach der bekannten Wendeltreppen-Entscheidung des Bundesgerichtshofs aus dem Jahre 1970 (BGH NJW 1970, 2290 = WM 1970, 1438 = BauR 1971, 64). Dort hatte sich ein Bauunternehmer beim Bau einer Wendeltreppe nicht an die Bauzeichnung des Architekten gehalten. Die Auftrittsbreite der Treppenstufen schwankte in Geländernähe – also gerade da, wo die Treppe begangen wird, wenn man sich am Geländer festhalten will – zwischen 10 und 14 cm. Darin lag – so das im Prozeß eingeholte Sachverständigengutachten – ein Verstoß „gegen so gut wie alle Regeln für den Treppenbau". Als deshalb eine Besucherin auf der Wendeltreppe stürzte und sich erhebliche Verletzungen zuzog, wurden neben dem Bauunternehmer auch der Architekt zum Schadensersatz verurteilt, weil er die Arbeiten des Bauunternehmers nicht ausreichend beaufsichtigt und damit zugleich seine Verkehrssicherungspflicht gegenüber der später verunglückten Besucherin verletzt hatte. Daß die Treppe vom Bauherrn und vom Bauamt unbeanstandet abgenommen worden war und sich der Unfall „erst Jahre danach" ereignet hatte, änderte an der Haftung des Bauunternehmers und des Architekten nichts.

Alles dies waren jedoch Fälle von Körper- und Gesundheitsschäden. Für die Baumängelhaftung im Sinne der Sachschädenhaftung schien es dagegen bei dem Eingangsgrundsatz zu bleiben: Gewährleistungs-Ende gut – alles gut.

II. Die Produzentenhaftung und ihre Ausdehnung auf den Baubereich

Diese Sicht der Dinge änderte sich aber mit der Entwicklung der Produzentenhaftung, über deren Bedeutung für den Baubereich ich vor drei Jahren an dieser Stelle berichtet habe (Aachener Bausachverständigentage 1988 Seite 9 ff.).

Daran anknüpfend, ist zu wiederholen, daß sich die Produzentenhaftung – als Sonderfall der allgemeinen Verkehrssicherungspflicht – ebenfalls nach den deliktsrechtlichen Vorschriften des Rechts der unerlaubten Handlungen der §§ 823 ff. BGB richtet. Die Produzentenhaftung ist durch das ab 01.01.1990 geltende Produzentenhaftungsgesetz nur für einen Teilbereich, den Schutz des privaten Endverbrauchers, entsprechend der EG-Produkthaftungsrichtlinie besonders geregelt worden.

1. Körper- und Gesundheitsschäden

Ebenso wie die allgemeine Verkehrssicherungspflicht betraf auch die Produzentenhaftung zunächst nur Körper- und Gesundheitsschäden, vor allem als Folge von Produktionsfehlern im Pharmabereich. Zu erinnern ist an die Fälle wie Contergan und Menocil, für die seit 1976 das Arzneimittelgesetz gilt.

Außerhalb des Bereichs der Humanmedizin gelten jedoch weiterhin die §§ 823 ff. BGB. Als grundlegend ist hier das sog. Hühnerpest-Urteil des Bundesgerichtshof aus dem Jahre 1968 zu nennen, das ich Ihnen schon früher vorgestellt hatte (BGHZ 51, 91ff. = NJW 1969, 269). Dort waren durch einen bakterienverseuchten Impfstoff mehr als 4000 Hühner verendet. Anhand dieses Falles begründete der Bundesgerichtshof die Umkehr der Beweislast hinsichtlich des Verschuldens, das bei der außervertraglichen, deliktsrechtlichen Haftung immer erforderlich ist. Seitdem wird das Verschulden des Herstellers vermutet mit der Folge, daß er sich freibeweisen muß.

Danach dehnte sich die Produzentenhaftung aber alsbald auch auf den Bereich technischer und sonstiger Produkte aus, jedoch betrafen die spektakulärsten Fälle nach wie vor Körper- und Gesundheitsschäden, so das bekannte Honda-Urteil des Bundesgerichtshof aus dem Jahre 1986 (BGHZ 99, 167 = NJW 1987, 1009). Dort hatte wegen einer falschen Lenkerverkleidung mit bezeichnendem Markennamen „Cockpit" ein Motorrad mit 150 km/h die Bodenhaftung verloren, wodurch der jugendliche Fahrer, weil seine Maschine trotz des „Cockpits" nicht fliegen konnte, zu Tode kam.

Im sog. Limonadenflaschen-Fall aus dem Jahre 1988 (BGHZ 104, 323 = NJW 1988, 2611) war einem 3-jährigen Jungen eine Limonadenflasche in der Hand explodiert. Durch die herumfliegenden Glassplitter verlor er ein Auge, das andere wurde schwer verletzt. Ursache war entweder zu hoher Innendruck oder ein Riß im Glaskörper der Flasche. Das konnte jedoch nicht mehr geklärt werden. Deswegen erweiterte der Bundesgerichtshof die Beweislastumkehr, die er bislang nur hinsichtlich des Verschuldens angenommen hatte, ausnahmsweise auch im bezug auf Ursächlichkeit (Kausalität). Das bedeutete, daß der Hersteller nicht nur sein fehlendes Verschulden beweisen mußte, sondern auch, daß die Ursache nicht in seiner Sphäre lag, ein etwaiger Riß im Glaskörper der Flasche also erst nach Verlassen des Abfüllwerks auf dem Weg zum Endkunden entstanden war. Da der Hersteller das nicht beweisen konnte, wurde er verurteilt.

2. Sachschäden

Über den Bereich der Körper- und Gesundheitsschäden hinaus erfaßte die Produzentenhaftung zunehmend aber auch Fälle von Sachschäden, und zwar nicht nur solche, bei denen durch einen Produktfehler Folgeschäden an anderen Sachen entstanden waren. Vielmehr handelte es sich häufig um Fälle, in denen ein Teil einer Gesamtsache einen Produktfehler aufwies und dadurch Folgeschäden an der im übrigen mängelfreien Gesamtsache entstanden, also insoweit mangelfreies Eigentum verletzt wurde.

Grundlegend hierfür ist die sog. Schwimmschalter-Entscheidung des Bundesgerichtshofs aus dem Jahre 1976 (BGHZ 67, 359 = NJW 1977, 379), wo durch den Ausfall eines zur Stromabschaltung eingebauten Schwimmschalters eine ganze Industrie-Anlage in Brand geriet.

Weiter zu nennen sind die Hinterreifen-Entscheidung des Bundesgerichtshofs aus dem Jahre 1978 (NJW 1978, 2241), wo ein falsch bereifter Pkw zu Schaden kam, die Pkw-Gaszug-Entscheidung aus 1983 (BGHZ 86, 256 = NJW 1983, 810), wo – Alptraum eines jeden Autofahrers – gleiches durch ein hängengebliebenes, klemmendes Gaspedal geschah, oder das Kompressor-Urteil aus 1985 (BGH NJW 1985, 2420), wo durch ein fehlerhaft hergestelltes, undichtes Ölablaufrohr ein Kompressormotor völlig zerstört wurde.

Über diese Fälle hatte ich schon früher berichtet und will daran nur nochmals erinnern, weil sie grundlegend auch für unser heutiges Thema sind: die außervertragliche Baumängelhaftung, Die sich daraus entwickelt hat.

In einigen der vogenannten Fälle (Schwimmschalter, Kompressor) war der Hersteller zugleich der Verkäufer, d.h. es bestanden auch vertragliche Gewährleistungsansprüche, die aber wegen der kurzen kaufrechtlichen Gewährleistung von 6 Monaten bei beweglichen Sachen bereits verjährt waren. Das hindert den Bundesgerichtshof indessen nicht, deliktsrechtliche Ansprüche aus unerlaubter Handlung (Eigentumsverletzung) zu bejahen, soweit es sich um Folgeschäden aus dem Produktfehler handelte, zwischen dem Produktfehler und dem Folgeschaden also keine „Stoffgleichheit" im Sinne der Identität bestand, weil beide sich nicht deckten, sondern ein sog. „weiterfressender Mangel" vorlag.

Diese Grundsätze hat der Bundesgerichtshof, wie Sie wissen, dann auch auf den Baubereich übertragen und in seinem insoweit grundlegenden Trocal-Urteil aus 1984 (NJW 1985, 194 = BauR 1985, 102) entschieden, daß der Hersteller einer Dachabdeckfolie nach Deliktsrecht aus Eigentumsverletzung haftet, wenn die Folie auf Grund eines Produktfehlers undicht wird und durch Eindringen der Feuchtigkeit Folgeschäden an den darunterliegenden Teilen des Daches (z. B. der Wärmedämmung) sowie Feuchtigkeitsschäden im Innern des Gebäudes entstehen.

III. Außervertragliche (Delikts-) Haftung der Baubeteiligten auch für Eigentumsverletzung auf Grund von Baumängeln

Was für derartige Bauschäden auf Grund von Produktfehlern gilt, also für die Haftung des Baustoffherstellers, hat der Bundesgerichtshof anschließend aber auch auf Planungs- und Überwachungsfehler von Architekten und Ingenieuren sowie Ausführungsfehler von Bauunternehmern und Bauhandwerkern übertragen. Damit hat der Bundesgerichtshof deutlich gemacht, daß es letztendlich keinen Unterschied macht, ob mangelfreies Eigentum des Bauherrn, eines nachfolgenden Erwerbers, Mieters oder Besuchers verletzt wird und ob dies durch ein fehlerhaftes Bauprodukt, eine fehlerhafte Bauplanung oder eine fehlerhafte Bauausführung und Bauüberwachung geschieht.

Denn aus der Sicht des Geschädigten – des Bauherrn und Auftraggebers oder eines nachfolgenden Erwerbers, Mieters oder Besuchers, dessen Eigentum beschädigt wird – ist es in der Tat gleichgültig, ob die Durchfeuchtung der Wärmedämmung des Daches und der Obergeschoßräume – wie im Falle „Trocal" – auf einem Produktmangel der Dachabdichtungsbahn beruht (Herstellerhaftung) oder auf fehlerhafter Ausführung der Dachabdichtung (Bauunternehmer- bzw. Dachdeckerhaftung) und fehlerhafter Bauaufsicht (Architektenhaftung).

Ebenso spielt es aus der Sicht des Geschädigten keine Rolle, ob die Rohrbrüche im Haus, auf Grund deren das Parkettfußboden unter Wasser gesetzt und kostbare Einrichtungsgegenstände beschädigt oder zerstört werden, wie bei den durch Ziehfettrückstände lochfraßbefallenen Kupferrohren auf einem Produktmangel beruhen (Herstellerhaftung) oder auf Korrosion infolge fehlerhafter Verlegung bzw. Isolierung durch den Installateur (Bauunternehmer- bzw. Installateurhaftung) und fehlerhafter Beaufsichtigung durch den Fachingenieur (Ingenieurhaftung).

Deshalb setzt sich auch immer mehr die Erkenntnis durch, daß „die deliktische Haftung der Baubeteiligten ... im Baurecht zunehmend an Bedeutung gewinnt (so der z.Zt. am Bundesgerichtshof tätige Dortmunder Richter Dr. Kniffka in Heft 1/91 der Zeitschrift für deutsches und internationales Baurecht, ZfBR 1991, 1). Der Grund dafür ist nicht etwa, daß neue, schärfere Haftungsbestimmungen eingeführt worden wären, sondern lediglich der, daß längst vorhandene, alte Tatbestände in einem neuen Licht gesehen und weitergedacht worden sind, wie die allgemeine Verkehrssicherungspflicht und die Produzentenhaftung, die sich zu einer allgemeinen außervertraglichen (Delikts-) Haftung der Baubeteiligten aus Eigentumsverletzung auf Grund von Baumängeln weiterentwickelt haben.

Ich habe vor dieser „Deliktshaftung auf dem Vormarsch" schon in der Festschrift zum 65. Geburtstag von Horst Locher am 20.10.1990 gewarnt und anschließend im November 1990 auf den Leipziger Baurechtstagen. Auch Kniffka gibt in seinem vorerwähnten Aufsatz zu bedenken, daß „die Gedanken der Produkthaftung ... letztlich nur mit Vorsicht auf die Haftung des Bauunternehmers übertragbar" sind.

„Denn die Eigenart der werkvertraglichen Leistung des Bauunternehmers gebietet eine differenzierte Behandlung ...
Der Hersteller von Waren hat die Möglichkeit, sein Produkt sorgfältig zu planen, die Herstellung so zu organisieren, daß Fehler-

quellen minimalisiert werden, und schließlich vor der Verkehrseröffnung ausreichend zu erproben. Das alles ist jedenfalls nicht die Wirklichkeit am Bau, der in der Regel unter Zeitdruck und bisweilen unter extrem schwierigen Umständen entsteht. Hier sind Fehler vorprogrammiert und können nur mit großem, vom Bauherrn aus Kosten- oder Zeitgründen gar nicht gewünschten Aufwand vermieden werden".

Sie sehen also, daß die in den unteren Instanzen tätigen Juristen, die mit dem Geschehen „an der Front" vertraut sind, die Augen vor der „Wirklichkeit am Bau" nicht verschließen. Je mehr man sich jedoch von dieser Bau-Front entfernt und in die „dünne Luft" der Revisionsrechtsprechung des Bundesgerichtshofs kommt, desto strenger und grundsätzlicher werden die Dinge gesehen.

Das zeigen die dazu ergangenen Entscheidungen des Bundesgerichtshofs aus den letzten Jahren, von denen Sie zwei in der Kurzfassung meines Referats in den Tagungsmappen zitiert finden. Eine dritte Entscheidung ist inzwischen hinzugekommen, nämlich das Urteil des BGH vom 11.10.1990 zur deliktischen Haftung eines Architekten, der gefahrenträchtige Isolierarbeiten nicht hinreichend überwacht hat, gegenüber einem Mieter (WM 1991, 202 = BauR 1991, 111 = ZfBR 1991, 17).

Ich möchte Ihnen im folgenden diese drei Entscheidungen kurz vorstellen:

1. BGH vom 28.10.1986 (NJW 1987, 1013 = BauR 1987, 116 = ZfBR 1987, 75).

Dort war ein 1971/72 erbautes Einkaufszentrum 1973 verkauft worden. Zwischen 1975 und 1979 kam es dann wiederholt zu Dachundichtigkeiten, durch die Folgeschäden am Eigentum, den eingebrachten Sachen der Mieter der einzelnen Geschäftslokale entstanden. Zu dieser Zeit war nicht nur die vertragliche Gewährleistung des Architekten längst abgelaufen, dieser selbst war sogar bereits verstorben. Mit den 8 Jahren nach Baufertigstellung erstmals geltend gemachten Ansprüchen der Mieter mußten sich also noch seine Witwe und seine Kinder befassen. Gleichwohl hat der Bundesgerichtshof – juristisch konsequent, vom Gefühl her eher eine Katastrophe – entschieden, daß ein Architekt nicht nur dem Bauherrn, sondern auch den Mietern eines Gebäudes auf Schadensersatz aus unerlaubter Handlung (Eigentumsverletzung) haftet, wenn es auf Grund von Planungs- oder Überwachungsfeldern zu Dachundichtigkeiten und durch diese zu Feuchtigkeitsschäden an den eingebrachten Sachen der Mieter gekommen ist.

2. BGH vom 13.02.1990 (NJW-RR 1990, 726 = BauR, 501 = ZfBR 1990, 178).

Mit diesem Urteil hat der BGH das, was er bei baumängelbedingten Feuchtigkeitsschäden an Sachen eines Mieters zu Lasten des Architekten angenommen hatte, fortgeführt und auch auf den Bauunternehmer übertragen. Dieser hatte hier 1977/78 den Rohbau eines Hauses errichtet, dessen Kellerräume die spätere Klägerin ab 1980 mietete, um dort ein Küchenmöbelstudio zu betreiben. In der Folgezeit kam es wiederholt zu Wassereinbrüchen in den Räumen, so erneut auch am 26.07.1982. Dabei drang das Wasser in den Keller des Hauses ein und beschädigte dort Ausstellungsmöbel und Einrichtungsgegenstände, woraufhin die Klägerin von dem Bauunternehmer Schadensersatz in Höhe von mehr als 50 000 DM verlangte mit der Begründung, er habe den Kellerboden und die Kellerwände mangelhaft erstellt. Landgericht und Oberlandesgericht München wiesen die Klage ab, der Bundesgerichtshof bejahte jedoch die Haftung des Bauunternehmers und entschied, daß auch ein Bauunternehmer, der den Kellerboden und die Kellerwände eines Hauses vorwerfbar mangelhaft errichtet und dadurch Wasserschäden an Sachen eines Mieters verursacht hat, diesem aus unerlaubter Handlung wegen Eigentumsverletzung zum Schadensersatz verpflichtet ist. Denn wie im Falle des Architekten beschränke sich auch im Falle des Bauunternehmers die Sicherungspflicht nicht auf solche Gefahren, die den Benutzern des Hauses und ihren Rechtsgütern unmittelbar aus dem Bauwerk selbst erwachsen. Sowohl auf die Werkleistungen des Architekten als auch auf diejenigen des Bauunternehmers seien haftungsrechtlich im Kern dieselben Grundsätze anzuwenden, die für die Herstellung und den Vertrieb von Produkten gelten, welche zur Abwehr bestimmter Gefahren in den Verkehr gegeben werden, in dieser Funktion aber untauglich sind, wie z.B. die im Trocal-Urteil behandelte Dachabdeckfolie.

Zur Abgrenzung von der Gewährleistung wies der BGH zwar nochmals darauf hin, daß das sog. Nutzungs- oder Äquivalenzinteresse nur durch die Vertragsordnung, nämlich die Gewährleistung, geschützt wird; seine Beeinträchtigung allein vermag deshalb keine deliktischen Ersatzansprüche auszulösen. Komme jedoch einer Werkleistung auch die Aufgabe zu, Gefahren von absolut geschützten Rechtsgütern wie dem Eigentum der Hausbewohner abzuwenden, und erfüllt sie diese Funktion nicht, so verletze die über den Mangelunwert der Leistung hinausreichende Beeinträchtigung dieser Rechtsgüter das durch § 823 Abs. 1 BGB geschützte Integritätsinteresse der Sacheigentümer.

Daß die Kellerräume, in die der Mieter die Möbel eingestellt hatte, ursprünglich nur Nutzung für Fitneß-, Hobby- und Partyzwecke erstellt worden waren, rechtfertige nach Meinung des BGH für sich allein nicht die Annahme, daß der Mieter auf eigene Gefahr gehandelt hatte. Ebenso traf ihn nach Meinung des BGH nicht allein deshalb eine Mitverantwortung an dem Schaden, weil es bereits früher zweimal zu Wassereinbrüchen gekommen war, wenn diese auf anderen Ursachen beruhten, die beseitigt zu sein schienen, und der Mieter aus diesem Grunde auf die Sicherheit des Kellers vertrauen durfte. Denn auch die mehrfach erfolgte Nachbesserung eines Unternehmers zerstöre nicht ohne weiteres das Vertrauen des Auftraggebers darauf, daß die zuletzt vorgenommene Sanierung den Mangel endgültig behoben habe.

Schließlich das letzte und neueste Urteil des BGH, das wieder einen Architekten betrifft:

3. *BGH vom 11.10.1990 (WM 1991, 202 = BauR 1991, 111 = ZfBR 1991, 17).*

In diesem Fall war bei einem 1979/80 errichteten Neubau die Kellerisolierung mangelhaft ausgeführt worden. Deshalb kam es in den Untergeschoß-Räumen zu erhöhter Feuchtigkeit. Der Bauherr hatte diese Räume, deren gewerbliche Nutzung nicht zulässig war, an eine GmbH, deren Geschäftsführer er selber war, zu Lagerzwecken vermietet. Die GmbH hatte in den feuchten Räumen Maschinen gelagert, die infolge der Feuchtigkeit rosteten.

Daraufhin verlangte der Kläger sowohl aus eigenem Recht als Bauherr als auch in seiner Eigenschaft als Geschäftsführer der GmbH, die ihre Ansprüche an ihn abgetreten hatte, fast 140 000 DM Schadensersatz, und zwar von dem Bauunternehmer, der den Rohbau errichtet hatte, als Gesamtschuldner mit dem bauaufsichtsführenden Architekten. Landgericht und Oberlandesgericht nahmen zwar zu Recht ein überwiegendes Mitverschulden der GmbH an, weil diese gewußt hatte, daß die Kellerräume, in denen sie die Maschinen gelagert hatte, feucht waren. Rd. 50 000 DM Schadensersatz wurden jedoch gegen den Bauunternehmer und den Architekten als Gesamtschulder zugesprochen, was der Bauunternehmer hinnahm. Der Architekt dagegen legte Revision ein, die trotz Annahme durch den BGH im Ergebnis keinen Erfolg hatte, denn – so der Leitsatz der Entscheidung:

„Ein Architekt, der im Rahmen der ihm übertragenen Bauaufsicht die Ausführung gefahrträchtiger Isolierarbeiten pflichtwidrig nicht hinreichend überwacht, haftet einem Mieter deliktisch auf Schadensersatz, wenn eingebrachte Sachen des Mieters infolge der Mängel des Bauwerks zu Schaden kommen (hier: Rostschäden an gelagerten Maschinen)."

Zur Begründung führte der BGH aus, daß die deliktische Verantwortlichkeit des Architekten sich daraus ergibt, daß er bei Errichtung des Bauwerks nicht nur vertragliche Pflichten gegenüber dem Bauherrn zu erfüllen hat, sondern auch Verkehrssicherungspflichten gegenüber Dritten wahrnimmt, die mit dem Bauwerk bestimmungsgemäß in Berührung kommen. Diese können im Regelfall darauf vertrauen, daß der Architekt seine auch ihrem zukünftigen Schutz dienenden Aufgaben ordnungsgemäß wahrgenommen hat. Das gelte auch für den Mieter eines Gebäudes. Zwar habe dieser in der Regel auch gegen den Vermieter einen Anspruch auf Ersatz seines Schadens. Das müsse die Verkehrssicherungspflicht des Architekten jedoch nicht berühren. Deshalb sei der Mieter nicht daran gehindert, deliktische Ansprüche gegen den Architekten zu verfolgen, obwohl ihm ein vertraglicher Anspruch gegen den Vermieter zusteht. Die vertragliche Haftung des Vermieters habe nicht den Zweck, deliktische Ansprüche gegen andere Schädiger auszuschließen.

Weiter wies der Bundesgerichtshof darauf hin, daß der Haftung des Architekten auch nicht entgegensteht, daß in erster Linie der Bauunternehmer für das Bauwerk verantwortlich ist. Es gibt also auch hier keine subsidiäre Haftung des Architekten.

Schließlich wurde die Haftung des Architekten nach Meinung des Bundesgerichtshofs auch nicht dadurch ausgeschlossen, daß die gewerbliche Nutzung der betreffenden Lagerräume nicht zulässig war. Denn die private Nutzung als Lagerräume war erlaubt, deshalb machte es nach Meinung des BGH keinen Unterschied, ob die Schäden auf unzulässiger gewerblicher oder zulässiger privater Nutzung beruhten. Entscheidend sei vielmehr, daß die Räume ihrer vorgesehenen Schutzfunktion als Lager insgesamt nicht gerecht wurden.

Für die außervertragliche, deliktsrechtliche Folgeschädenhaftung spielt es keine Rolle, ob daneben hinsichtlich der Folgeschäden auch vertragliche Gewährleistungsansprüche bestehen und ob diese noch durchgesetzt werden können oder bereits verjährt sind.

Die Verjährung der außervertraglichen, deliktsrechtlichen Folgeschädenhaftung beträgt 3 Jahre, beginnt aber, weil sie sich nach dem Recht der unerlaubten Handlungen der §§ 823

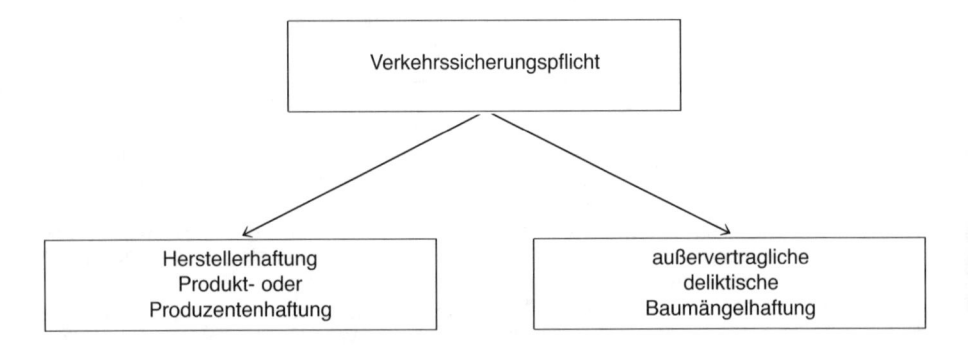

```
                    ┌─────────────────────────────┐
                    │  Verkehrssicherungspflicht  │
                    └──────────────┬──────────────┘
                        ┌──────────┴──────────┐
                        ▼                     ▼
        ┌───────────────────────┐   ┌───────────────────────┐
        │  Herstellerhaftung    │   │   außervertragliche   │
        │   Produkt- oder       │   │      deliktische      │
        │  Produzentenhaftung   │   │   Baumängelhaftung    │
        └───────────────────────┘   └───────────────────────┘
```

IV. Zusammenfassung

Die Besonderheiten der außervertraglichen, deliktsrechtlichen Mängelhaftung der Baubeteiligten – Bauunternehmer, Architekten und Ingenieure – lassen sich deshalb abschließend wie folgt zusammenfassen:

1. Haftung nur für Folgeschäden an mangelfreiem Eigentum

Die außervertragliche, deliktsrechtliche Baumängelhaftung gilt nicht für den eigentlichen Ursprungsmangel, der allein nach den Grundsätzen der vertraglichen Gewährleistung zu ersetzen ist. Sie gilt nur für auf einem solchen Ursprungsmangel beruhende Folge- und „Weiterfresser"-Schäden an bis dahin mängelfreien Teilen des Bauwerks oder des sonstigen Eigentums des Bauherrn bzw. eines Dritten, weil nur insoweit eine Eigentumsverletzung im Sinne der §§ 823 ff. BGB gegeben ist. Bloße Vermögensschäden werden nach § 823 BGB nicht ersetzt, weil das Vermögen kein geschütztes Rechtsgut im Sinne dieser Vorschrift ist.

2. Eigentumsverletzung unabhängig vom Bestehen vertraglicher Gewährleistung – Verjährungsbeginn erst ab Schadenskenntnis

ff. BGB richtet, nach § 852 BGB erst mit der Kenntnis des Geschädigten vom Schaden und der Person des Schädigers. Das kann auch noch 10 oder 15 Jahre nach Fertigstellung des Bauwerks und lange nach Ablauf der vertraglichen Gewährleistung der Fall sein. Unabhängig vom Eintreten und der Kenntnis eines solchen Schadensfalles verjähren diese Ansprüche in 30 Jahren.

3. Einbeziehung Dritter als Anspruchsteller und Anspruchsgegner

Und auch in zwei weiteren Punkten geht die außervertragliche, deliktsrechtliche Baumängelhaftung über die vertragliche Gewährleistung hinaus:

a) Anspruchsberechtigung Dritter

Da es auf vertragliche Beziehungen in diesen Fällen nicht ankommt, besteht die außervertragliche, deliktsrechtliche Baumängelhaftung nicht nur gegenüber dem Vertragspartner, sondern auch gegenüber Dritten, z.B. späteren Erwerbern des Gebäudes, Mietern und Besuchern.

b) „Drittwirkung" der Haftung

Umgekehrt gibt die außervertragliche, deliktsrechtliche Baumängelhaftung dem geschädigten Eigentümer – sei er Bauherr, späterer Erwerber, Mieter oder Besucher – die Möglichkeit, im Schadensfall nicht nur den ursprünglichen Vertragspartner des Bauherrn (Bauunternehmer, Architekt oder Ingenieur) in Anspruch zu nehmen, sondern auch etwaige nachgeschaltete Subunternehmer, wenn und soweit die Eigentumsverletzung von diesen verursacht worden ist.

Auf diese „Drittwirkung" der Deliktshaftung in Form des „Durchgriffs" auf Subunternehmer des Auftragnehmers und die mögliche Anspruchsberechtigung Dritter hat vor allem Peter Gauch auf der letzten Schweizerischen Baurechtstagung 1989 in Fribourg hingewiesen.

Das alles bedeutet eine erhebliche Ausweitung der Haftung der Baubeteiligten gegenüber ihrer vertraglichen Gewährleistung. Der einzige Trost bei dieser zeitlich nahezu endlosen außervertraglichen Haftung gegenüber dem Bauherrn und Auftraggeber sowie „wildfremden" Dritten, die später als Erwerber, Mieter oder Besucher hinzugekommen und an ihrem Eigentum geschädigt worden sind, besteht darin, daß nicht nur Architekten und Ingenieure derartige Folgeschäden haftpflichtversichern können, sondern auch der Bauunternehmer, der dies im Falle der Gewährleistung ja nicht kann. Denn hier handelt es sich um Mangelfolgeschäden an fremdem Eigentum, die als Sachschäden mit 300 000 DM je Schadensereignis versicherbar sind. Dabei muß allerdings darauf geachtet werden, daß die Ausschlußklausel des § 4 I 5 AHB für Schäden aus der allmählichen Einwir-

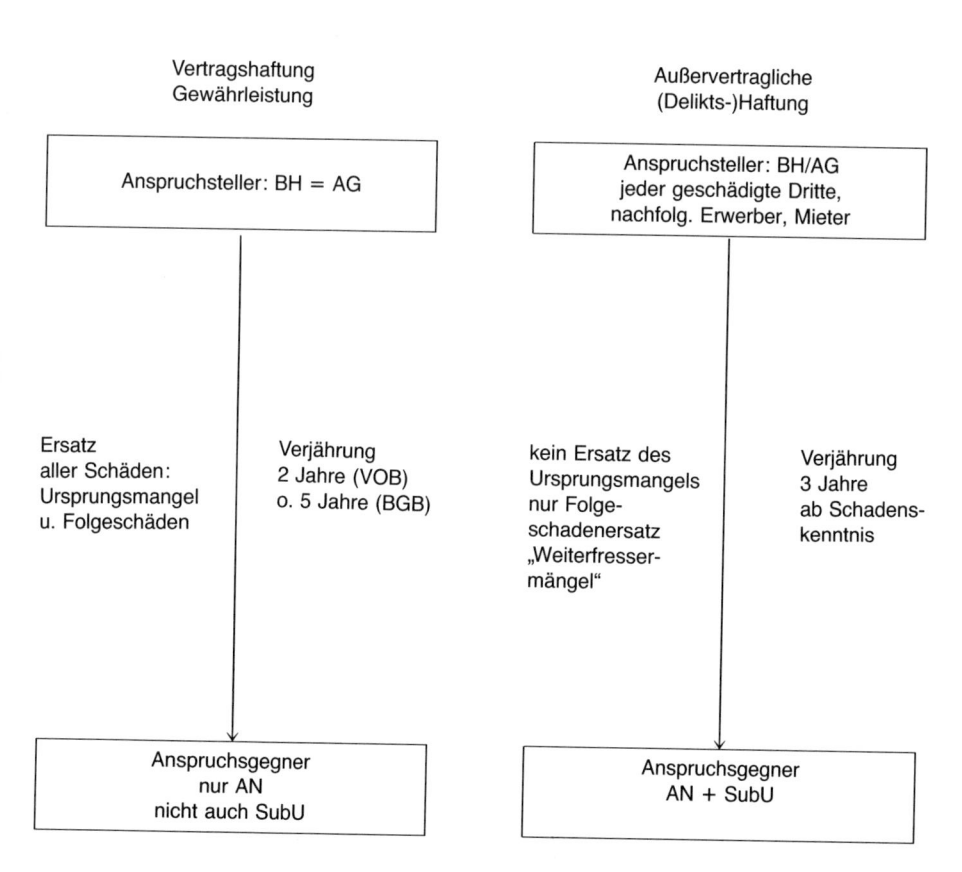

Vertragshaftung Gewährleistung	Außervertragliche (Delikts-)Haftung
Anspruchsteller: BH = AG	Anspruchsteller: BH/AG jeder geschädigte Dritte, nachfolg. Erwerber, Mieter
Ersatz aller Schäden: Ursprungsmangel u. Folgeschäden / Verjährung 2 Jahre (VOB) o. 5 Jahre (BGB)	kein Ersatz des Ursprungsmangels nur Folgeschadenersatz „Weiterfressermängel" / Verjährung 3 Jahre ab Schadenskenntnis
Anspruchsgegner nur AN nicht auch SubU	Anspruchsgegner AN + SubU

kung von Feuchtigkeit nicht zum Tragen kommt. Das ist jedoch im Rahmen der Architektenhaftpflichtversicherung ohnehin nicht der Fall und bei der baugewerblichen Betriebshaftpflichtversicherung auf Grund der dortigen Besonderen Bedingungen ebenfalls nicht. Für das Bauhauptgewerbe dagegen besteht zumindest die Möglichkeit der Einbeziehung solcher Risiken durch besondere Vereinbarung (vgl. Kniffka, ZfBR 1991, 3 unter Hinweis auf Schmalzl, Die Berufshaftpflichtversicherung des Architekten und des Bauunternehmers, Rdn. 92, 539, 542).

Diese Berufs- bzw. Betriebshaftpflichtversicherung deckt auch spätere Folgeschäden nach Ablauf der vertraglichen Gewährleistung. Problematisch sind derartige Spätschäden lediglich dann, wenn die Versicherung inzwischen gekündigt oder aufgehoben ist, weil dann der Versicherungsschutz endet (§ 9 Ziff. IV AHB), bei Architekten und Ingenieuren allerdings erst 5 Jahre nach Ablauf des Versicherungsvertrages (A Ziff. II der Besonderen Bedingungen und Risikobeschreibungen für die Berufshaftpflichtversicherung von Architekten und Ingenieuren – BBR/Arch.). Jedoch gibt es für diese Fälle die Möglichkeit einer sog. Nachhaftungsversicherung, auf die der Versicherer hinweisen muß, anderenfalls er sich schadensersatzpflichtig macht und den Schaden dann aus diesem Grunde ersetzen muß (vgl. Kniffka a.a.O. unter Hinweis auf Schmalzl, Rdn. 221, 69).

Gebäudedehnfugen

Funktion und Notwendigkeit – Stand der Technik

Univ.-Prof. Dr. E. Cziesielski, TU Berlin

1. Überblick

Bauwerke werden außer durch Vertikal- und Horizontallasten auch durch Verformungen beansprucht. Verformungen entstehen aus Temperaturänderungen (Abb. 1), Feuchteänderungen, Schwinden, Kriechen, Bodenbewegungen (Setzen) und gegebenenfalls Brandeinwirkungen. Je nach der Ursache der Verformung werden Dehnungsfugen in der Praxis entsprechend Abb. 2 unterschieden.

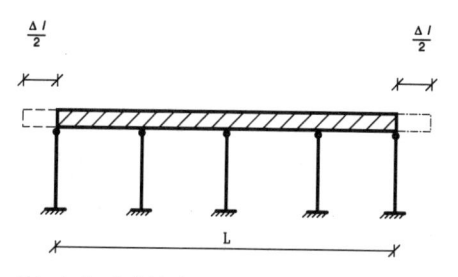

Abb. 1 Lastfall „Verformungen"

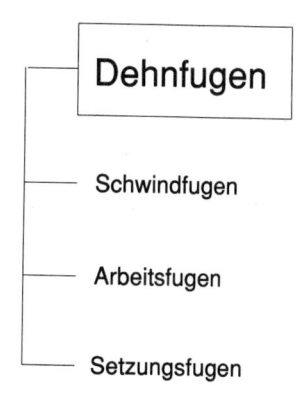

Abb. 2 Dehnungsfugen (Übersicht)

Dehnungsfugen haben die Aufgabe, die im wesentlichen aus Temperaturänderungen (einschließlich Brandeinwirkung) entstehenden Verformungen weitgehend zwängungsfrei zu ermöglichen.

Schwindfugen haben die Aufgabe, die aus der Schwindverkürzung der Betonbauteile entstehenden Zwängungen weitgehend spannungsfrei zu ermöglichen.

Arbeitsfugen entstehen bei der Unterbrechung eines Betoniervorganges; sie bewirken entweder eine Abminderung der Schwindverformungen (z. B. schachbrettartiges Betonieren einer Decken- oder Fundamentplatte) oder sie führen zu Zwängungen infolge der unterschiedlichen Schwindverformungen der an die Arbeitsfuge angrenzenden Bauteile (vgl. Abb. 3). – Zur Vermeidung der Zwängungen in der in Abb. 3 dargestellten Wand können Schwindfugen entsprechend Abb. 4 vorgesehen werden.

Setzungsfugen haben die Aufgabe, die infolge der im wesentlichen vertikalen Relativbewegungen einzelner Bodenelemente entstehenden Zwängungen zu begrenzen. Sie unterscheiden sich von den Dehnungsfugen dadurch, daß sie durch das Fundament hindurchgehen.

Die auftretenden horizontalen und vertikalen Verformungen beanspruchen das Tragwerk, wenn die freie Verformbarkeit behindert ist; die dabei entstehenden Zwängungskräfte sind abhängig von der Größe der Verformungen und der Steifheit der die Verformung behindernden Bauteile.

Dehnfugen schaffen Verformungsmöglichkeiten und mindern damit die Zwängungskräfte. Andererseits wird die horizontale Kontinuität der Dach- und Deckenscheiben bei der Lastabtragung der Horizontalkräfte durch die Fugen gestört. Es kommt hinzu, daß die Fugenkonstruktionen schadensanfällig sind und ihre Herstellung und Wartung mit Kosten verbunden sind, so daß angestrebt wird,

– die nach Faustregeln festgelegten Mindestabstände der Dehnungsfugen durch genau-

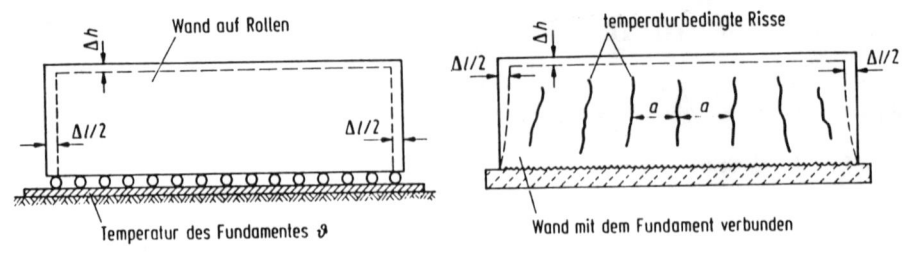

Abb. 3 Zwängungsspannungen und Spaltrisse infolge eines Temperaturunterschiedes zwischen Fundament und Wand

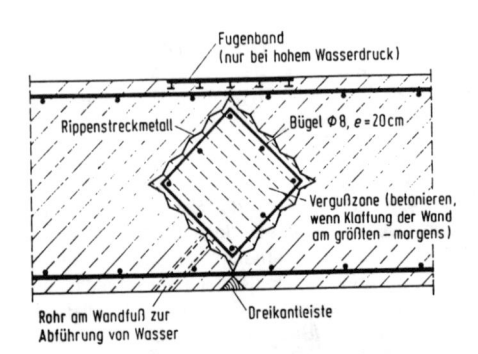

Abb. 4 Arbeitsfuge in einer Wand zur Vermeidung unkontrollierter Spaltrisse (vgl. Abb. 3)

ere Erfassung der Randbedingungen zu vergrößern und
- durch die Wahl zwängungsarmer Konstruktionen Dehnungsfugen nach Möglichkeit vollständig zu vermeiden.

Zur Anordnung und Ausdehnung von Dehnungsfugen wird im folgenden der Stand der Technik wiedergegeben.

2. Dehnfugen

2.1 Ausführung von Dehnfugen aufgrund der Erfahrungen

In der Literatur [1 und 2] werden für Gebäude pauschal maximal zulässige Dehnfugenabstände aufgrund der Erfahrungen angegeben, die zwischen 30 m und 80 m betragen (vgl. Tabelle 1). Hierbei müssen aber die Randbedingungen beachtet werden; diese sind:
1. Steifigkeit der lotrechten, aussteifenden Bauteile, ausgedrückt durch die Bauart

(Skelettbau, Wandbauart), Baumaterialien (Stahl, Beton, Mauerwerk, Holz) und durch die Anordnung der aussteifenden Bauteile selbst sowie dann
2. durch die Wärmedämmung der sich verformenden Bauteile (Dachdecken, Außenwände) sowie die Art der Herstellung (abschnittsweises Betonieren), wodurch die Verformungen der Dach- und Deckenkonstruktionen in Gebäudelängsrichtung beeinflußt werden.

Bei Gebäuden, die durch eine Vielzahl von Wänden ausgesteift sind, ist es üblich, die Dehnfugenabstände auf 30 m zu begrenzen und die auftretenden Zwängungskräfte nicht weiter zu verfolgen. Bei dieser pauschalen Vorgehensweise können Schäden nicht mit Sicherheit völlig ausgeschlossen werden, wenn auch ein Versagen der Standsicherheit nicht eintreten wird (es können aber Risse in der Konstruktion von einigen Millimetern Breite entstehen).

Soweit Dehnfugen erforderlich sind, sollte deren Breite im Normalfall – auch aus Gründen des Brandschutzes – b ≥ 25 mm betragen (vgl. DIN 1045, Abschnitt 14.4.2).

Hinsichtlich des Abstandes von Dehnfugen unter dem Aspekt des Brandschutzes gilt z.B. nach DIN 1045 folgendes:

„14.4.2 Längenänderungen infolge von Brandeinwirkung

Bei Bauwerken mit einer erhöhten Brandgefahr und größerer Längen- oder Breitenausdehnung ist bei Bränden mit Längenänderungen der Stahlbetonbauteile zu rechnen; daher soll der Abstand a der Dehnfugen möglichst nicht größer sein als 30 m, sofern nicht nach Abschnitt 14.4.1 kürzere Abstände erforderlich sind. Die wirksame lichte Fugenweite soll mindestens a/1200 sein (b = 25 mm bei a= 30 m). Bei

	Linder [1.3]	Franz [1.9]	Aigner [1.5]	Rybicki [1.4]	Schild [1.47]	Schneider [1.46]	Meng [4.6]	Schwarz [1.2]	Pilny [1.34]
Fundamentplatten mit el. Oberkonstr.	30-40			30-40					
mit steifer Oberkonstr.	15-25			15-25					
geschl. Fundamentkörper für Maschinen			25						
Geschoßbauten eingeschossig				50-80 je n. Schlankht. u. Stützenlast	36-72 je n. Aussteifg.			48-120	25-30
Skelettbauten mit el. Unterkonstruktion	30-40	30-60		60-80	30-48			} 72	
Skelettbauten mit steifer Unterkonstr.	15-25	15-25		Fertigteile	15-25				
Skelettb. mit verkleideter Tragkonstr. (Brandsch.)				70					
Hallen				120 (Stahl)	36-72 je n. Stützen- schlankht.				
Flachdachdecke auf Mauerwerk ⎤ mit Wärme-	} 10-15			9-12		} 20-30		10-12	
auf Stahlbetonkonstr. ⎦ dämmung				10-18					
Flachdecke auf Mauerwerk ⎤ ohne Wärme-	5-6			5-6					
Geschoßdecke auf Mauerwerk ⎦ dämmung	20-30			20-24					
Balkone auf Mauerwerk	} 15-20			5-6	} 4,0	} 4-6		8	
auf Beton				8-10					
Estrich innen				6					
Estrich auf Dächern mit Drahtgew.	} 4-6			3-6	} 1,5			3-4	
ohne Drahtgew.				1,5-3,0				1-1,5	
Stützmauern auf Kies bewehrt	10-15	} 10-15							
unbewehrt	<10								
auf Fels oder Beton bewehrt	8-10	} 5-10						} <10	
unbewehrt	<5								
Außenmauerwerk ohne Dämmung				25-30					
mit Außendämmung				50-55					
mit Innendämmung				15-20					

Tabelle 1 Maximale Fugenabstände aufgrund der Angaben in der Literatur [2]

Gebäuden, in denen bei einem Brand mit besonders hohen Temperaturen oder besonders langer Branddauer zu rechnen ist, soll diese Fugenweite bis auf das doppelte vergrößert werden."

Der im „Normalfall" geforderte Fugenabstand von 30 m gilt nach [4] für Wohngebäude und ähnlich genutzte Gebäude mit einer maximalen Brandlast von etwa 280 kWh/m² (entspricht rund 60 kg Holz/m²). – Bei höheren Brandlasten und guter Belüftung des Brandabschnittes kann durch eine Sprinklerung das Gebäude ebenfalls in den „Normalfall" eingestuft werden.

Für diejenigen Fälle, für die der Fugenabstand unter Brandeinwirkung rechnerisch ermittelt werden soll, ist nach [2] folgendes zu beachten:

– Der Brandherd ist meistens räumlich begrenzt (Sprinklerung), so daß die Temperaturen entsprechend der Einheitstemperaturkurve nach DIN 4102 nicht über die gesamte Gebäudelänge anzusetzen sind. Die Unterteilung des Gebäudes in kleinere Brandabschnitte ist deswegen sinnvoll.

– Zwängungskräfte, die eine beflammte Decke ausübt, sind aufgrund des bei hohen Temperaturen starken Kriechvermögens des Betons geringer.

– Im Brandfall können Risse, die die Steifigkeit der Decken und lotrechten Bauteile reduzieren, in Kauf genommen werden, wodurch die Zwängungskräfte ebenfalls abgebaut werden.

Nach [2] wird empfohlen, den Brandlastfall im „Normalfall" mit einer pauschalen Temperaturerhöhung von 80 K im ganzen Bauabschnitt abzudecken. – Für Gebäude mit höheren Brandlasten als 280 kWh/m² sind andere Temperaturen anzusetzen. Genauere Erkenntnisse zu diesen Problemen fehlen noch.

2.2 Ausführung von Dehnungsfugen entsprechend besonderem Nachweis

Für Skelettbauten und für fugenlose Bauwerke können zum Nachweis größerer Dehnfugenabstände und der in den Bauwerken entstehenden Zwängungsspannungen die aus Temperaturänderungen entstehenden Verformungen entsprechend Tabelle 2 [2] herangezogen werden.

Es läßt sich in Abhängigkeit von den Stützenabmessungen, der Stützenschlankheit sowie von der Ausbildung der Dachkonstruktion (wärmegedämmt oder nicht) nachweisen, daß z.B. Längen von Hallen von 100 m und mehr aus Stahlbetonfertigteilen ohne Dehnfugen ausführbar sind, wenn die eigentliche Aussteifung der Halle in deren Mitte erfolgt und die Verformungsfähigkeit der Stützen gegeben ist.

Der Nachweis der Zwängungsspannungen in den aussteifenden Bauteilen ist beispielhaft für das in Abb. 5 dargestellte Gebäude prinzipiell dargestellt. Zunächst ist entsprechend Abb. 6 der Lastfall „Thermisch bedingte Verformung der Dachdecke" (Lastfall „Winter" und Lastfall „Sommer") zu untersuchen. Weiterhin ist der Lastfall „Schwinden" und der Lastfall „Temperaturänderung bezogen auf die Temperatur bei der Herstellung der Decken" entsprechend Abb. 7 zu untersuchen, wobei der Einfluß des Kriechens berücksichtigt werden kann. – Unter Beachtung der Ausführungen in Abschnitt 2.1

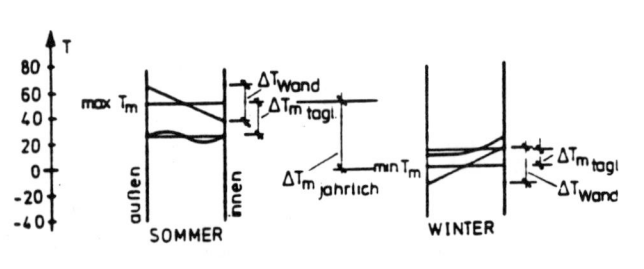

TEMPERATUREN [°C]

Bauteil		max T_m	$\Delta T_{m\,tagl}$	min T_m	$\Delta T_{m\,jahrl}$	ΔT_{Wand}
Dachplatte ohne Dämmung	d = 10	50	30	-15	65	18
	d = 20	44	20	-13	57	17
	d = 30	41	13	-12	53	17
Dachplatte mit 4cm Innendämmung	d = 10	63	36	-24	87	8
	d = 20	49	22	-21	77	12
	d = 30	43	17	-18	61	15
Dachplatte mit 4cm Außendämmung	d = 10	30	5	+3	27	10
	d = 20	29	3	+3	25	10
	d = 30	28	3	+3	25	10
Westwand ohne Dämmung	d = 10	48	30	-16	64	10
	d = 20	40	20	-14	54	15
	d = 30	35	12	-12	47	18
Westwand mit 4cm Innendämmung	d = 10	50	35	-25	75	8
	d = 20	41	20	-22	63	10
	d = 30	36	12	-19	55	16
Westwand mit 4cm Außendämmung	d = 10	29	5	+5	25	6
	d = 20	28	4	+5	23	6
	d = 30	28	3	+5	22	6

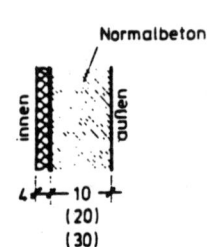

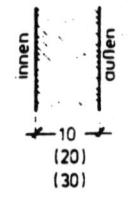

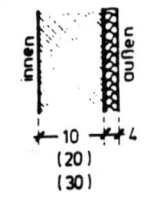

Thermodynamische Kenngrößen jeweils ungünstig angesetzt

Tabelle 2 Maximale und minimale Temperaturen im Bereich von Dach- und Wandkonstruktionen [2]

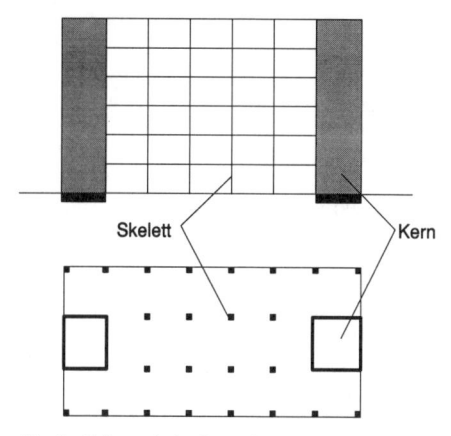

Abb. 5 Schematische Darstellung eines Gebäudes in Skelettbauweise

kann dann der Lastfall „Brand" entsprechend Abb. 8 untersucht werden.

Ist es nicht möglich, die bei den Berechnungen auftretenden Zwängungskräfte aufzunehmen, so bestehen folgende Möglichkeiten, die Zwängungen entsprechend Abb. 9 zu mindern:
− Anordnung einer Dehnungsfuge (Abb. 9a)
− Anordnung eines Gleitlagers unter einem aussteifenden Kern (Abb. 9b und Abb. 10)
− gleitende Auflagerung der Decken (Abb. 9c und Abb. 11).

2.3 Ausbildung der Dehnungsfugen

Bei Gebäuden in Wandbauart werden die Dehnfugen in der Regel durch zwei durch eine Mineralfaserdämmplatte voneinander getrennte Wände ausgebildet. − Im Skelettbau werden die Dehnfugen entweder durch Doppelstützen oder durch Gleitlager im Bereich der Dachkonstruktion ausgeführt (Abb. 12).

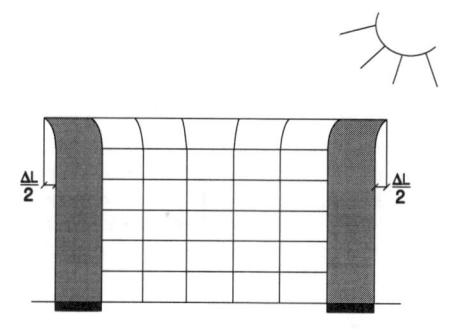

Abb. 6 Lastfall „Thermische Längenänderung der Dachdecke"

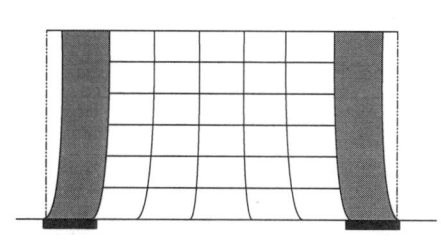

Abb. 7 Lastfall „Schwinden und Temperaturänderung bezogen auf die Herstellungstemperatur der Dachdecken"

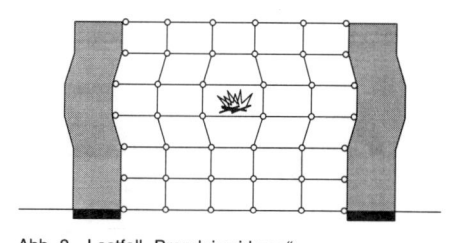

Abb. 8 Lastfall „Brandeinwirkung"

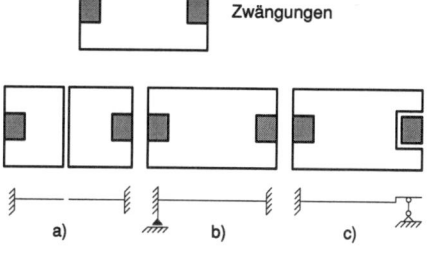

Abb. 9 Möglichkeiten zur Verminderung von Zwängungsspannungen in dem in Abb. 5 dargestellten Gebäude
a) Anordnung von Dehnungsfugen
b) Anordnung eines Gleitlagers unter einem Kern (vgl. Abb. 10)
c) Anordnung von Gleitlagern im Bereich der Decke (vgl. Abb. 11)

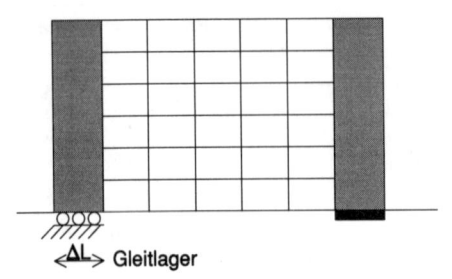

Abb. 10 Geführtes Gleitlager unter einem aussteifenden Kern (vgl. hierzu Abb. 9b)

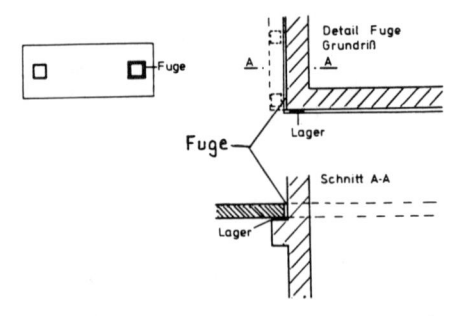

Abb. 11 Gleitlager im Bereich der Deckenscheibe (vgl. hierzu Abb. 9c)

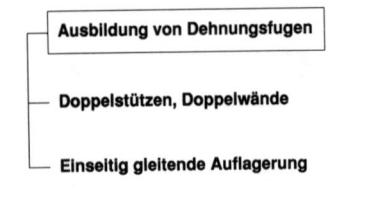

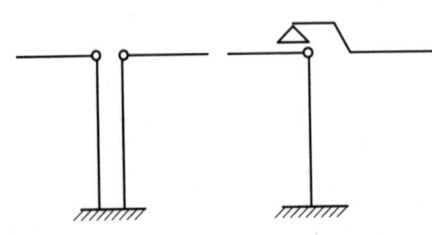

Abb. 12 Prinzipien der Ausbildung von Dehnungsfugen

Bei der Festlegung der Stützenabmessungen der an die Dehnungsfugen angrenzenden Stützen können die Mindestabmessungen einteiliger Stützen nach DIN 4102 für den zweiteiligen Querschnitt angenommen werden, wenn die Fugenausbildung entsprechend DIN 4102 Teil 4, Abschnitt 3.14.2.3 erfolgt (Abb.13). Bei der Ausfachung von Stützen ist zu beachten, daß die Verformungen zwängungsfrei möglich sind (vgl. Abb. 14 unten): Die Anordnung der Wände vor den Stützen ist zweckmäßig, wobei die Dehnungsfugen z. B. entsprechend Abb. 15 ausgebildet werden können.

Grundsätzlich gilt, daß im Brandfall die Fugen so auszubilden sind, daß der Durchtritt des Feuers durch die Fugen weder unmittelbar noch durch Durchwärmung erfolgen kann und die Ausdehnung der Bauteile nicht behindert wird. Beispiele für Dehnungsfugen im Bereich von Dachdecken sind in den Abb. 16 sowie 17 und im Bereich von Trenndecken in Abb. 18 dargestellt [4].

Als Dämmstoffe eignen sich Mineralfaserdämmstoffe oder auch faserfreie Stoffe aus keramisch-mineralischen Imprägnaten.

2.4 Setzungsfugen

Um Zwängungsbeanspruchungen von Bauwerken durch unterschiedliche Setzungsbewegungen des Bodens (vgl. Abb. 19) zu verringern, wird in der Literatur eine Begrenzung der Setzungsunterschiede $\triangle s/L \leq 1{:}300$ bis $1{:}500$ empfohlen ($\triangle s$ = Setzungsunterschied, L = Gebäudelänge). Die vorbeugenden Maßnahmen gegen die Auswirkungen der Setzungen bestehen einerseits in Maßnahmen zur Verbesserung des Baugrundes und andererseits in konstruktiven Maßnahmen wie Ausführung biegesteifer Bauwerke, statisch bestimmte Überbauten und insbesondere die Ausbildung von Setzungsfugen. Die Breite der Setzungsfugen ist unter Berücksichtigung der Gebäudeschiefstellung zu ermitteln, wobei bei großen Setzungsunterschieden die Anordnung von Schleppplatten nach Abb. 20 zweckmäßig ist.

3. Zusammenfassung

1. Bei maximalen Gebäudeabmessungen von 30 m im Grundriß brauchen die Abstände von Dehnfugen und die Auswirkungen von Zwängungskräften in der Regel rechnerisch nicht nachgewiesen zu werden.

Dehnfugen

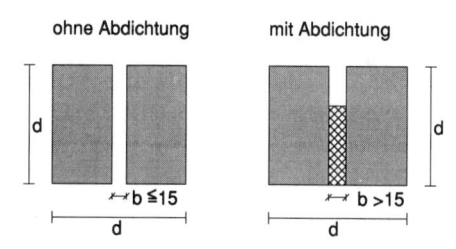

ohne Abdichtung   mit Abdichtung

Abb. 13   Mindestdicken d von an die Dehnungsfuge angrenzenden Stützen. Die nach DIN 4102 angegebenen Mindestdicken für einteilige Stützen gelten für die angegebenen Fugenbreiten b

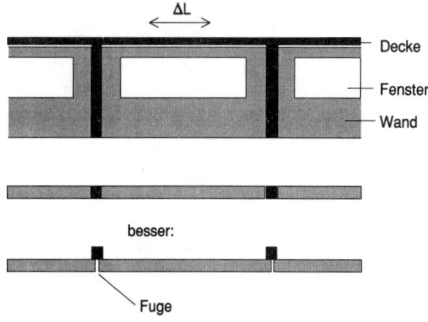

Abb. 14   Ausfachungen zwischen den Stützen behindern die Verformungen

Dehnungsfuge

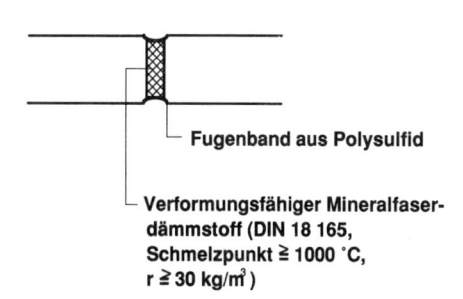

Abb. 15   Ausbildung einer Dehnungsfuge zwischen Wänden

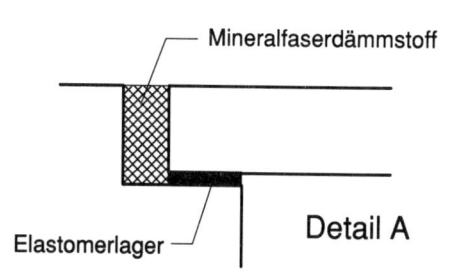

- Fugenband aus Polysulfid
- Verformungsfähiger Mineralfaserdämmstoff (DIN 18 165, Schmelzpunkt $\geq$ 1000 °C, r $\geq$ 30 kg/m³)

Abb. 16   Prinzipien der Ausbildung von Dehnungsfugen im Bereich der Dachdecken

- Mineralfaserdämmstoff
- Elastomerlager
- Detail A

2. Für größere Gebäudelängen können mit den angegebenen Temperaturänderungen (siehe Tabelle 2) die auftretenden Gebäudeverformungen ermittelt werden. Die Auswirkungen der Verformungen auf die Stützen können z. B. nach [2] rechnerisch untersucht werden. Es ist möglich, im Skelettbau Gebäudelängen von mehr als 100 m auszuführen.

3. Durch die Anordnung von Dehnungsfugen wird die Kontinuität bei der Lastabtragung der horizontalen Kräfte gestört, so daß die Stabilität des Gebäudes gefährdet werden kann. Die Stabilisierung des Gebäudes ist deswegen besonders zu beachten (vgl. Abb. 9).

4. Die Auswirkungen von Bränden ist nach DIN 1045 zu berücksichtigen, wenn die Gebäudelänge größer als 30 m ist. Näherungsweise kann nach [2] mit einer gleichmäßigen Temperaturerhöhung von 80 bis 160 K im Gebäudeabschnitt gerechnet werden. Genauere Berechnungsverfahren sind zur Zeit nicht bekannt.

5. Setzungsfugen sind bei rolligen Böden in Abständen von 30 bis 35 m in Abhängigkeit

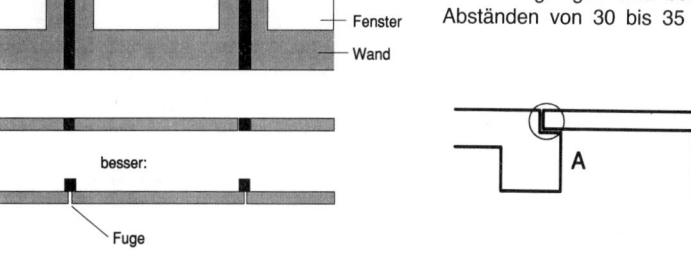

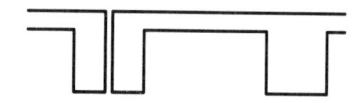

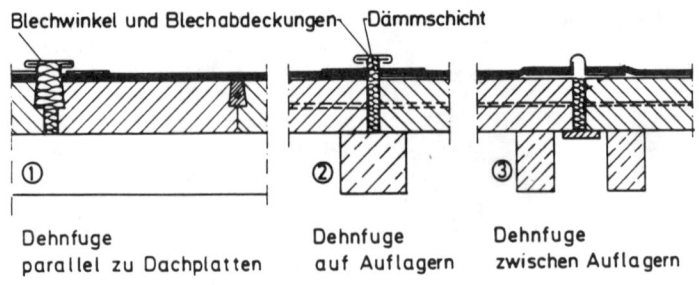

Abb. 17 Beispiele für Dehnfugen in Dachplatten

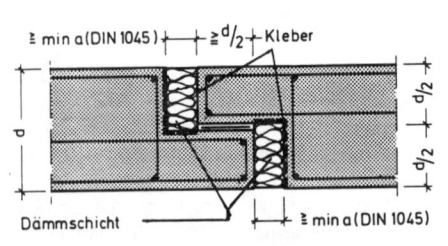

① Dehnfuge parallel zu Dachplatten
② Dehnfuge auf Auflagern
③ Dehnfuge zwischen Auflagern

a) Deckenplatten mit Querkraftübertragung

Abb. 18 Beispiele für Ausbildung in Deckenplatten

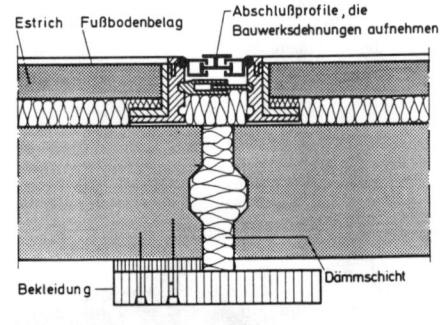

b) Durchgehende Dehnungsfuge

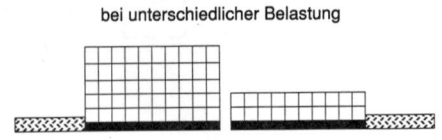

Setzungsfuge bei unterschiedlicher Belastung

a) Unterschiedliche Belastung

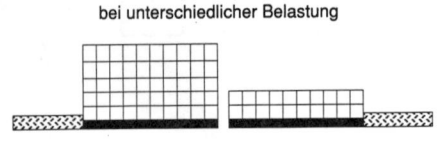

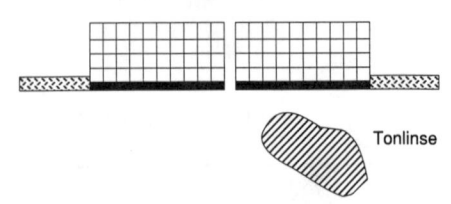

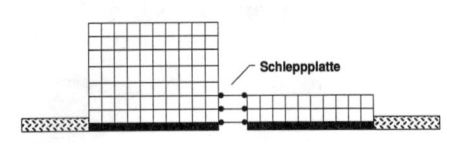

Abb. 20 Aufnahme unterschiedlicher Setzungen durch Schleppplatten

Setzungsfuge bei unterschiedlichen Böden

b) Unterschiedliche Bodenarten

Abb. 19 Ursachen für die Anordnung von Setzungsfugen

vom anstehenden Boden und der Art der Bebauung vorzusehen (vgl. Abb. 19). Feste Regeln für den Abstand der Dehnungsfuge bestehen nicht.

6. Die Breiten von Dehnungsfugen betragen im Regelfall $b \geq 25$ mm und sind bei größeren Brandlasten und größeren Gebäudelängen entsprechend zu vergrößern; hierzu gehört ein rechnerischer Nachweis.

Literatur

[1] Schäfer, K. und Hock, B.: Fugen und Aussteifungen. Das Bauzentrum, 1985, Heft 2

[2] Hock, B., Schäfer, K. und Schlaich, J.: Fugen und Aussteifungen in Stahlbetonskelettbauten. Deutscher Ausschuß für Stahlbeton, Verlag Wilhelm Ernst & Sohn, 1986

[3] Rybicki, R.: Bauschäden an Tragwerken. Werner-Verlag, 1979

[4] Kordina, K. und Meyer-Ottens, C.: Beton Brandschutz-Handbuch. Betonverlag 1981

Erfahrungen mit fugenlosen Bauwerken

Prof. Dipl.-Ing. Werner Pfefferkorn, Stuttgart

Über Erfahrungen mit fugenlosen Bauwerken ließe sich in einem ganztägigen Seminar sehr interessant berichten. Dreißig Vortragsminuten erlauben dagegen nur die Erörterung einiger Aspekte, welche schlaglichtartig die Probleme dieser Konstruktionen beleuchten sollen. Eine Vertiefung in die Zusammenhänge aus der Sicht des selbständig tätigen Tragwerksplaners ermöglicht die Literatur [1].

Zunächst muß Klarheit darüber bestehen, was im Sinne des Vortragsthemas unter „Fugenlosen Bauwerken" verstanden wird. In wörtlicher Bedeutung fällt jedes Gebäude ohne Fugen darunter, also auch eine Fertiggarage mit 3,0 m x 6,0 m Grundrißfläche. „Fugenlose Bauwerke" im heutigen Sprachgebrauch sind dagegen solche Konstruktionen, welche bei herkömmlicher Planung und Ausführung Fugen benötigen würden. Große Grundrißabmessungen sind dabei ein häufiges Merkmal, keineswegs aber allein ausschlaggebend. Wann Fugen erforderlich sind, hat Kleinlogel in seinem 1954 in 5. Auflage erschienen Buch über „Bewegungsfugen im Beton- und Stahlbetonbau" in klassischer Kürze beschrieben. „Gebäude von größerer Längen- und Breitenausdehnung als etwa 30 m, günstigenfalls 40 m müssen durch Bewegungsfugen getrennt werden. Ebenso sind zwischen Bauteilen verschiedener Bauweise, verschiedener betrieblicher Beanspruchung, Belastung und Höhenentwicklung, sowie bei starken Grundrißänderungen Fugen erforderlich. Bauteile verschiedener Gründungsart – z. B. Bankett-Platten- oder Pfahlgründung – sind ebenfalls zu trennen."

Diese Definition gilt nach wie vor, wenn sich die Tragwerksplanung im wesentlichen auf die Statische Berechnung und die Bemessung für die Standsicherheit beschränkt, was derzeit noch ganz überwiegende Praxis ist. Auf normal übliche Fugen kann dagegen nur verzichtet werden, wenn bei der Tragwerksplanung auch die Zwangverformungen und die hierdurch hervorgerufenen Zwangkräfte untersucht und bei der konstruktiven Durchbildung und Bemessung berücksichtigt werden. Der Aufwand hierfür kann denjenigen für die Standsicherheitsbemessung u.U. übertreffen.

Das Hauptproblem bei den Zwanguntersuchungen besteht darin, daß die Steifigkeiten der einzelnen Bauteile maßgebend für die Größe der Zwangkräfte sind, letztere aber umgekehrt die Steifigkeiten durch die erzwungene – planmäßige ! – Rißbildung verändern. Die schließlich wirksamen Steifigkeiten müssen daher von vornherein möglichst realistisch abgeschätzt werden, wobei die Detailausbildung der Tragkonstruktion von erheblichem Einfluß ist. Ein sehr vereinfachtes Beispiel mag dies verdeutlichen.

In Abb. 1 sind die entscheidenden Konstruktionsglieder eines mehrgeschossigen Gebäudes schematisch skizziert. Die Stützen unter

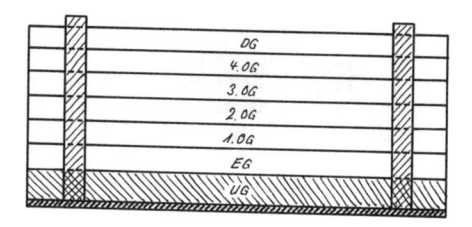

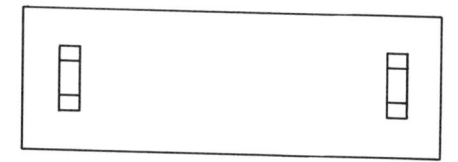

Abb. 1

den Decken nehmen wegen ihrer geringen Steifigkeit nur passiv an den Zwangverformungen teil und wurden deshalb nicht eingezeichnet. Das Untergeschoß sei ein geschlossener Stahlbetonkasten, in den die aussteifenden Kerne links und rechts eingespannt sind. Eine der häufigsten Zwangursachen ist die wesentlich stärkere Schwindverkürzung der Stahlbeton-Geschoßdecken gegenüber dem Untergeschoß, wobei sich innerhalb desselben nochmals eine Schwinddifferenz zwischen der Bodenplatte samt Fundamenten und der Untergeschoßdecke einstellt. Je nach der Ausbildung der Geschoßdecken entstehen bei sonst gleichen Voraussetzungen völlig unterschiedliche Zwangbeanspruchungen. Entsprechend verschieden sind die für die planmäßige Rißweitenbeschränkung erforderlichen zusätzlichen Bewehrungen.

1. Annahme: Geschoßdecken als Massivplatten in Gebäudequerrichtung gespannt.

Hier ist der volle Betonquerschnitt zunächst für die Steifigkeit der Decken maßgebend. Bei gleicher Schwinddifferenz aller sechs Decken gegenüber dem Untergeschoß erhält die Erdgeschoßdecke die größte Zwangkraft infolge der Rückhaltekräfte der Aussteifungskerne. Wie groß die Zwangkraft tatsächlich ist, hängt neben der Deckensteifigkeit von der Steifigkeit der Kerne ab. Infolge der horizontalen Zwangzugkräfte verformen sich die Kerne gegeneinander, so daß die Zugzwängung der Decken nach oben abnimmt und in Druckkräfte umschlagen kann.

2. Annahme: Geschoßdecken als Massivplatten in Gebäudelängsrichtung gespannt.

In Abhängigkeit von der Momentenbeanspruchung ist nur ein über die ganze Deckenlänge variabler Teil des Betonquerschnitts für die Deckensteifigkeit maßgebend, so daß die Zwangkräfte erheblich geringer werden als bei der 1. Annahme. Zur Rißbeschränkung in den Decken wird nur noch eine ergänzende und somit wesentlich geringere Zusatzbewehrung zu der in Gebäudelängsrichtung notwendigen statischen Bewehrung benötigt.

3. Annahme: Geschoßdecken als Rippendecken in Gebäudelängsrichtung gespannt.

Der für die Größe der Zwangkräfte maßgebende Betonquerschnitt ist gegenüber der 2. Annahme nochmals erheblich reduziert und dementsprechend auch der Aufwand für die zusätzliche Rißbeschränkungsbewehrung.

Diese wenigen Hinweise lassen erkennen, mit welchen Problemen bei einem realen Bauwerk unter allen in Betracht kommenden zwangerzeugenden Einflüssen zu rechnen ist. Die zu erzielenden Ergebnisse stellen in der Regel nur Abschätzungen dar, mit welchen aber bei sorgfältigen Überlegungen voll befriedigende Resultate erzielbar sind, wie die zahlreichen in den vergangenen zwei Jahrzehnten gebauten fugenlosen Bauwerke zeigen. In [1] ist der Bemessungsvorgang an einem ausgeführten, sehr komplizierten Bauwerk mit 186 m fugenloser Länge ausführlich erläutert.

Völlig anders als bei einer Konstruktion gemäß Abb. 1 stellt sich die Situation bei Gebäuden dar, deren Horizontalaussteifung in der Mitte angeordnet ist. Im Bereich der Geschoßdecken können hier nur die Stützen Zwangkräfte hervorrufen. Diese sind aber wegen der Stützenschlankheit in der Regel so gering, daß sie für Stahlbeton-Massivplattendecken praktisch bedeutungslos bleiben. Die Abb. 2 zeigt ein Institutsgebäude kurz vor seiner Fertigstellung im Jahre 1973. Es hat einen kreuzförmigen Grundriß mit etwa 90 m × 90 m Grundrißabmessung in den Normalgeschossen. Der Aussteifungskern liegt in Gebäudemitte, die Stahlbetonstützen sind biegesteif mit den punktgestützten Massivdecken verbunden. Die Deckenplatten erhielten bei diesem Gebäude nur die statisch erforderlichen Bewehrungen, also weder Mindestbewehrung noch darüber hinausgehende Rißbeschränkungsbewehrungen. Dagegen wurden bei der Stützenbemessung die in Betracht kommenden Zwangverformungen berücksichtigt, was nur nach dem Traglastverfahren unter Ausnutzung der plastischen Betonverformbarkeit möglich war. Das hierfür entwickelte Verfahren wurde später veröffentlicht [2]. Das Tragwerk hat sich in den vergangenen zwei Jahrzehnten voll bewährt.

Ausgedehnte Bauwerke im Grundwasser werden in zunehmendem Maße als „Weiße Wannen" ausgebildet. Diese Stahlbetonkonstruktionen erhalten keine gesonderte Abdichtung, sondern sind selbst wasserundurchlässig. Das setzt einerseits eine geeignete Betonqualität und andererseits eine zuverlässige Beschränkung der Rißweite voraus. Da dies mit einem erheblichen Bewehrungsaufwand verbunden ist, lohnt sich stets eine gut überlegte Bemessung. An zwei ausgeführten Beispielen sollen einige Gesichtspunkte dazu erläutert werden.

Im Jahre 1980 wurde ein Industriegebäude mit einem etwa 78 m × 72 m großen Untergeschoß errichtet. Abb. 3 zeigt einen schematischen Schnitt durch das Untergeschoß. Es steht 4,0 m im Grundwasser, wobei der Wasserspiegel relativ wenig schwankt. Für die Gründung wurde eine 1,2 m dicke Stahlbeton-Massivplatte gewählt, welche die großen Einzellasten der Stützen gleichmäßig auf den Baugrund verteilt und entsprechend günstig für den starken Auftrieb

Abb. 2

wirkt. Die Bodenplatte und die Umfassungswände wurden mit Rißbeschränkungsbewehrungen versehen, welche in der Skizze Abb. 3 angegeben sind. Als Bemessungsgrundlage diente dabei die rechnerische Nennzugfestigkeit des Betons ohne Abzüge oder Zuschläge. Diese „Weiße Wanne" erfüllt ihre Aufgabe mangelfrei. Es fragt sich jedoch, ob es aus heutiger Sicht Möglichkeiten gibt, in einem solchen Falle mit einer geringeren Rißbeschränkungsbewehrung auszukommen.

Die Bodenplatte wurde s.Zt. wegen der kurzen Bautermine in Tag- und Nachtschichten in einem Zuge betoniert und sofort gegen frühzeitiges Austrocknen geschützt. Wegen der Plattendicke von 1,2 m mußte mit einer Erwärmung infolge der Hydratation des abbindenden Zementes bis zu 40 K gerechnet werden. Diese Wärme fließt während der Erhärtung des Betons wieder ab, wobei die Zugfestigkeit des Betons in Verbindung mit der sich ebenfalls abkühlenden Bewehrung in der Lage sein muß, entweder das Zusammenziehen der Bodenplatte um etwa 3 cm in beiden Richtungen gegen den Rückhaltewiderstand des Baugrundes zu erzwingen, oder aber eine planmäßige Rißverteilung in den äußeren Plattenbereichen zu gewährleisten. Was von beiden im vorliegenden Falle tatsächlich erfolgte, wurde leider nicht festgestellt.

Mit der Abkühlung der Betonplatte ist ihre stärkste Zwangbeanspruchung vorüber. Das nun von oben einsetzende Schwinden erfolgt sehr langsam und kann während der Bauzeit allenfalls zu Einrissen geringer Tiefe führen, welche die Wasserundurchlässigkeit der Platte nicht gefährden.

Die Untergeschoß-Außenwände wurden in Abhängigkeit von den vorgehaltenen Schalungen abschnittsweise ohne Fugen betoniert. Auch diese Wände erhalten ihre größte Zwangbeanspruchung durch das Abfließen der Hydratationswärme. Zwar war bei den 40 cm dicken, beiderseits geschalten Wänden nur mit einer

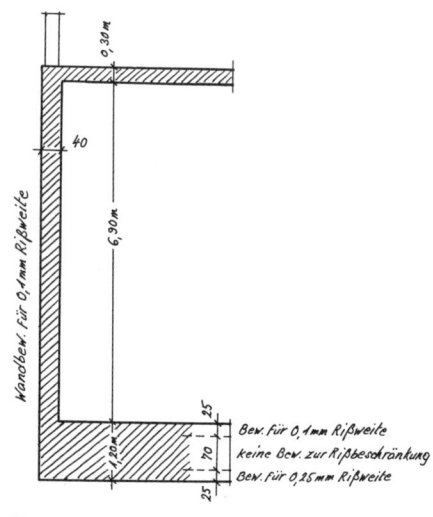

Abb. 3

Erwärmung von höchstens 30 K gegenüber der Außentemperatur zu rechnen, jedoch wird die bei der Abkühlung, d.h. nach ein bis zwei Tagen beginnende Wandverkürzung nahezu vollständig durch die bereits erhärtete und abgekühlte Bodenplatte behindert.

Nach der Fertigstellung des Rohbaues und der Beendigung der Wasserhaltung sind in der Bodenplatte keine weiteren Zwangdehnungen mehr zu erwarten. Von dem nun anstehenden Grundwasser wird ein eventuelles Schwinden des Betons während der Bauzeit im unteren Bereich der Bodenplatte durch Quellen wieder rückgängig gemacht. Die statische Belastung der Platte durch die großen Stützenlasten führt zu einer hohen Momentenbeanspruchung in beiden Richtungen, welche beim Übergang in das gerissene Stadium II eine Ausdehnung der Platte herbeiführt. Dieser stehen die horizontal kräftig bewehrten Außenwände entgegen. Quellen und Biegebeanspruchung führen somit zu einer Zwangbeanspruchung der Bodenplatte auf Druck, so daß die Gefahr später entstehender durchgehender Risse, welche die Wasserundurchlässigkeit beeinträchtigen könnten, praktisch nicht besteht.

Es zeigt sich somit, daß bei einer solchen Bodenplatte, welche ständig in das Grundwasser reicht und als punktgestützte Platte stark auf Biegung beansprucht wird, im Gebrauchszustand keine Gefahr durchgehender Risse mehr besteht, welche die Wasserundurchlässigkeit beeinträchtigen würden. Könnte diese Rißgefahr bei dicken Platten auch für den Bauzustand ausgeschlossen werden, so wäre die sehr kostspielige zusätzliche Rißbeschränkungsbewehrung entbehrlich. Tatsächlich zeigt die Erfahrung, daß Platten bis zu etwa 10 m x 10 m Grundrißfläche bei guter Nachbehandlung auch ohne Bewehrung rißfrei bleiben. Wird eine dicke, ausgedehnte Bodenplatte daher in einzelnen Teilen mit dazwischen liegenden Betoniergassen hergestellt, so können sich die einzelnen Abschnitte bei abfließender Hydratationswärme unter geringem Zwang aus den Rückhaltekräften des Baugrundes verkürzen. Ist der Temperaturausgleich mit der Außenluft erreicht, so können die Betoniergassen geschlossen werden. Der Zeitpunkt hierfür richtet sich insbesondere nach der Art des Betons, der Plattendicke und einer eventuellen Wärmedämmung als Teil der Nachbehandlung. Damit lassen sich bei geeigneten Betonen in der Herstellungsphase die Zwangkräfte so günstig beeinflussen, daß eine zusätzliche Rißbeschränkungsbewehrung ganz entbehrlich wird.

Der Nachteil dieser Lösung liegt in den zahlreichen Arbeitsfugen, welche stets Schwachstellen bilden. Sorgfältige Bauausführung und Zusatzbewehrungen im Fugenbereich sind Voraussetzung für das Gelingen einer solchen Konstruktion. Der Entschluß zu einer derartigen Entscheidung wird dadurch erleichtert, daß das verbleibende Risiko zeitlich und aufwandsmäßig begrenzt ist. Die kritische Phase besteht beim Auflassen des Grundwassers. Dringt zu diesem Zeitpunkt kein Wasser durch die Betonplatte, so wird sie auch später wasserundurchlässig bleiben. Würden sich dagegen einzelne Arbeitsfugen als undicht erweisen, so könnten diese nach erneuter Wasserabsenkung ohne Schwierigkeiten mit einem geeigneten Polyurethanharz verpreßt werden.

Selbstverständlich muß eine derartige Bauausführung besonders sorgfältig geplant und vorher mit der Bauherrschaft abgestimmt werden. Erfahrungsgemäß gibt es hierbei aber kaum Einwände, da Bauherren bei genügend großen Kosteneinsparungen und kalkulierbarem Risiko vorher gern ihr Einverständnis geben.

Für die wasserundurchlässigen Außenwände liegen die Verhältnisse wesentlich anders. Nur aufgrund ihrer Rißbeschränkungsbewehrung entstehen in ihnen beim Abfluß der Hydratationswärme, das ist vor der Herstellung der Decke, zahlreiche feine Risse. Wird dagegen keine horizontale Rißbeschränkungsbewehrung eingelegt, so entstehen sehr ungleiche Risse, welche keine Wasserundurchlässigkeit erwarten lassen. Die Abb. 4 und 5 aus [1] bzw. [3] zeigen die Risse aus abfließender Hydratationswärme in einem ähnlichen Falle, in dem keine horizontale Rißbeschränkungsbewehrung eingelegt worden war. Die beiden Behälterwände sind jeweils 68 m lang, wobei in den Bildern oben die rechte und unten die linke Wandhälfte dargestellt ist. Beide Wände sind gleich bewehrt und wurden zeitlich kurz hintereinander hergestellt. Aufgrund der kontinuierlichen Zwangkrafteinleitung am Wandfuß ist zwar eine gewisse Rißverteilung vorhanden, jedoch unterscheiden sich beide Wände sowohl von der Anzahl als auch von der Summe der Rißweiten erheblich. Da im Gebrauchszustand bei einer statisch bedingten Ausdehnung der Bodenplatte weitere Zugdehnungen in den Wänden wirksam werden, können sich die vorhandenen Risse noch erweitern oder auch

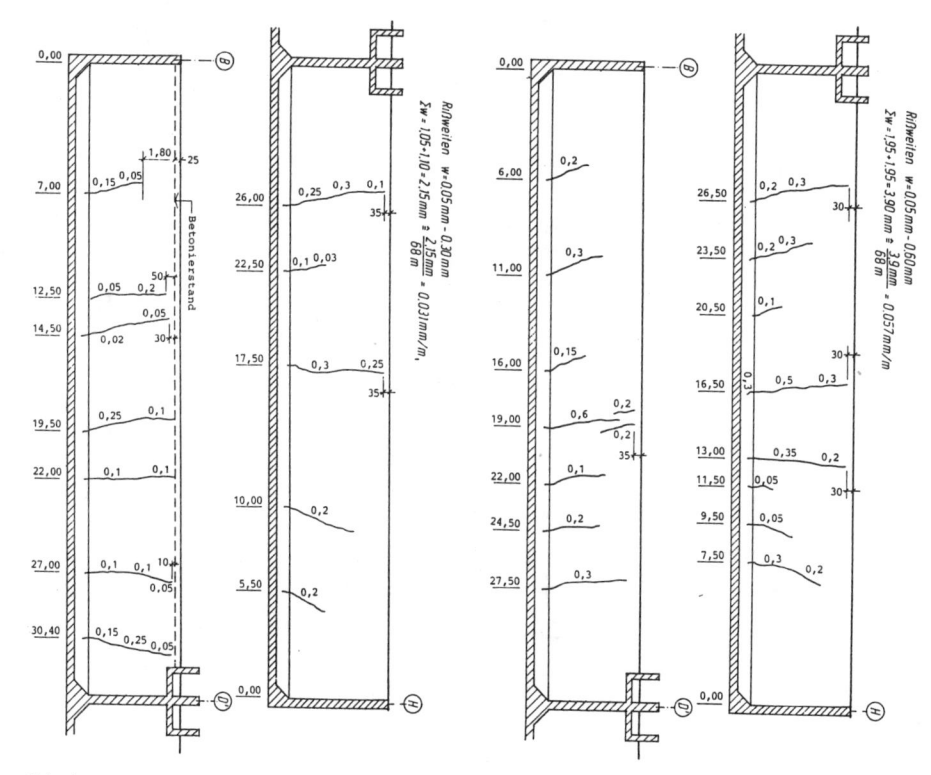

Abb. 4

Abb. 5

neue hinzukommen. Dies gilt insbesondere im Schwankungsbereich des Grundwasserspiegels. Eine Reduktion der Rißbeschränkungsbewehrung in den Außenwänden analog den Überlegungen bei der Bodenplatte ist daher m.E. nicht empfehlenswert.

Jedes fugenlose Bauwerk erfordert eine gesonderte gründliche Überlegung bei der Planung der Zwangrisse. Auch die Abb. 6 betrifft eine Weiße Wanne. Die Grundrißabmessungen sind mit 112 m x 63 m zwar größer als in dem zuvor geschilderten Falle, jedoch ist dies von untergeordneter Bedeutung. Die Bauwerkslasten kommen auch hier über Einzelstützen auf die Bodenplatte, jedoch sind sie unterschiedlich groß, und zudem wechseln die Baugrundverhältnisse stark. Um dennoch gleiche Setzungen zu erzielen, wurden aufgrund wiederholter Setzungsberechnungen Einzelfundamente mit unterschiedlichen Bodenpressungen gewählt, wobei Fundamentdicken bis zu 1,80 m erforderlich waren. Da das unterste Geschoß bis zu 3,0 m in das Grundwasser einbindet, wurden die Einzelfundamente mit einer 30 cm dicken Bodenplatte zur Aufnahme des Auftriebs versehen. Im Gegensatz zum Beispiel vorher wechselt hier der Grundwasserstand so stark, daß die Bodenplatte zeitweise oberhalb des Wasserspiegels liegt.

Die Eigenheit dieser Gründung besteht darin, daß die unterschiedlich dicken Fundamente mit ihrer Druckbeanspruchung im oberen Bereich praktisch horizontal unverschieblich an Ort und Stelle liegen. Alle Dehnungen aus horizontalem Zwang wirken sich nur in der 30 cm dicken Bodenplatte zwischen den Fundamenten aus. Es genügte daher, die Rißbeschränkungsbewehrung allein für die 30 cm dicke Stahlbetonplatte zu bemessen, was für eine rechnerische Rißweite von 0,1 mm im erhärteten Beton erfolgte. Auch diese Konstruktion hat sich inzwischen während 8 Jahren voll bewährt.

Alle behandelten Beispiele wurden geplant und ausgeführt lange bevor die DIN 1045 irgendwelche brauchbaren Angaben zur Bewältigung derartiger Bauaufgaben enthielt. Sie lassen

Abb. 6

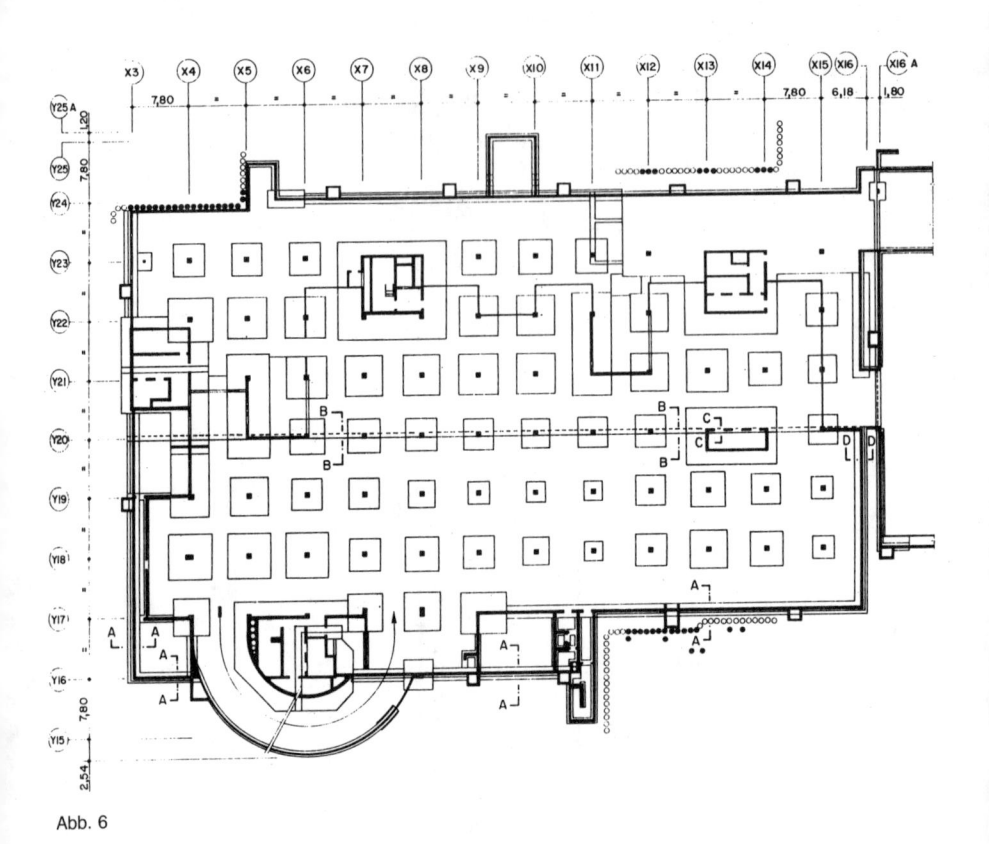

erkennen, daß jedes Bauwerk seine eigene Lösung verlangt, welche gründliches Nachdenken auf der Grundlage praktischer Erfahrungen erfordert. Nur unter dieser Voraussetzung können die einfachen Bewehrungsregeln, welche in der DIN 1045 seit 1988 im Abschnitt 7.6 enthalten sind, bei der konstruktiven Ausbildung fugenloser Bauwerke nützlich sein.

Abschließend muß zu dieser Vortragsveranstaltung über „Fugen und Risse in Dach und Wand" in aller Deutlichkeit darauf hingewiesen werden, daß Risse in fugenlosen Bauwerken der zuvor behandelten Art sorgfältig geplante Baumaßnahmen darstellen und nicht etwa ungewollte Erscheinungen. Fugen und Risse, beide gut geplant, dienen dem gleichen Zweck, Zwangverformungen so zu lenken, daß sie die Gebrauchsfähigkeit eines Bauwerks nicht beeinträchtigen und die Wirtschaftlichkeit dabei gewahrt wird.

Literatur:

[1] Pfefferkorn, W. und Steinhilber, H.: Ausgedehnte fugenlose Stahlbetonbauten. Entwurf und Bemessung der Tragkonstruktion. Erfahrungsbericht aus drei Jahrzehnten. Beton-Verlag GmbH, Düsseldorf 1990

[2] Walter, K. und Steinhilber, H.: Bemessung von Stahlbetonstützen für Zwang nach dem Traglastverfahren. Beton- und Stahlbetonbau Heft 3/1976

[3] Pfefferkorn, W.: Zur Zwangsbeanspruchung von Behältern. Tagungsbericht 15 Freudenstadt 1987 Landesvereinigung der Prüfingenieure für Baustatik Baden-Württemberg e.V.

Dehnfugen in Verblendschalen

Dipl.-Ing. Günter Dahmen, Aachen

1. Einleitung

In Ziegel- und Kalksandsteinverblendschalen zweischaliger Außenwände, die über große Längen (12 bis mehr als 30 m) ohne Dehnfugen errichtet waren, waren insbesondere an den Gebäudeecken und im Bereich von Öffnungen meist senkrechte Risse entstanden, die sowohl dem Fugenverlauf folgten, als auch durch die Steine hindurchgingen (Abb. 1). Horizontal und diagonal verlaufende Risse waren zu beobachten, wenn Verblendschalen über mehrere Geschosse durchgingen und an ihren Rändern kraftschlüssig mit Gesimsen, Stürzen o. ä. starr verbunden waren. Die Rißbildungen beeinträchtigten nicht nur das Erscheinungsbild, sondern hatten auch Durchfeuchtungen zur Folge.

Die Ursache dieser Rißbildungen ist in behinderten Längenänderungen der nichttragenden Außenschale (Verblendschale) bzw. Längenänderungsdifferenzen zwischen der Verblendschale und der tragenden Innenschale (Hintermauerschale) zu suchen.

Abb. 1

2. Notwendigkeit von Dehnfugen

Die DIN 1053 „Mauerwerk", Teil 1 – Rezeptmauerwerk, Ausgabe Februar 1990, bestimmt daher, daß „in der Außenschale vertikale Dehnungsfugen angeordnet werden sollen, deren Abstände sich nach der klimatischen Beanspruchung (Temperatur, Feuchte usw.), der Art der Baustoffe und der Farbe der äußeren Wandfläche richten. Darüber hinaus muß die freie Beweglichkeit der Außenschale auch in vertikaler Richtung sichergestellt sein.

Die unterschiedlichen Verformungen der Außen- und Innenschale sind insbesondere bei Gebäuden mit über mehrere Geschosse durchgehender Außenschale auch bei der Ausführung der Türen und Fenster zu beachten.

Diese Forderungen, die gleichlautend bereits in der Fassung der DIN 1053 von 1974 enthalten waren, gelten für alle zweischaligen Außenwände unabhängig davon, ob sie als Außenwände mit Luftschicht mit oder ohne Wärmedämmung, mit Kerndämmung bzw. mit Putzschicht ausgeführt werden.

Ihre viel zu allgemein gehaltene und vage Formulierung ohne jegliche Angabe von Anhalts- und Zahlenwerten hat hinsichtlich der Anzahl und der Anordnung von Dehnfugen zu extremen Auslegungen geführt. Einerseits wurden große Gebäude mit großen gemauerten Fassaden ohne jegliche Dehnfugen ausgeführt, ohne daß es zwangsläufig immer zu Rißbildungen gekommen war, andererseits wurden in übertriebener Ängstlichkeit kleine Wandflächen wie z. B. die ziegelgemauerten Verblendschalen von Giebelwänden nicht einmal 10 m tiefer Einfamilienhäuser durch Dehnfugen unnötigerweise in kleinere Flächen aufgeteilt. In anderen Fällen wurde die Anordnung von Dehnfugen als architektonisches Gestaltungselement eingesetzt, in dem bei gerasterten Fenstern in gemauerten Verblendfassaden durch die Ausführung von Dehnfugen links und rechts jeder Fensterbrüstung die Wandfläche in schmale hohe Wandstreifen mit erheblichem Einfluß auf das Erscheinungsbild unterteilt wurde (Abb. 2).

49

Abb. 2

Die bei Mauerwerk auftretenden Formänderungen setzen sich aus der elastischen Dehnung bzw. der Kriechdehnung als lastabhängige Einflußgrößen und den lastunabhängigen Einflüssen aus der Feuchtedehnung, die als Schwinden oder Quellen auftreten kann, und aus der Wärmedehnung zusammen. Bei den im allgemeinen unbelasteten Verblendschalen von zweischaligen Außenwänden werden in der Regel nur die lastunabhängigen Verformungen wirksam und müssen durch entsprechende Anordnung von Dehnfugen berücksichtigt werden.

Dabei können zwei Verformungstypen unterschieden werden, die bei Nichtbeachtung zu Schäden führen können:

1. Unterschiedliche vertikale Verformungen, die entstehen, wenn die durchgehend gemauerte Verblendschale in unterschiedlicher Höhe aufgelagert wird (Abb. 3 und 4) bzw. wenn der Sturzbereich von einer unmittelbar vor Kopf der Betondecke befestigten Edelstahlkonsole gehalten wird (Abb. 5), während die seitlich durchgehend an den Sturz anschließende Verblendschale z. B. auf einem Sockelfundament aufsteht.
2. Unterschiedliche horizontale Verformungen, die dadurch entstehen, daß die aus Verkürzungen infolge Schwindens und Temperaturabsenkung resultierenden unvermeidbaren Bewegungen der unbelasteten Verblendschale im Bereich des Auflagers durch das Eigengewicht der Schale und durch Reibung behindert werden, während sich die Verblendschale an ihrem oberen Ende frei bewegen kann (Abb. 6). Hierdurch entstehen Zugspannungen, die bei Überschreiten der Zugfestigkeit des Mauerwerks zu Rissen führen.

Neben diesen ausschließlich die Verblendschale betreffenden Verformungen können durch stärkere Kriech- und Schwindverkürzung der tragenden Schale und größere thermische Ausdehnung der Verblendschale Dehnungsdifferenzen zwischen den beiden Schalen entstehen, die an kraftschlüssigen Verbindungspunkten z. B. im Bereich von Fensterleibungen schwerwiegende Risseschäden zur Folge haben können (Abb. 7). Dies wirkt sich besonders ungünstig aus, wenn z. B. für die tragende Schale Kalksandsteinmauerwerk mit einem hohen Schwindmaß (als Extremwert −0,4 mm/m, siehe Tabelle 1) und für die Verblendschale Ziegelmauerwerk möglicherweise sogar mit einem Quellmaß (Extremwert +0,4 mm/m, siehe Tabelle 1) verwendet wird. In diesem Extremfall würden sich – sogar ohne Berücksichtigung der Wärmedehnung der Verblendschale – theoretisch Dehnungsdifferenzen zwischen den beiden Schalen in der Größenordnung von 0,8 mm/m ergeben mit der Folge der Gefahr von Rißbildungen, wenn an den Verbindungspunkten zwischen äußerer und innerer Schale eine Dehnfuge fehlt.

Aus den vorgenannten Gründen muß die Fläche zusammenhängender Verblendschalen sowohl in der Länge als auch in der Höhe begrenzt werden und an den Rändern und den Kontaktpunkten zur Hintermauerung durch Dehnfugen abgesetzt werden.

3. Abstände und Anordnung von Dehnfugen

Die DIN 1053 macht keine Zahlenangaben zu Dehnfugenabständen, sie gibt nicht einmal Anhaltswerte an, sondern weist nur auf die klimatischen und materialspezifischen Einflußgrößen hin, die bei der Festlegung der Dehnfugenabstände zu berücksichtigen sind.

In der Fachliteratur werden demgegenüber die in Tabelle 2 zusammengefaßten Richtwerte für die Abstände von Dehnfugen angegeben, die sich aus der praktischen Anwendung heraus entwickelt und als ausreichend erwiesen haben. Insbesondere wegen des stärkeren

Abb. 3 aus [1]

Abb. 5

Abb. 4

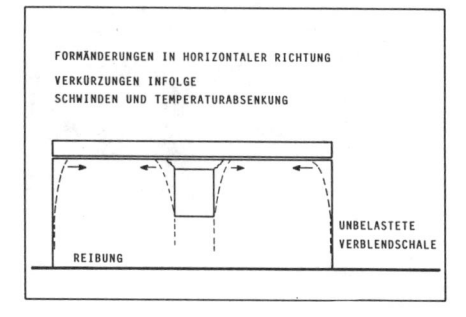

Abb. 6

Schwindverhaltens sind die Dehnfugenabstände bei Verblendschalen aus Kalksandsteinmauerwerk kleiner zu wählen. Die Von-Bis-Angabe bei Ziegelmauerwerk rührt von der möglichen, stark unterschiedlichen Farbgebung der Ziegel her, der kleinere Dehnfugenabstand ist bei der Verwendung von dunklen Ziegeln einzuhalten.

Bei zweischaligem Verblendmauerwerk mit Luftschicht wird hinsichtlich der Dehnfugenabstände kein Unterschied gemacht, ob zusätzlich im Luftzwischenraum eine Wärmedämmung angeordnet ist oder nicht. Zweischaliges Mauerwerk mit Putzschicht ist aufgrund der Tatsache, daß verarbeitungsbedingt zwischen der Verblendschale und der Putzschicht ein fingerbreiter Spalt verbleibt, wie zweischaliges Mauerwerk mit Luftschicht zu behandeln. Bei zweischaligem Mauerwerk mit Kerndämmung, bei dem der gesamte Zwischenraum zwischen den beiden Schalen mit Wärmedämmung ausgefüllt wird, ist ein kleinerer Dehnfugenabstand einzuhalten, weil Messungen an ausgeführten Fassaden größere Temperaturschwankungen als beim zweischaligen Mauerwerk mit Luftschicht ergeben haben.

Vertikale Dehnfugen sollen im Bereich der Gebäudeecken und bei langen Mauerscheiben in den zuvor angegebenen Abständen angeord-

Verformungs- und Festigkeitskenngrößen

Tabelle 3.2: Mauerwerk. Endwerte der Feuchtedehnung $r_{s,\infty}$ in mm/m. Endkriechzahlen φ_∞ und Wärmedehnungskoeffizient a_T in 10^{-6}/K. Quellen [12], [13], [19]

Mauersteine		$r_{s,\infty}$¹⁾		φ_∞		a_T	
Steinsorte	DIN	Rechenwert	Streubereich	Rechenwert	Streubereich	Rechenwert	Streubereich
Mz, HLz	105	0	−0,2 bis +0,4	1,0	0,5 bis 1,5	6	
KS, KS L	106	−0,2	−0,1 bis −0,4	1,5	1,0 bis 2,0	8	
Hbl. V. Vbl	18151 18152	−0,4	−0,2 bis −0,6	2,0	1,5 bis 2,5	10	etwa ±20%
Hbn	18153	−0,2	−0,1 bis −0,3	1,0		10	
G	4165	−0,2	−0,1 bis −0,4	2,0	1,5 bis 2,5	8	

¹) Vorzeichen minus: Schwinden Quelle: Schubert u. Wesche

Tabelle 1 aus [4]

Wandkonstruktion zweischaliges Verblendmauerwerk	Dehnfugenabstand in m bei Verblendmauerwerk aus	
	Kalksandsteinen	Ziegeln
mit Luftschicht mit und ohne Wärmedämmung	8	10 − 12
ohne Luftschicht, jedoch mit Kerndämmung	6 − 8	6 − 8
mit Putzschicht	8	10 − 12

Abb. 7

Tabelle 2

Abb. 8

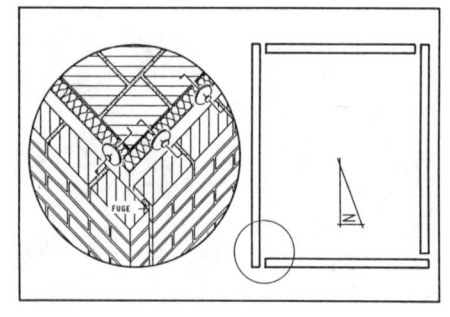

Abb. 9

net werden (Abb. 8). Hierbei ist grundsätzlich darauf zu achten, daß die durch unterschiedliche Sonneneinstrahlung unterschiedlich beanspruchten Wandflächen sich ungehindert ausdehnen können. Dabei sollen sich die Wandflächen nach folgender Regel voreinander bewegen können (Abb. 9):
– West- vor Nord- und Südwand
– Südwand vor Ostwand
– Ostwand vor Nordwand.

Wenn es auch zutrifft, daß sich die verschieden orientierten Wände unterschiedlich stark aufheizen und dadurch ihre Längenänderungen unterschiedlich groß sind, halte ich eine „sklavisch" strenge Einhaltung dieser „Regel" für übertrieben (Abb. 10). Vielmehr spielen andere Kriterien wie z. B. Länge der Wände, Steinmaterial, Erscheinungsbild u. ä. bei der Anordnung von Dehnfugen mindestens eine ebenso wichtige Rolle.

Verblendschalenbereiche, die in unterschiedlicher Höhe auf unterschiedlichen Auflagern aufstehen, sind ebenso durch vertikale Dehnfugen zu trennen (Abb. 11), wie Sturz- und Brüstungsbereiche von Fenstern und Türen, die über Edelstahlkonsolen direkt in der tragenden Kon-

Abb. 10

Abb. 12

Abb. 11 aus [1]

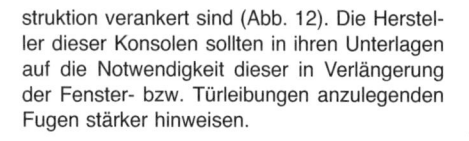

Abb. 13

struktion verankert sind (Abb. 12). Die Hersteller dieser Konsolen sollten in ihren Unterlagen auf die Notwendigkeit dieser in Verlängerung der Fenster- bzw. Türleibungen anzulegenden Fugen stärker hinweisen.

Nach DIN 1053 sollen Verblendschalen von 11,5 cm Dicke in Höhenabständen von ca. 12 m bzw. alle zwei Geschosse abgefangen werden. Unter diesen Abfangkonstruktionen (Auflagerkonsolen, Betonbalken o. ä.) sollen ebenso wie unter auskragenden Bauteilen wie z. B. Balkonen horizontale Dehnfugen angelegt werden, um die freie Beweglichkeit der Verblendschale in vertikaler Richtung zu gewährleisten.

Darüber hinaus sind Vor- unter Hintermauerschale zur Vermeidung von kraftschlüssigen Kontaktstellen an Verbindungspunkten wie z. B. in Fensterleibungen durch eine Fuge zu trennen (Abb. 13).

4. Ausbildung der Dehnfugen

DIN 1053 bestimmt, daß „die Dehnungsfugen mit einem geeigneten Material dauerhaft und dicht zu schließen sind."

Nach meiner Einschätzung kommt es bei Dehnfugen in Verblendschalen im allgemeinen nicht auf die absolute Wasserdichtigkeit der Fugen an – Verblendschalen sind in ihrem Regelquerschnitt selbst bei sorgfältiger Ausführung auch nicht wasserdicht herzustellen –, sondern es soll durch diese Forderung ein Eindringen von Vögeln und Ungeziefer in den Zwischenraum zwischen den beiden Schalen verhindert werden. Aus Schlagregenschutzgründen können die Fugen in zweischaligen Außenwänden, die nach dem zweistufigen Dichtungsprinzip funktionieren, ohne Schaden sogar offen ausgeführt werden, wie ausgeführte Beispiele aus der Praxis belegen.

Für das Verschließen von Fugen in Verblendschalen gut geeignet sind Dichtbänder und Dicht- oder Abdeckprofile, die gegenüber den ebenfalls möglichen Dichtstoffen den großen Vorteil aufweisen, daß sie ohne großen Aufwand ausgetauscht werden können, wenn dies erforderlich wird.

Dichtbänder werden in komprimiertem Zustand in die Fuge eingebracht (Abb. 14). Da sie bestrebt sind, ihre ursprünglichen Abmessungen wieder anzunehmen, pressen sie sich gegen die Fugenwände und passen sich so den Unebenheiten der Fugen an (Abb. 15). Bei entsprechend starker, verbleibender Zusammenpressung wird eine große, für die meisten Anwendungsfälle ausreichende Dichtigkeit erreicht.

Dichtprofile werden in der Regel nur in die Fuge eingedrückt und verkrallen sich durch ihre

Abb. 15

Formgebung an den Fugenflanken (Abb. 16). Ihre Beanspruchbarkeit in bezug auf Fugenerweiterungen ist daher begrenzt. Aufgrund einer gewissen Steifigkeit der Profile legen sie sich nicht immer paßgenau an die Fugenwände an (Abb. 17), gewährleisten im allgemeinen aber die notwendige Dichtigkeit.

Wird eine absolute Wasserdichtigkeit auch bei hoher Windbeanspruchung verlangt, wird häufig eine Abdichtung der Fugen mit Dichtstoffen

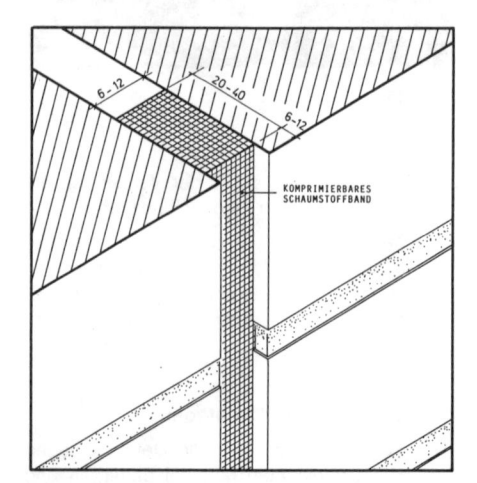

Abb. 14

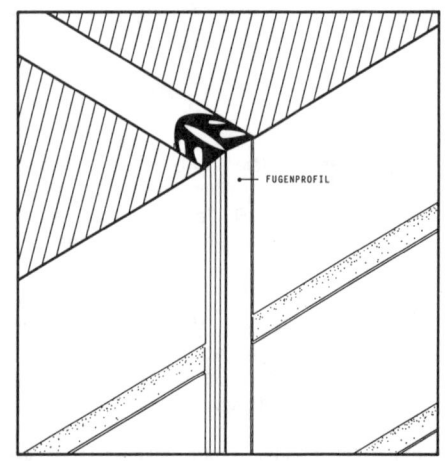

Abb. 16

Abb. 17

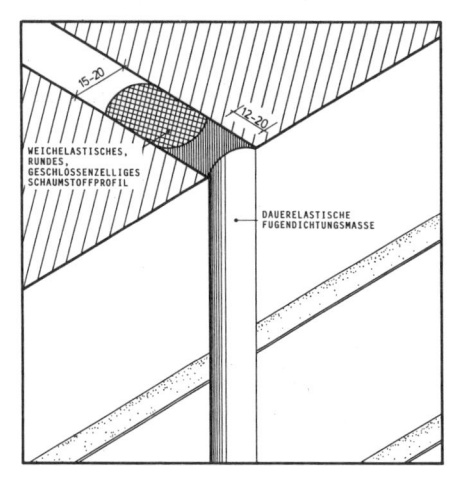

Abb. 19

erforderlich (Abb. 18). Bei ihrer Ausbildung sind die Festlegungen der DIN 18540 „Abdichten von Außenwandfugen im Hochbau mit Fugendichtstoffen", Ausgabe 10/88 zu beachten. Entscheidende Nachteile dieser Fugenkonstruktion sind die häufig unsaubere Ausführung (Abb. 19), ihre relativ schnelle Alterung und insbesondere die Probleme bei der Sanierung gealterter bzw. schadhaft gewordener Fugen. Zur Ausbildung von Fugen mit Dichtstoffen verweise ich auf das Referat Baust.

5. Schlußbemerkungen

Neben der Anordnung von vertikalen und horizontalen Dehnfugen, wie sie zuvor beschrieben wurde, geben Schubert und Wesche folgende Einflußgrößen zur Verringerung der Rißgefahr von Verblendschalen an:

- große Zugfestigkeit des Mauerwerks parallel zu den Lagerfugen anstreben;
- kleiner E-Modul (große Verformbarkeit) parallel zu den Lagerfugen anstreben;
- durch entsprechende Auswahl des Steinmaterials das Schwinden der Vormauerschale gering halten;
- Verformungsbehinderung am Wandfuß und durch andere angrenzende Bauteile möglichst gering halten;
- Bewehrung von Lagerfugen in stark rißgefährdeten Bereichen wie z. B. am Übergang von Fensterbrüstungen zum angrenzenden Verblendschalenmauerwerk vorsehen;
- Verblendschalen bei möglichst niedrigen aber noch zulässigen Außentemperaturen herstellen, um Verkürzungen der Verblendschale, die die Zugfestigkeit des Mauerwerks beanspruchen, gering zu halten.

Die Anordnung von Dehnfugen ist demnach nur eine, aber wichtige Einflußgröße zur Verringerung der Rißgefahr von Verblendschalen. Sie ist frühzeitig zu planen, um den bautechnischen wie den gestalterischen Bedürfnissen gerecht

Abb. 20

Abb. 21

zu werden. Dabei sollte nicht stur nach vorgegebenen Regeln, sondern nach den für jeden Einzelfall zu ermittelnden Notwendigkeiten vorgegangen werden. Es sollte nicht versucht werden, Dehnfugen zu verstecken, was oft zu unbefriedigenden Lösungen führt (Abb. 20), sondern sie sollten in die Gestaltung einbezogen werden. Abbildung 21 zeigt hierfür m. E. ein überzeugendes Beispiel.

6. Literaturhinweise

[1] Schild, E.; Oswald, R.; Rogier, D.; Schnapauff, V.; Schweikert, H.; Lamers, R.:
Schwachstellen – Band II, Außenwände und Öffnungsanschlüsse, 4. Auflage 1990, Bauverlag GmbH, Wiesbaden und Berlin

[2] DIN 1053 Mauerwerk – Teil 1 – Rezeptmauerwerk, Februar 1990

[3] Reichert, H.:
Konstruktiver Mauerwerksbau – Bildkommentar zur DIN 1053, Verlagsgesellschaft Rudolf Müller GmbH, Köln 1991

[4] Schubert, P. und Wesche, K.:
Verformung und Rißsicherheit von Mauerwerk, Mauerwerkkalender 1982 und 1988, Verlag Wilhelm Ernst & Sohn, Berlin

[5] DIN 18540 Abdichten von Außenwandfugen im Hochbau mit Fugendichtstoffen, Oktober 1988

[6] Merkblätter der Deutschen Gesellschaft für Mauerwerksbau e. V., Bonn; Außenwandfugen bei Mauerwerksbauten

[7] Informationsschriften der Kalksandstein- u. Ziegelindustrie

Mörtelfugen in Sichtmauerwerk und Verblendschalen

Dipl.-Ing. Gerhard Schellbach, Arnsberg

1. Funktionen von Sichtmauerwerk und Verblendschalen

Bei der architektonischen Gestaltung von Gebäuden nimmt die Fassade aus Vormauerziegeln und Klinkern bzw. Vormauersteinen einen wichtigen Platz ein.

Das Bild vieler Städte und Dörfer vor allem im Norddeutschen Raum, im Münsterland, zunehmend aber auch in Süddeutschland wird durch Bauten geprägt, bei denen die Mauerwerksstruktur sichtbar in Erscheinung tritt und die sich durch das Farbenspiel von Steinen und Fugen auszeichnen.

Einige Fotos mögen dies verdeutlichen. (Abb. 1–9, Beispiele für Sicht- und Verblendmauerwerk)

Neben der städtebaulichen und architektonischen Bedeutung kommen dem Mauerwerk oder der Verblendung noch weitere wichtige Funktionen zu, wie Schutz vor der unmittelbaren Einwirkung der Witterung, Wärme-, Lärm- und Brandschutz, Abtragen der Lasten und Aufnahme horizontaler Kräfte wie Windlasten.

Hauptgegenstand dieses Vortrages soll der Witterungsschutz sein. Da dieser aber auch in starkem Maße von dem gewählten Wandaufbau bestimmt wird, müssen wir uns auch hiermit beschäftigen. Zu diesem Zweck sollen zunächst einmal die beiden Arten sichtbaren Mauerwerks gegenübergestellt werden.

Es handelt sich dabei um das Sichtmauerwerk und um das Verblendmauerwerk.

Abb. 1 Leinearkaden Hannover

Abb. 3 Innungskrankenkasse Iserlohn

Abb. 2 Uni Regensburg

Abb. 4 AOK Regensburg

Abb. 5 „Langer Wilhelm" Berlin Ziegelsichtmauerwerk

Abb. 6 Verwaltungsgebäude Meerbusch

Abb. 7 Kaufhaus Schneider in Ettlingen

Abb. 8 Mehrfamilienhaus in Zürich-Witikon

Der wesentliche Unterschied besteht darin, daß das Sichtmauerwerk neben der architektonischen Funktion gleichzeitig statische Aufgaben zu erfüllen hat und zum Tragwerk des Gebäudes gehört.

Beim Verblendmauerwerk sind die Funktionen getrennt. Hier dient, wie der Name schon sagt, die vordere Schale der Verblendung während die statischen Funktionen von der tragenden Schale übernommen werden, die entweder aus Mauerwerk, Beton oder Stahlskelett mit Ausfachungen besteht.

In diesem Vortrag wollen wir uns auf das Mauerwerk beschränken.

In DIN 1053 „Mauerwerk – Berechnung und Ausführung" sind die maßgebenden Bestimmungen verankert, die, soweit sie das Thema betreffen, im einzelnen erläutert werden. Grundlage bildet dabei die Fassung Februar 1990 der DIN 1053, Teil 1, „Rezeptmauerwerk".

Für Sichtmauerwerk gilt, da der gesamte Querschnitt statisch mitwirkt, daß Steine gleicher Höhe sowohl im Außen- als auch im Innenbe-

Abb. 9 Werkstätten für Behinderte in Hilpotstein

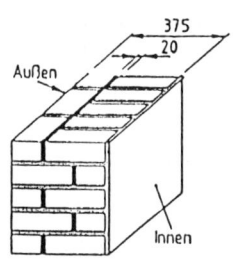

Schnitt durch 375 mm dickes einschaliges Verblendmauerwerk (Prinzipskizze)

Abb. 10 Sichtmauerwerk

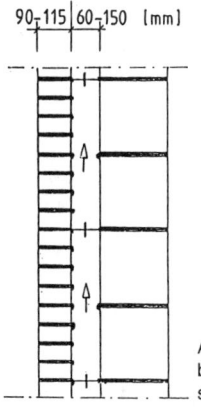

Abb. 11 Zweischaliges Verblendmauerwerk mit Luftschicht

reich der Wand zu verwenden sind und im Verband gemauert werden muß.

Aus Gründen des Witterungsschutzes, der später noch eingehend behandelt wird, sind jedoch nur gemauerte Wände mit einer durchgehenden 2 cm dicken Längsfuge zulässig. Da diese nur in mindestens 31 cm dickem Mauerwerk vorhanden ist, ist damit die Mindestdicke von Sichtmauerwerk festgelegt. (Abb. 10 – Sichtmauerwerk nach DIN)

Üblich ist jedoch für diese Zwecke das 37,5 cm dicke Mauerwerk, weil die für die Vorderseite benötigten frostbeständigen Vormauerziegel oder Klinker bzw. Vormauersteine meistens nur im Format DF, NF oder 2DF, nicht aber in dem sonst auch benötigten Format 3DF geliefert werden.

Beim Verblendmauerwerk, d. h. der zweischaligen Außenwand muß die vordere Schale mindestens 9 cm dick sein. (Abb. 11 – Zweischalenmauerwerk mit Luftschicht). Üblich ist jedoch die 11,5 cm dicke Schale aus frostbeständigen Steinen, die durch Anker aus rostfreiem Stahl mit der Hintermauerschale verbunden ist. Am bekanntesten ist und am besten bewährt hat sich das Zweischalenmauerwerk mit Luftschicht.

2. Funktionen der Mörtelfugen

Mauerwerk ist ein Verbundkörper aus Steinen und Mörtel. Der Mörtel übernimmt dabei die Kraftübertragung von Stein zu Stein, verhindert Spannungsspitzen infolge Unebenheiten der Steine und gleicht Maßdifferenzen aus. Außerdem sichert er die Schub- und Biegezugfestigkeit und mindert die Auswirkungen von Setzungen und Verformungen.

Mauerwerk aus Steinen, deren Frostbeständigkeit nicht nachgewiesen ist, wird mit einem zusätzlichen Witterungsschutz versehen, der im allgemeinen aus einer Putzschale besteht.

Bei Sicht- und Verblendmauerwerk übernehmen die Mörtelfugen in Verbindung mit den Steinen die Funktion des Witterungsschutzes. Außerdem dienen sie als gestalterisches Element und beleben durch Farbe und Struktur die Fassade.

Im Sichtmauerwerk wird die Art des Mörtels bzw. die Mörtelgruppe mitbestimmt durch die wirksamen Lasten.

In Verblendschalen ist die Haftung zwischen Steinen und Mörtel maßgebend. Außerdem muß die Aufnahme von Biegezugspannungen gewährleistet sein. Aus diesen Gründen sind Kalkzementmörtel der Gruppe II und IIa zu bevorzugen.

3. Schutz vor Witterungseinwirkungen, Prinzip der Schlagregenabwehr

Bei gemauerten Außenwänden findet zum Schutz vor Witterungseinwirkung das Selbstdichtungsprinzip Anwendung. Der auftreffende Regen füllt die Poren des Putzes bzw. des sichtbaren Mauerwerks im Außenbereich. Hierdurch kommt es in dieser Zone zu einer vorübergehenden Speicherung von Feuchtigkeit. Gleichzeitig sorgen aber die gefüllten Poren dafür, daß das überschüssige Wasser an der Fassade abrinnt, d.h. die Selbstdichtung wird wirksam.

Um bei langanhaltendem Regen zu verhindern, daß sich das Speichervermögen des Mauerwerks erschöpft, ist in DIN 1053 bei geputzten Wänden eine Mindestdicke von 24 cm und bei Sichtmauerwerk eine Mindestdicke von 31 bzw. 37,5 cm vorgeschrieben.

Voraussetzung für die Wirkung der Selbstdichtung ist jedoch, daß im Putz keine Risse und im Mauerwerk keine Fehlstellen vorhanden sind, die sich vor allem bei Schlagregen als kritisch erweisen.

Unter Schlagregen ist dabei die unter Windeinwirkung auf die Oberfläche von vertikalen Wänden auftreffende Regenmenge zu verstehen. Sie ist deshalb so kritisch, weil schon bei verhältnismäßig schwachen Windgeschwindigkeiten von z.B. 5 m/sec., einer schwachen Brise, die Werte des Schlagregens die Werte des Normalregens übersteigen, der auf die horizontale Fläche fällt. Bei entsprechender Regenintensität kann man sich die Wirkung so vorstellen, als ob auf der Außenwandfläche ein zusammenhängender Wasserfilm steht, der unter Druck auf das Mauerwerk gepreßt wird. An allen Stellen, an denen sich Risse, Spalten und Fehlstellen im Fugennetz befinden, tritt die Regenfeuchte in die Wand ein und wird ständig nachgefördert. Das Selbstdichtungsprinzip versagt in diesen Fällen.

Anschaulich kann man sich die Verhältnisse, die bei Schlagregen herrschen, dadurch machen, daß man sich die Steinschichten des Mauerwerks als die Planken eines Ruderbootes vorstellt, daß im Wasser schwimmt. (Abb. 12 – Wasserdurchtritt durch Boot).

Abb. 12 Druckwasserdurchtritt (Boot)

Sind Fehlstellen in der Abdichtung der Planken vorhanden oder sind die Planken selbst undicht, so kommt es zu fortwährendem Wasserdurchtritt und damit zur Funktionsunfähigkeit des Bootes bzw. der Wand.

4. Beschaffenheit der Fugen zur Verminderung von Feuchtedurchtritt

Ausgehend von dem Bild mit dem Boot im Wasser wird deutlich, welche hohe Qualität das Fugennetz im Mauerwerk aufweisen muß, um Feuchtedurchtritt zu verhindern.

Wenn das beschriebene Selbstdichtungsprinzip funktionieren soll, müssen die Fugen ein ähnliches Wasserspeichervermögen wie die Steine aufweisen. Außerdem sollte die Porosität möglichst nicht größer als die der Steine sein, weil sonst die Fugen zu den Schwachstellen im Feuchteverteilsystem werden.

Um kritische Fehlstellen zu vermeiden, müssen die Fugen voll mit Mörtel verfüllt sein. Außerdem muß der Mörtel am Stein ganzflächig haften, d.h. es muß Haftschlüssigkeit erreicht werden. Zu diesem Zweck muß der Mörtel in die Kapillaren der Steine eindringen. Dies wird jedoch nur dann erreicht, wenn die kapillare Saugkraft der Steine nicht zu groß ist und es nicht zu dem gefährlichen Wasserentzug im Kontaktbereich zwischen Steinen und Mörtel kommt, der bewirkt, daß der Mörtel hier wegen Anmachwassermangel nicht abbindet und so Blattkapillaren entstehen mit Werten von 0,01 – 0,5 mm, über die von außen eindringende Feuchtigkeit weitergeleitet wird. Die sicherste Methode, das sog. Verdursten des Mörtels in der Kontaktzone zu verhindern, ist das auch in der Norm vorgeschriebene Vornässen saugfähiger Steine.

Fehlstellen im Fugennetz mit Werten von 1 bis 4 mm, die wie eine eingebaute Wasserleitung bei Schlagregenangriff wirken, treten häufig im Stoßfugenbereich und hier besonders an den Übergangsstellen von der Stoßfuge zur Lagerfuge auf. Der Mörtel in den Fugen soll möglichst bündig mit der Steinoberfläche abschneiden. Keinesfalls sollte die Mörtelfuge nach unten zurückspringen, da sich hier das Wasser auf den Steinen staut.

Schwachstellen sind weiterhin die zur Verankerung von Verblendschalen vorgeschriebenen Drahtanker, von denen üblicherweise 5 Stück/m^2 vertikal im Abstand von 500 mm und horizontal im Abstand von 750 mm anzuordnen sind. Um zu verhindern, daß über die Drahtanker das Wasser auf die innere Wandschale übergeleitet wird, müssen Abtropfscheiben auf die Anker geschoben werden.

5. Beschaffenheit und Zusammensetzung des Mörtels in den Fugen

Vollfugige und haftschlüssige Vermörtelung erfordert geeignete Mörtel, die auf das Saugvermögen der Steine abgestimmt sind, die kellengerechte Verarbeitung erlauben und gut klebfähige Konsistenz aufweisen. Die Klebfähigkeit des Mörtels wird von der Mörtelleimmenge bestimmt. Sie entwickelt sich entsprechend der Bindemittelmenge und der Anmachwasserzugabe. Eine genügend große Mörtelleimmenge sichert eine ausreichende Verkittung des Korngefüges und die nötige ganzflächige Verklebung des Mörtels mit den Stein- und Mörtelanschlußflächen. Zu steife Mörtel sind ungeeignet auch bei genügendem Bindemittelanteil. Das gleiche gilt für zu magere Mörtel, die auch bei ausreichendem Anmachwasseranteil nicht genügend Mörtelleim entwickeln.

Die beschriebene Beschaffenheit wird am besten mit einem Kalkzementmörtel der Gruppe II und IIa nach DIN 1053 Teil 1 erreicht. (Abb. – Mischungsverhältnis des Mörtels nach DIN 1053, Teil 1). Das Mischungsverhältnis ist in Tabelle A1 der Norm festgelegt und beträgt: Zement : Kalkhydrat : Sand = 1 : 2 : 8.

Auf das Kalkhydrat sollte auf keinen Fall verzichtet werden, weil es die nötige Klebfähigkeit sichert, vor allem, wenn es zu 2/3 aus Luftkalk besteht.

Als Zuschlagstoff sind gemischkörnige Sande zu bevorzugen. Besonders geeignet sind Sande mit kugeliger Kornform, wie sie bei Flußsanden anzutreffen ist. Der Anteil mehlfeiner Stoffe von 0–0,2 mm Durchmesser soll etwa 10–20 Masse-% betragen.

Dieser Anteil liegt bei gewaschenen Flußsanden meistens sehr viel niedriger und ist deshalb durch Zugabe von Steinmehlen (Quarz oder Kalksteinmehl) bzw. Traßpulver zu erhöhen.

Geeignet sind auch Grubensande, sofern diese keine zu hohen Anteile an tonigen oder lehmigen Bestandteilen aufweisen.

Brechsande erweisen sich wegen der scharfkantigen Körner als weniger gut verarbeitbar und sollten deshalb nicht verwendet werden. Als Zusatzmittel zum Mauermörtel, die seine Verarbeitbarkeit verbessern oder ihn wasserab-

Mörtelzusammensetzung, Mischungsverhältnisse für Normalmörtel in Raumteilen

	1	2	3	4	5	6	7
	Mörtelgruppe	Luftkalk und Wasserkalk		Hydraulischer Kalk	Hochhydraulischer Kalk, Putz- und Mauerbinder	Zement	Sand [1] aus natürlichem Gestein
		Kalkteig	Kalkhydrat				
1	I	1	–	–	–	–	4
2		–	1	–	–	–	3
3		–	–	1	–	–	3
4		–	–	–	1	–	4,5
5	II	1,5	–	–	–	1	8
6		–	2	–	–	1	8
7		–	–	2	–	1	8
8		–	–	–	–	1	3
9	IIa	–	1	–	–	1	6
10		–	–	–	2	1	8
11	III	–	–	–	–	1	4
12	IIIa [2]	–	–	–	–	1	4

[1] Die Werte des Sandanteils beziehen sich auf den lagerfeuchten Zustand.
[2] Siehe auch Abschnitt A.3.1.

weisend machen sollen, dürfen nur zugelassene Stoffe verwendet werden.

Die erwartete Wirkung von wasserabweisenden Zusatzmitteln (auch Dichtungsmittel genannt) stellt sich jedoch nur ein, wenn der Mörtel sorgfältig ohne Fehlstellen verarbeitet wird, da sonst Regenwasser ungebremst eindringen kann. Bei fachgerechter Verarbeitung sind sie überflüssig. Mittel zur Steigerung des Wasserrückhaltevermögens wie Methylzellulose können von Vorteil sein, wenn saugfähige Steine verwendet werden, die nicht vorgenäßt sind.

In zunehmendem Umfang werden auch für Verblendmauerwerk Werkfertigmörtel eingesetzt, die ihren Zweck nur dann erfüllen, wenn sie in ihren Eigenschaften auf die Porosität des Verblendmaterials abgestimmt sind. Aus diesem Grunde werden von bestimmten Herstellern Mörtel unterschiedlicher Zusammensetzung für saugfähige Ziegel und dichte Klinker angeboten. Die steifere Konsistenz zum Vermauern von Klinkern erfordert im Mörtel einen höheren Bindemittelanteil.

Bei Werkfertigmörteln wird überwiegend Zement als Bindemittel eingesetzt und die Verarbeitbarkeit durch Zusätze geregelt. Kritisch ist hierbei die Verwendung von Luftporenbildnern in hoher Dosierung, weil hierdurch die Dichtigkeit des Mörtels und seine Klebfähigkeit ungünstig beeinflußt werden.

Aufschluß über die Eignung von Mörteln für Verblendmauerwerk können mit ausreichender Sicherheit nur Schlagregenprüfungen bieten, über die später noch zu sprechen sein wird. Verantwortungsbewußte Hersteller von Fertigmörteln steuern die Rezeptur der angebotenen Mörtel nach den Ergebnissen derartiger Prüfungen.

6. Ausführung des Sichtmauerwerks und der Verblendung

Wegen der erhöhten Witterungsbeanspruchung dürfen für sichtbar bleibende gemauerte Fassadenflächen nur frostbeständige Steine verwendet werden, d.h. Vormauerziegel oder Klinker bzw. Vormauersteine, die den Anforderungen der Stoffnormen wie DIN 105, DIN 106 genügen.

Eine fachgerechte Stoßfugenvermörtelung ist praktisch nur mit Steinen im Format DF, NF oder 2 DF, allenfalls 3 DF möglich, d.h. mit Steinen einer Höhe von höchstens 11,3 cm.

Neben den üblicherweise 11,5 cm breiten Steinen sind nach DIN 1053, Teil 1 auch 9 cm dicke Steine zulässig.

Die Steine sind im Verband zu vermauern, wobei die nach DIN 1053, Teil 1 geforderten Überdeckungsmaße einzuhalten sind.

Verblendschalen werden meistens im Läuferverband gemauert. Möglich sind aber auch sog. Schmuck- und Zierverbände. Es ist darauf zu achten, daß die hierfür benötigten Steinköpfe exakt, möglichst durch Sägeschnitt gehälftet werden. Keinesfalls dürfen angedeutete Bindersteine zu lang sein und in den Luftraum bzw. die Dämmschicht reichen.

Saugfähige Steine müssen vorgenäßt werden. Die beste Haftung wird erreicht, wenn das Saugvermögen auf 12–18 g/dm^3 reduziert wird. Das hierfür maßgebende sog. Minutensaugen läßt sich auch auf der Baustelle leicht feststellen, indem die zu verarbeitenden Steine mit der Lagerfläche 1 cm tief 1 min. lang in Wasser getaucht und vorher und nachher gewogen werden. Die Wasseraufnahme in g während des Tauchprozesses wird auf die Lagerfläche des Steines gemessen in dm^2 bezogen.

Das Vermauern der Steine erfolgt fachgerecht nach dem Prinzip ein Stein, ein Mörtel. Hierbei wird auf die Stoßfläche des Steines ein Mörtelbatzen ausreichenden Volumens angegeben und der Stein nach Auftragen des Lagerfugenmörtels ins Mörtelbett der Lagerfuge eingedrückt und mitsamt dem am Steinkopf haftenden Mörtelbatzen an den letztgemauerten Ziegel angeschoben (Abb. 13–18).

Vollfugiges Mauerwerk bedingt Stein für Stein einen genügend reichlichen Mörtelaufwand. Der allseits ausgequollene Überschußmörtel ist abzustreichen und der Mörtelmischung wieder zuzuführen. Dasselbe gilt für den Lagerfugenmörtel neben dem eingesetzten Stein. Er ist abzuheben und jeweils durch ein frisches und vollständiges Mörtelbett für den nächsten Stein zu ersetzen.

Im Bereich der Luftschicht hinter der Vormauerschale muß dies – wo nötig bei z.B. nur 4 cm breitem Luftspalt, ebenso sicher, sofern der Mörtelaustritt nicht auf andere Weise, z.B. durch Mitführen eines Polystyrolplattenstückes verhindert wird.

Abb. 13 Aufgeben Mörtelbatzen Lagerfuge

Abb. 15 Aufgabe Lagerfugenmörtel

Abb. 14 Andrücken Stein mit Stoßfugenm. Abstreifen Mörtel

Abb. 16 Andrücken Stein mit angegebenen Stoßfugenmörtel

7. Fugenglattstrich oder Verfugung

In der Praxis umstritten ist, ob Sicht- und Verblendmauerwerk zweckmäßigerweise mit Fugenglattstrich oder mit nachträglicher Verfugung ausgeführt werden soll. Während früher die Meinung vorherrschte, eine Nachverfugung vorzunehmen, wird heute häufig der Fugenglattstrich vorgezogen.

Fugenglattstrich bedeutet, daß nach vollfugiger Vermauerung und nach Abstreichen des Überschußmörtels, der Mörtel mit dem Fugeisen glattgestrichen wird und so an der Oberfläche verdichtet wird.

Fugenglattstrich verlangt sehr sorgfältige Vermauerung ohne zu starke Verschmutzung der Fassade, weil eine Fassadenreinigung mit verdünnter Salzsäure sich von selbst verbietet und Auslagerungen des Mörtels, Bindemittelfahnen und Kalkablagerungen zur Folge hätte.

Fugenglattstrich verbürgt die vollflächige Verfüllung der Fugen, weil sonst kein Glattstrich möglich ist.

Bei nur 9 cm dicken Verblendschalen, die nach der neuen DIN 1053 zulässig sind, ist er zwingend vorgeschrieben, um Biegezugfestigkeit und Standfestigkeit des frischen Mauerwerks nicht zu beeinträchtigen. Die nachträgliche Verfugung ist notwendig, wenn aus gestalterischen Gründen bestimmte Farbeffekte erzielt und die Fugen sich deutlich von den Vormauersteinen abheben sollen.

Die nachträgliche Verfugung ermöglicht die einwandfreie Säuberung der Fassade nach ausreichender Erhärtung des Mauermörtels auch, wenn nötig, unter Verwendung verdünnter Salzsäure.

Die üblicherweise verwendeten Zementmörtel für die Verfugung sind dichter und wasserabweisender als Mauermörtel der Gruppe II und IIa und frostbeständig.

Es ist aber ein Irrtum anzunehmen, daß allein die Verfugung mit Zementmörtel die notwendige Schlagregensicherheit sichern könnte, wenn die Vermauerung mangelhaft ist und der Mauermörtel Fehlstellen und durchgehende Kanäle aufweist.

Abb. 17 Mörtelhaftung am Stein. Gefüllte Längsfuge

Abb. 18 Mörtelhaftung am Stein. Volle Lager- und Stoßfuge

Um die beabsichtigte Erhöhung der Schlagregenwiderstandsfähigkeit durch die nachträgliche Verfugung zu erreichen, muß der Mauermörtel mindestens 15 mm tief flankensauber ausgekratzt werden.

Unsachgemäß ist das häufig zu beobachtende lediglich U-förmige Auskratzen der Fugen, weil der nachher eingebrachte Fugenmörtel keine ausreichende Haftung an den Steinflanken erlangt.

Wenn die Verblendung aus Hochlochziegeln besteht, sollen die Fugen nur so tief ausgekratzt werden, daß die Lochung nicht freigelegt wird.

Vor Einbringen des Fugenmörtel ist der zur Verfugung vorgesehene Wandflächenteil ausreichend anzunässen.

Zur nachträglichen Verfugung werden im allgemeinen Zementmörtel im Mischungsverhältnis Zement : Sand = 1 : 3 verwendet.

Der verwendete Sand soll gemischtkörnig mit Korndurchmessern 0–2 mm sein. Fehlende Feinstanteile im Durchmesser von 0–0,2 mm sind durch entsprechenden Zusatz von Gesteinsmehlen (Kalksteinmehl, Microsil, Traßpulver) zu ersetzen.

Zur Einfärbung von Fugenmörteln dürfen nur kalkechte Farben verwendet werden. Weil durch den Zusatz von Farbpigmenten ein vielfach sehr hoher Anteil am mehlfeinen Stoffen zugeführt wird, ist der Bindemittelanteil zu erhöhen.

Der in seiner Konsistenz erdfeucht bis schwach plastisch zu haltende Fugenmörtel muß in zwei Arbeitsvorgängen in die Fugen gut eingedrückt und mechanisch verdichtet werden.

Erster Arbeitsgang: erst Stoßfuge, dann Lagerfuge

Zweiter Arbeitsgang: erst Lagerfuge, dann Stoßfuge.

Die frische Verfugung muß unbedingt vor zu rascher Austrocknung geschützt werden, damit der Fugenmörtel nicht „verbrennt".

18. Eignungsprüfung des Mörtels, Kontrolle auf der Baustelle, nachträgliche Prüfung fachgerechter Ausführung
Ermittlung von Schadensursachen

Weicht der Mauermörtel für Sicht- und Verblendmauerwerk, wie bei Fertigmörteln üblich in seiner Zusammensetzung vom sog. Tabellenmörtel nach DIN 1053, Teil 1 ab, der sich aufgrund langjähriger Erfahrungen bewährt hat, so sind Eignungsprüfungen vorgeschrieben und notwendig. Wegen der besonderen Anforderungen an derartige Mörtel werden sich verantwortungsbewußte Hersteller von Fertigmörteln bei der Festlegung der Rezeptur mit den in DIN 1053 Teil 1 verankerten Prüfungen nicht begnügen, auch wenn deren Umfang wegen der bekannt gewordenen Mängel bereits beträchtlich erweitert worden ist. (Tabelle 2.8 – Anforderungen an Normalmörtel). Die Druckfestigkeit des Mörtels, die bisher das einzige Qualitäts- und Einstufungsmerkmal war, spielt abgesehen vom tragenden Sichtmauerwerk eine untergeordnete Rolle und wird von Normalmörteln ohne Schwierigkeiten erreicht. Aufschlußreicher ist hier schon die zusätzlich geforderte Druckfestigkeitsprüfung nach der vorläufigen Richtlinie, die an Mörtelwürfeln erfolgt, die aus den Fugen von Mauerwerksproben entnommen werden. Ein starker Druckfestig-

2.8 Anforderungen an Normalmörtel

1	2	3	4
Mörtelgruppe	Mindestdruckfestigkeit[1]) im Alter von 28 Tagen Mittelwert bei Eignungsprüfung[2])[3]) N/mm²	Mindestdruckfestigkeit[1]) im Alter von 28 Tagen Mittelwert bei Güteprüfung N/mm²	Mindesthaftscherfestigkeit im Alter von 28 Tagen[4]) Mittelwert bei Eignungsprüfung N/mm²
I	-	-	-
II	3,5	2,5	0,10
IIa	7	5	0,20
III	14	10	0,25
IIIa	25	20	0,30

[1]) Mittelwert der Druckfestigkeit von sechs Proben (aus drei Prismen). Die Einzelwerte dürfen nicht mehr als 10 % vom arithmetischen Mittel abweichen.

[2]) Zusätzlich ist die Druckfestigkeit des Mörtels in der Fuge zu prüfen. Diese Prüfung wird z. Z. nach der "Vorläufigen Richtlinie zur Ergänzung der Eignungsprüfung von Mauermörtel; Druckfestigkeit in der Lagerfuge; Anforderungen, Prüfung" durchgeführt. Die dort festgelegten Anforderungen sind zu erfüllen.

[3]) Richtwert bei Werkmörtel.

[4]) Als Referenzstein ist Kalksandstein DIN 106-KS 12 - 2,0-NF (ohne Lochung bzw. Grifföffnung) mit einer Eigenfeuchte von 3 bis 5 % (Massenanteil) zu verwenden, dessen Eignung für diese Prüfung vom Institut für Baustoffkunde und Materialprüfung der Technischen Universität Hannover - Amtliche Materialprüfanstalt für das Bauwesen -, Nienburger Straße 3, 3000 Hannover 1, bescheinigt worden ist.

Die maßgebende Haftscherfestigkeit ergibt sich aus dem Prüfwert multipliziert mit dem Prüffaktor 1,2.

keitsabfall > 50% gegenüber der Prüfung an Mörtelprismen nach DIN 18555 Teil 3 deutet darauf hin, daß der Mörtel ein geringes Wasserrückhaltevermögen hat und deshalb die Gefahr besteht, daß es in den Kontaktzonen zum Stein zum „Verdursten" des Mörtels kommt und die erforderliche Haftschlüssigkeit nicht gegeben ist. Über die Haftung zwischen Stein und Mörtel gibt außerdem die neuerdings geforderte Haftscherfestigkeitsprüfung nach DIN 18555 Teil 5, Auskunft. Die Anforderungen müssen unbedingt eingehalten werden, können u.U. aber auch erreicht werden, wenn nur punktuelle Haftung besteht.

Die ständige Bestimmung der Konsistenz und der Rohdichte des Frischmörtels gibt einen Überblick über die Gleichmäßigkeit der Mörtelzusammensetzung.

Ein zuverlässiges Bild über die Eignung eines Fertigmörtels für Verblendzwecke liefert aber letzten Endes nur die Schlagregenprüfung an 11,5 cm dicken Prüfwänden aus Vormauerziegeln bzw. Vormauersteinen oder Klinkern für die derartige Mörtel entwickelt worden sind. Negative Prüfergebnisse sind Anzeichen dafür, daß die Rezeptur dringend der Änderung bedarf.

Bei der Schlagregenprüfung werden Wandproben mit einer Fläche von 1,25 × 1,25 m auf dem Beregnungsstand der Einwirkung von Schlagregen während der Dauer von 3 Tagen mit zweimaliger 16stündiger Unterbrechung ausgesetzt.

Der Schlagregen wird dadurch simuliert, daß auf der Außenfläche mit Regenwasser ein geschlossener Wasserfilm erzeugt wird, indem durch Berieselung eine Wassermenge von 2–2,3 l pro m² und min. aufgebracht wird (Abb. 19–21 – Schlagregenprüfstand).

Dieser Wasserfilm steht unter einem konstant gehaltenen Staudruck von 30 mm WS entsprechend 300 N/m² oder 300 Pa. Dieser Staudruck herrscht bei der Dauereinwirkung eines Sturmes von 9–10 nach Beaufort. (25 mm/sec.) Die Prüfung gilt als bestanden, wenn keine Feuchtedurchtritte auf der Rückseite erfolgen.

Nach DIN 4108 Teil 3 gilt als starker Schlagregen ein Regen mit einer Windgeschwindigkeit von ..... entsprechend Windstärke ..... nach Beaufort. Die Außenwände erfahren eine Beanspruchung nach der Gruppe III. Es sind nur bestimmte Wandbauarten zulässig, z.B. zweischaliges Verblendmauerwerk mit Luftschicht und unter bestimmten Voraussetzungen zweischaliges Mauerwerk mit Kerndämmung. Hierauf wird später noch eingegangen.

Um eine Ausführungsqualität von sichtbarem Mauerwerk zu erreichen, bei der dieses einer starken Schlagregenbeanspruchung mit Sicherheit standhält, also der Schlagregenprüfung besteht, bedarf es auf der Baustelle einer ständigen Kontrolle, ob die Baustoffe normgerecht sind bzw. beim Baustellenmörtel das Mischungsverhältnis eingehalten wird, die Steine vorgenäßt werden und das Mauerwerk fachgerecht erstellt wird. Verblendarbeiten insbesondere Fugarbeiten sollten nicht im Akkord vergeben werden.

Werden die vorgenannten Regeln nicht beachtet, kann es zu Durchfeuchtungen an Sicht- und Verblendmauerwerk kommen. Zur Ermittlung der Schadensursache wird die Aufgabe des Sachverständigen zunächst darin bestehen, die Prüfung der Ausführung durch Augenschein vorzunehmen und hierbei zu kontrollieren, ob die Verfugung oder der Fugenglattstrich glatt und an der Oberfläche verdichtet ist oder nicht ausreichend fest ist und z.B. absandet bzw. sich leicht mit einem scharfen Gegenstand einritzen läßt. Besonderes Augenmerk ist dar-

Abb. 19 Schlagregenprüfstand

Abb. 20 Prüfwand

Abb. 21 Blick in Druckkammer

auf zu richten, ob gute Übergänge der Verfugungen an den Kreuzungsstellen von Lager- und Stoßfugen vorhanden oder Fehlstellen zu erkennen sind.

Ein weiterer Schritt wird für den Sachverständigen sein, sich durch Aufstemmen der Fugen ein Bild von der Tiefe der Verfugung und deren Anschlußhaftung am Stein, sowie von der Vermauerung zu verschaffen und zu kontrollieren, ob nur einzelne Mörtelbatzen ohne Zusammenhang auf die Lagerflächen der Steine aufgebracht worden sind und die Stoßfugen nur mangelhaft gefüllt sind.

Als geeignetes Mittel zur Prüfung der Schlagregendichtigkeit hat sich der Wassereindringtest nach Karsten erwiesen.

Im schadensbetroffenen Wandbereich ist an mindestens 10 Stellen insbesondere im Fugenbereich und dort vor allem an den Kreuzungsstellen von Lager und Stoßfuge der Wassereindringprüfer durch Aufdrücken des Prüfglases in eine Kittwulst anzusetzen (Abb. 22). Die Wassermenge, die in cm^3 pro Minute in die Wand eindringt, ist ein Maß, ob die Verblendung schlagregendicht, bedingt oder nicht schlagregendicht ist.

Die Menge ist abhängig von der Rohdichte der Ziegel bzw. Vormauersteine und der Art der Fugen, d.h. Ausführung im Glattstrich oder nachträglicher Verfugung.

Als Erfahrungswerte können gelten für schlagregendichte Verblendung aus Ziegeln mit Fugenglattstrich 1,8 bis 2,4 cm^3 und mit nachträglicher Verfugung 1,4 bis 1,8 cm^3. Die entsprechenden Werte für nicht schlagregendichte Wände liegen nach Angaben von H. Buss über 3,2 bis 5,0 cm^3 bzw. 2,8 bis 4,0 cm^3.

9. Zusätzliche Sicherungen gegen Eindringen von Schlagregen

Die schlagregensichere Vermauerung und Verfugung der Verblendung bedingt eine sorgfältige Arbeit. Um zu verhindern, daß Nachlässigkeiten und Fehler zu Durchfeuchtungsschäden führen sind konstruktiv beim Aufbau der Außenwände mit sichtbarem Mauerwerk zusätzlich

Prinzip der Schlagregenabwehr bei Verblendmauerwerk

Dichtes Fugennetz
Vollfugige und haftschlüssige Vermauerung mit Glattstrich oder Verfugung

Schalenfuge bei einschaligen Wänden 2 cm dicke, hohlraumfrei vermörtelte Längsfuge

Zweischalige Außenwände
mit belüftetem Hohlraum (Luftschicht)

mit wasserabweisender Dämmschicht ohne Fehlstellen und Spalten

mit Putzschicht

Abb. 23

Abb. 22 Prüfröhrchen auf Fugenstoß

Sicherungen vorgesehen, die eine abgestufte Wirksamkeit aufweisen und die Außenwände widerstandsfähig machen gegen mittlere (Beanspruchungsgruppe II) und starke Schlagregenbeanspruchung (Beanspruchungsgruppe III). (Abb. 23 (G/4) – Prinzip der Schlagregenabwehr).

Zur Gruppe II gehört das einschalige Sichtmauerwerk 37,5 cm dick. Als zusätzliche Sicherungsmaßnahme wirkt hier die von Schicht zu Schicht um einen Viertelstein versetzte mindestens 20 mm dicke Schalenfuge. Hierbei ist die Überlegung maßgebend, die sonst der Schlagregenabwehr dienende und als Feuchtebremse wirkende Außenputzschicht in das Wandinnere zu verlegen. (Abb. 24 (4.1) – Sichtmauerwerk).

Die Schalenfuge kann die ihr zugedachte Aufgabe jedoch nur erfüllen, wenn die Schalenfuge mit einem gießfähigen Mörtel gleicher Zusammensetzung wie der Mauermörtel verfüllt und der Mörtel gut eingestochert bzw. besser noch durch Vergießen eingebracht wird, so daß sich in jeder Schicht eine in sich geschlossene Mörtelscheibe ergibt.

Der Nachteil beim Sichtmauerwerk besteht darin, daß die innere Mörtelscheibe von Steinschicht zu Steinschicht verspringt. (Abb. 25 (4.8) – Zweischalenmauerwerk mit Putzschicht).

Dieser Mangel ist beim Zweischalenmauerwerk mit Putzschicht behoben, das in der neuen DIN 1053 Teil 1 an die Stelle des Zweischalenmauerwerks mit Schalenfuge getreten ist. Diese Wandbauart hatte sich in der Praxis als schadensanfällig erwiesen, weil in den seltensten Fällen die Schalenfuge wie gefordert hohlraumfrei vergossen worden ist.

Bei der neu aufgenommenen Wandkonstruktion wird auf die Hintermauerschale eine Putzschicht aufgetragen und anschließend die Verblendschale mit Fingerspalt-Abstand hochgemauert und mit der tragenden Mauerschale verankert. Damit durch die Verblendschale durchgedrungenes Wasser austreten kann, sind am Fußpunkt Entwässerungsöffnungen und eine Abdichtung wie beim Zweischalenmauerwerk mit Luftschicht anzubringen. Die Verblendschale erfüllt die Funktion eines vor der Tragkonstruktion stehenden „Regenschirms", der dem Schlagregen den Druck nimmt und das Regenwasser abrieseln läßt.

Am klarsten ist dieses Prinzip bei dem in der Praxis bewährten Zweischalenmauerwerk mit Luftschicht verwirklicht. (Abb. 26 (4.5) – Zweischalenmauerwerk mit Luftschicht).

Hier sorgt der im allgemeinen etwa 70 mm breite Luftspalt dafür, daß kein Feuchteübertritt von der vorderen auf die hintere Schale möglich ist, wenn die Drahtanker wie vorgesehen, mit

4.1 Einschaliges Verblendmauerwerk

Schnitt durch 375 mm dickes einschaliges Verblendmauerwerk (Prinzipskizze)

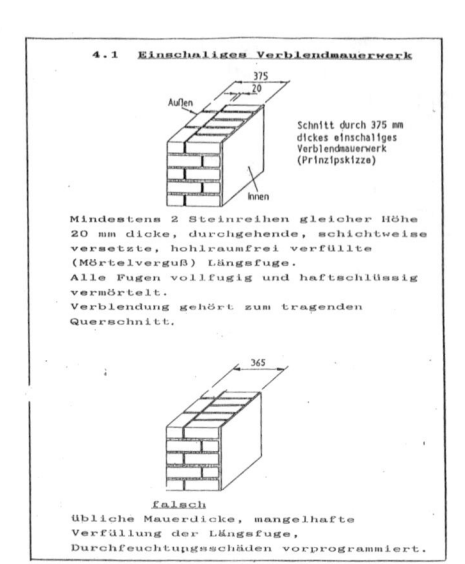

Mindestens 2 Steinreihen gleicher Höhe 20 mm dicke, durchgehende, schichtweise versetzte, hohlraumfrei verfüllte (Mörtelverguß) Längsfuge.
Alle Fugen vollfugig und haftschlüssig vermörtelt.
Verblendung gehört zum tragenden Querschnitt.

falsch
Übliche Mauerdicke, mangelhafte Verfüllung der Längsfuge, Durchfeuchtungsschäden vorprogrammiert.

Abb. 24 (4.1)

4.8 Zweischalige Außenwände mit Putzschicht

2 cm Putzschicht
Vollfugige Verblendschale
Drahtanker Dicke von 3 cm ausreichend
Entwässerungsöffnungen wie bei Außenwänden mit Luftschicht
Verzicht auf obere Entlüftungsöffnungen
Fingerspalt

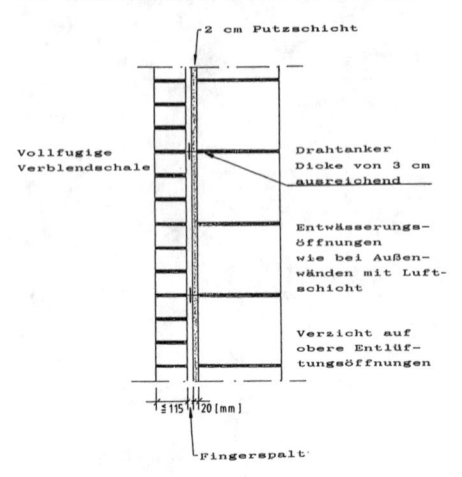

Abb. 25 (4.8)

Abtropfscheiben versehen werden und durch Dichtungsbahnen mit Höhenversprung am Fußpunkt, über Tür- und Fensteröffnungen und an Fensteranschlägen auch hier der Feuchteübergang verhindert und durchgetretene Feuchte abgeführt wird. (Abb. 27 – Abdichtung am Fußpunkt).

In der neuen DIN 1053 Teil 1 darf der Luftspalt auf 4 cm reduziert werden, vorausgesetzt, daß der Mörtel in den Lagerfugen mindestens an einer Wandschale abgestrichen wird, so daß der Feuchteübertritt über Mörtelwülste verhindert wird. (Abb. 28 (F/4) – Wichtige Neuregelungen).

Wie schon erwähnt, darf die Dicke der Verblendschale auf 9 cm reduziert werden.

In dem Bestreben, die Wärmedämmung der Außenwände zu verbessern, wird in zunehmendem Maße in den verbreiterten Hohlräumen eine zusätzliche Wärmedämmschicht eingebracht. Zu diesem Zwecke darf die Hohlraumweite auf 150 mm vergrößert werden.

Die Luftschicht, der die zusätzliche Aufgabe zufällt, im Zusammenwirken mit oberen Entlüftungsöffnungen die Verblendschale auszutrocknen und Kondensfeuchte aus dem Innern des Gebäudes abzuführen, darf beim Zweischalenmauerwerk mit Luftschicht und Wärmedämmung auch an der ungünstigsten Sohle 40 mm nicht unterschreiten. (Abb. 29 (4.6) Zweischalenmauerwerk mit Luftschicht und Wärmedämmung).

Durch den belüfteten Hohlraum wird bei diesen beiden Wandkonstruktionen die höchste Widerstandsfähigkeit gegen Schlagregenangriff erzielt (Beanspruchungsgruppe III).

Um an Wanddicken zu sparen oder die Wärmedämmung noch weiter zu verbessern, geht die Tendenz dahin, den Hohlraum ganz mit Dämm-Material auszufüllen, d.h. eine Kerndämmung vorzunehmen (Abb. 30 (4.7) – Zweischalenmauerwerk mit Kerndämmung).

Diese Wandbauart, das Zweischalenmauerwerk mit Kerndämmung bedurfte bisher der Zulassung, ist aber nunmehr mit in die neue DIN 1053 Teil 1 aufgenommen worden.

Da die Luftschicht wegfällt, muß die Dämmung die Funktion, den Feuchteübertritt auf die Innenschale zu verhindern, mit übernehmen. Sie ist dazu nur in der Lage, wenn wasserabweisende Dämmstoffe verwendet werden, die Dämm-Matten dicht gestoßen oder Dämmplatten mit Stufenfalz ausgebildet sind oder zweilagig eingebracht werden. Besonders groß ist die Gefahr bei Schüttungen und Schäumen, daß über Lunker, Hohlräume und Fehlstellen Wasserübertritte erfolgen. Es wird deshalb gefordert, daß das Einbringen des Dämm-Materials nur durch Fachfirmen erfolgt.

4.5 Zweischalige Außenwände mit Luftschicht

Abb. 26 (4.5)

Voraussetzung: Mörtel in den Fugen mindestens auf einer Hohlraumseite abgestrichen.

Feuchteübertritt über Mörtelwülste (Mörtelbrücken) Luftzirkulation behindert.

falsch

Abb. 27

Öffnungen in 1. und 2. Schicht

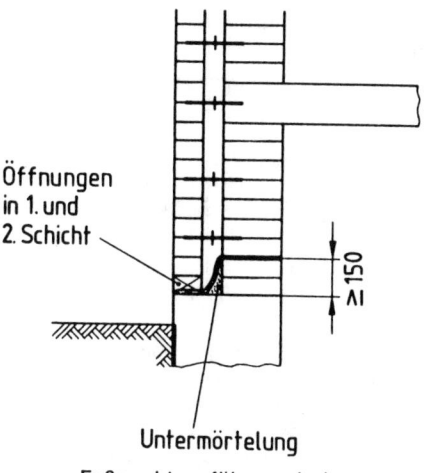

Untermörtelung

Fußpunktausführung bei zweischaligem Verblendmauerwerk (Prinzipskizze)

Wegen der genannten möglichen Fehlerquellen verbürgt die Kerndämmung nicht den gleichen Grad der Sicherheit wie die Luftschicht. Die besondere Sorgfalt in der Ausführung der Verblendschale ist deshalb bei dieser Wandkonstruktion von wesentlicher Bedeutung, worauf auch in der Norm hingewiesen wird.

10. Maßnahmen zur Schadensbehebung

In der Praxis müssen wir leider immer wieder feststellen, daß die genannten Regeln für eine fachgerechte Ausführung der Verblendarbeiten nicht befolgt werden und auch Fehler in konstruktiver Hinsicht gemacht werden, so daß es zu Durchfeuchtungsschäden kommt und der Sachverständige eingeschaltet wird, von dem Vorschläge zur Schadensbehebung erwartet werden.

Sie werden nur dann zum Erfolg führen, wenn sie sich auf eine sorgfältige Schadensanalyse gründen, über die schon gesprochen wurde. Von Bedeutung ist außerdem der Schadensumfang.

Bei nur sporadischen Schäden wird es meistens genügen, im Bereich der Durchfeuchtung offensichtliche Mängel in der Fugenausbildung zu beseitigen.

Bei umfassenden Schäden, die meistens an West- und Südwestfassaden auftreten, kann es notwendig werden, die Verfugung auszustemmen z.B. mit Elektromeißeln und hierbei die Steinflanken freizulegen. Die anschließende Neuverfugung ist gut zu verdichten z.B. mit einer Vibrationskelle (Fa. Dwuzet). Zeigt sich beim Öffnen der Fugen, daß in der Vermauerung große Fehlstellen vorhanden sind, müssen diese auch mit geschlossen werden.

Bei äußerst mangelhafter Vermauerung (einzelne Mörtelbatzen im Lagerfugenbereich, nicht oder schlecht geschlossene Stoßfugen) kann es bei Sichtmauerwerk zweckmäßig und notwendig sein, die Hohlstellen durch Mörtelinjektionen von der Innenseite aus zu schließen.

Bei Verblendschalen verbleibt als letzte Maßnahme, vor allem wenn Feuchteübertritte am Fußpunkt oder an Fensteranschlüssen festgestellt werden, der Abriß und das Neuaufmauern der Verblendung, wenn nicht eine Schale davor gesetzt wird. Fällt aus Gründen der Kostenersparnis oder des Gewichtes die Entscheidung für eine Verschindelung, so muß man sich darüber im klaren sein, daß der Charakter der Fassade wesentlich geändert wird.

Da alle genannten Maßnahmen zeit- und kostenaufwendig sind und nicht auszuschließen ist, daß die Verblendung beschädigt wird, liegt es nahe, die Wasseraufnahme der Verblendung durch Silikonisierung mit organisch gelöstem Silikon zu begrenzen. Der Anstrich führt zur

Wichtige Neuregelungen bei Verblendmauerwerk

Zweischalige Außenwände mit:
Luftschicht
Außenschale 9 cm dick zulässig
4 cm Luftspalt möglich
Linienförmige oder geschoßhohe Verankerung auf Nachweis

Luftschicht und Wärmedämmung
Schalenabstand bis 150 mm.

Kerndämmung
Ausfüllung des Hohlraumes mit genormten oder zugelassenen Dämmstoffen (Matten, Platten, Schüttungen, Schäume)

Putzschicht
statt Schalenfuge ohne Luftschicht

Abb. 28 (F/4)

4.6 Zweischalige Außenwände mit Luftschicht und Wärmedämmung

Lichter Abstand der Mauerschalen nicht größer als 150 mm.
Mindestdicke des Luftspaltes 40 mm an ungünstigster Stelle (Unebenheit der Dämmung.)

Abb. 29 (4.6)

Hydrophobierung der Fassade, d.h. die Kapillaraktivität wird oberflächlich gebrochen. Die Form der Steine und des Mörtels nehmen kein oder nur noch wenig Wasser auf. Der kapillare Wassertransport ist dadurch allerdings auch von innen nach außen unterbunden, so daß in Trockenperioden die Feuchtigkeitsabgabe aus dem Mauerwerk nur noch wesentlich langsamer auf dem Wege über die Dampfdiffusion erfolgt.

Zu bedenken ist aber, daß durch die Hydrophobierung Risse und Fehlstellen im Fugenverband nicht geschlossen werden. Die Kapillaraktivität wird lediglich bei Rissen und Spalten mit Weiten bis zu 0,3 mm unterbunden.

Es ist deshalb notwendig, sich vor Einleitung einer derartigen Maßnahme, einen genauen Überblick über den Zustand der Verfugung und der Haftschlüssigkeit zu verschaffen. Ist das Fugennetz mangelhaft, so besteht die Gefahr, daß die Silikonisierung sich nachteilig auswirkt, weil über Risse und Spalten weiterhin Feuchtigkeit ins Mauerwerk eindringt, die aber nur noch verzögert entweichen kann, sich unter Umständen hinter der Außenhaut staut, was z.B. bei Frosteinwirkung zu schalenartigen Ablösungen an den Steinen führen kann.

Silikonisierung ist daher nur zu empfehlen, wenn es lediglich darum geht, eine sehr stark saugende Fassade in ihrem kapillaren Saugvermögen zu begrenzen.

4.7 Zweischalige Außenwände mit Kerndämmung

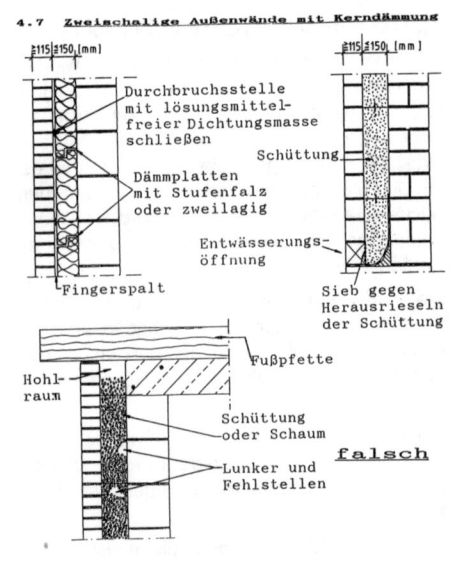

Durchbruchsstelle mit lösungsmittelfreier Dichtungsmasse schließen
Schüttung
Dämmplatten mit Stufenfalz oder zweilagig
Entwässerungsöffnung
Fingerspalt
Sieb gegen Herausrieseln der Schüttung

Fußpfette
Hohlraum
Schüttung oder Schaum
Lunker und Fehlstellen

falsch

Abb. 30 (4.7)

11. Zusammenfassung

In der achitektonischen Gestaltung von Gebäuden nimmt die Fassade aus Vormauerziegeln und Klinkern bzw. Vormauersteinen zusammen mit dem verbindenden Mörtel in den Fugen einen wichtigen Platz ein und trägt zur Belebung des Ortsbildes bei.

Die dem sichtbar bleibenden Mauerwerk zufallenden Funktionen vor allem hinsichtlich des Witterungsschutzes und der Schlagregenabwehr kann es nur erfüllen, wenn es fachgerecht ausgeführt wird, d. h. vollfugig und haftschlüssig vermauert wird. Hierbei können die Fugen oberflächlich durch Glattstrich gedichtet werden oder nachträglich eine Zementmörtelverfugung erhalten.

Für das Mauerwerk hat sich Rezeptmörtel nach DIN 1053 als Kalkzementmörtel oder gleichwertiger Fertigmörtel bewährt, der ein gutes Haftvermögen aufweisen muß.

Durch konstruktive Sicherheitsvorkehrungen beim Wandaufbau wie die Anordnung eines belüfteten Hohlraumes kann ausreichende Widerstandsfähigkeit auch gegen starken Schlagregenangriff erreicht werden. Fehler in der Ausführung und in der Beschaffenheit des Mörtels und der Steine können zu Durchfeuchtungsschäden führen, mit denen sich der Sachverständige auseinandersetzen muß und deren Behebung meistens aufwendig ist.

Sorgfalt beim Mauern schützt vor teurer Nachbesserung.

Literatur

(1) W. Irle, Schlagregensicheres Ziegelsicht- und Verblendmauerwerk, Jahrbuch Ziegel 1967/68

(2) G. Schellbach, W. Irle, Erkenntnisse aus Schlagregenversuchen an Ziegelsicht- und Verblendmauerwerk, Jahrbuch Ziegel 1967/68

(3) Kommentar zur DIN 1053 Teil 1, – Rezeptmauerwerk – Beuth-Kommentare Mauerwerk

Fugenabdichtung mit Dichtstoffen und Bändern

Eberhard Baust, Nettersheim-Frohngau

Bei der heutigen Bauweise mit vorgefertigten Bauelementen und durch die Kombination verschiedener Materialien mit unterschiedlichen physikalischen und/oder chemischen Eigenschaften im Hochbau entstehen zwangsläufig Fugen zwischen den Einzelteilen. Diese müssen bewegungsausgleichend abgedichtet werden, und dazu werden seit Jahren plastisch verarbeitbare, spritzfähige Dichtstoffe oder aus der gleichen Rohstoffbasis hergestellte und zu klebende Bänder sowie vorkomprimierte Schaumstoff-Bänder eingesetzt.

Jede dieser Produktgruppen hat ihren Vorteil und ihre Grenzen. Welche Abdichtungsmethode mit welchem Material angewandt wird, entscheidet sich am Objekt. Maßgebend sind konstruktive Voraussetzungen sowie zu erfüllende mechanische und optische Funktionen.

1.0 Die Anforderungen

Da die Abdichtung über Jahre hinaus funktionsfähig bleiben muß, wird bei allen Produkten ganz besonderer Wert auf die Alterungsbeständigkeit unter üblichen klimatischen Bedingungen und Umwelteinflüssen gelegt.

1.1 Dichtstoffe und zu klebende Elastomer-Fugenbänder

Diese müssen an den bestimmungsgemäß vorhandenen Haftflächen der Fugenflanken eine ausreichende Haftung besitzen, um die auftretenden Stauch-, Dehn- und Scherbewegungen mitmachen und ausgleichen zu können, ohne dadurch ihre Funktion als Fugendichtung zu verlieren.

1.2 Vorkomprimierte Bänder

Die Bänder müssen ihren aufgrund der Expansion erzeugten Anpreßdruck an die Fugenflanken ohne zeitliche Einschränkung beibehalten um dadurch die Funktion der Abdichtung zu gewähren.

2.0 Spritzfähige, plastisch zu verarbeitende Dichtstoffe

2.1 Einteilung der Dichtstoffe nach physikalischen Merkmalen

Nach DIN 52 460 -Fugen und Glasabdichtungen; Begriffe- unterteilt man in

erhärtende Dichtstoffe
plastische Dichtstoffe
elastische Dichtstoffe

wobei der ausreagierte Dichtstoff im Funktionszustand zur Beurteilung herangezogen wird (sh. Abb. 1 + 2).

Die Begriffe

elastoplastisch und
plastoelastisch

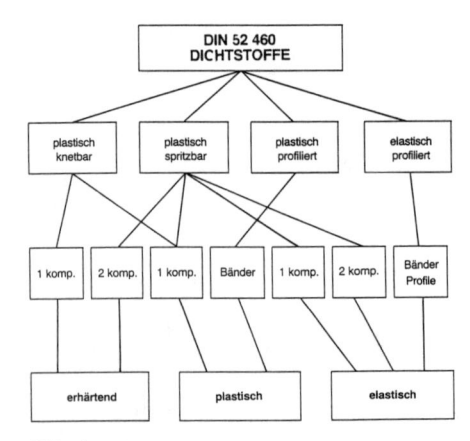

Abb. 1

die ebenfalls zur Charakterisierung benutzt werden, sind in der Norm noch nicht definiert. Heute gibt es aber eine vom Industrieverband Dichtstoffe erarbeitete Prüfmöglichkeit, (IVD-Merkblatt Nr. 2), mit der eine eindeutige Trennung dieser Mischeigenschaften unter Verwendung von Prüfnormen und anhand gemessener Grenzwerte möglich ist.

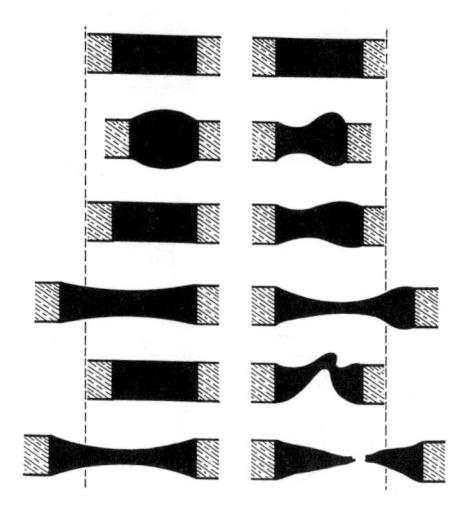

Abb. 2 Unterschiedliche Auswirkungen von wiederholten Dehn-/Stauchbelastungen bei elastischen und plastischen Dichtstoffen

2.2 Unterscheidung der Dichtstoffe nach chemischen Merkmalen

Außer der Einteilung nach den physikalischen Eigenschaften, die etwas über die Funktionsfähigkeit des Dichtstoffes aussagt, unterteilt man die angebotenen Produkte auch nach ihrer Rohstoffbasis. (sh. Abb. 3).
Teilweise besteht dabei ein direkter Zusammenhang mit der physikalischen Unterteilung, in anderen Fällen lassen sich gewünschte physikalische Eigenschaften durch Rezeptabwandlungen herausarbeiten. Daher ist es ein Irrtum anzunehmen, daß alleine die Rohstoffbasis zwangsläufig bestimmte, typische physikalische Eigenschaften, z. B. meßbare Grenzwerte, zur Folge hat.

2.2.1 Acrylat, als Dispersion

Dichtstoffe auf Acrylbasis gehören zur Gruppe der plastischen oder elastoplastischen Produkte mit einer zulässigen Gesamtverformung von 5% bis 15%.
Sie besitzen eine gute Alterungsbeständigkeit und sind weitgehend unempfindlich gegen UV-Strahlen. Dagegen spielt die Wasserempfindlichkeit bis zur Bildung einer ausreichenden Oberflächenhaut nach der Verarbeitung eine wichtige Rolle. Daher müssen frei bewitterte Fugen nach dem Ausspritzen vor Regen geschützt werden, da sonst der Dispersionsdichtstoff aus der Fuge herausgewaschen wird.

Ein weiterer Gefahrenpunkt bei frisch verarbeiteten Dispersionsacrylat-Dichtstoffen sind Temperaturen unter 0°C. Das noch nicht verdunstete Wasser bildet Eiskristalle und gefrorene Dichtstoff-Fase reißt bei der geringsten Druck- oder Dehnbelastungen in sich, so daß die Funktionsfähigkeit nicht mehr gegeben ist.

2.2.2 Polyurethan

Dichtstoffe auf Basis Polyurethan zählen zur Gruppe der plastoelastischen oder elastischen Dichtstoffe mit einer zulässigen Gesamtverformung von 20% bis 25%.
Das Alterungsverhalten wird entscheidend von der Rezeptur bestimmt, da Polyurethane empfindlich auf UV-Strahlen reagieren und durch Stabilisatoren geschützt werden müssen. Dadurch können sich aber negative Wechselwirkungen bei Kontakt mit Anstrichsystemen ergeben.
Im Fassadenbereich kommen z.Zt. nur einkomponentige Produkte zum Einsatz.

2.2.3 Polysulfid (Thiokol)

Die Handelsbezeichnung Thiokol hat sich im Laufe der Jahre als Synonym für alle auf dem Markt angebotenen Polysulfid-Dichtstoffe, unabhängig von ihrer Herkunft, eingebürgert und wird allgemein benutzt.
Polysulfid-Dichtstoffe zählen zur plastoelastischen oder elastischen Gruppe mit einer zulässigen Gesamtverformung von 20% bis 25%.
Das Alterungsverhalten und die Beständigkeit gegen UV-Strahlen sind sehr gut.
Im Fassadenbereich kommen überwiegend zweikomponentige Produkte zum Einsatz.

2.2.4 Silicone

Bei den Silicon-Dichtstoffen stehen verschiedene Reaktionssysteme zur Verfügung, die sich chemisch sehr unterschiedlich verhalten. Dadurch ergibt sich eine Unterteilung in:

> sauer vernetzende Systeme
> neutral vernetzende Systeme
> alkalisch vernetzende Systeme

die in sich nochmals nach den namengebenden chemischen Reaktionsgruppen aufgeteilt werden. (sh. Abb. 4). Das Alterungsverhalten und die Beständigkeit gegen UV-Strahlen sind unabhängig vom Reaktionssystem sehr gut.

Abb. 3

Dichtstoffe hierarchy:
- DICHTSTOFFE
  - organische trocknende Öle
    - Leinöl
    - Leinöl + Weichmacher
  - Kunststoffe
    - Acryl
      - Lösungsmittel AC
      - Dispersions AC
    - Polyurethan
      - 1 komp. PUR
      - 2 komp. PUR
    - Polysulfid (Thiokol)
      - 1 komp. Thiokol
      - 2 komp. Thiokol
    - Silicon

Abb. 4

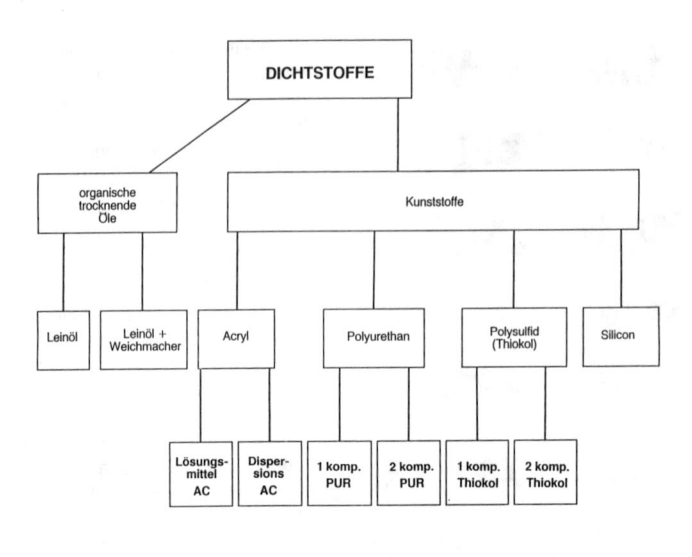

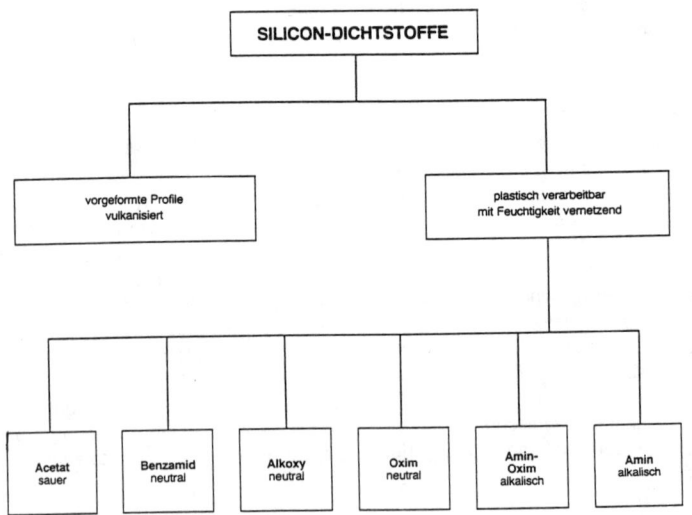

SILICON-DICHTSTOFFE:
- vorgeformte Profile vulkanisiert
- plastisch verarbeitbar mit Feuchtigkeit vernetzend
  - Acetat sauer
  - Benzamid neutral
  - Alkoxy neutral
  - Oxim neutral
  - Amin-Oxim alkalisch
  - Amin alkalisch

Beachtet werden muß, daß die bei der Vernetzung freigesetzten Reaktionsprodukte chemisch mit der Haftfläche reagieren können. Daher sollen z.B. keine Acetat-Systeme auf zementgebundenen, also alkalisch reagierenden Untergründen eingesetzt werden.

3.0 Elastomer-Fugenbänder unter Verwendung von Klebstoffen

Um das Verarbeiten in bestimmten Einsatzgebieten zu vereinfachen oder um schwierige und problematische Fugen sicher abdichten zu können, werden Dichtstoffe auch als profilierte Bänder in unterschiedlichen Dimensionen industriell vorgefertigt. Zur Herstellung werden eingesetzt:

Polysulfid (Thiokol)
Polyurethan
Silicon

Am Objekt werden die Bänder an jeder Seite im Randbereich in einem Streifen von ca. 20% der Bandbreite mit einem Klebstoff der gleichen

Rohstoffbasis auf dem Untergrund fixiert. Die verbleibenden 60% des Bandes überdecken die Fuge und dienen als ausgleichende Bewegungszone. (sh. Abb. 5)

4.0 Qualität- und Ausführungs-Normen

4.1 für Dichtstoffe

Wie bereits ausgeführt, sind die eingesetzten Rohstoffe noch keine Garantie für bestimmte Materialeigenschaften. Dies gilt insbesondere für die notwendigen Kriterien:

    mechanische Werte
    Haftverhalten
    Alterungsbeständigkeit.

Daher wurden für Dichtstoffe Prüfnormen erarbeitet, mit denen die verschiedenen Produkteigenschaften gemessen werden können. (sh. Tabelle 1) Entsprechend dem Einsatzgebiet und den sich daraus ergebenden Anforderungen wurden die von Dichtstoffen zu erfüllenden Kriterien in Stoffnormen zusammengefaßt und mit Grenzwerten charakterisiert.

Im Fassadenbereich ist zu beachten:
DIN 18 540 -Abdichten von Außenwandfugen im Hochbau mit Fugendichtstoffen (sh. Abb. 6)
Da die Materialeigenschaften eines Dichtstoffes nicht nur von der Chemie der eingesetzten Rohstoffbasis abhängig sind, besteht auch keine Möglichkeit mit der Rohstoff-Unterteilung eine Zuordnung für bestimmte Einsatzzwecke oder Baumaterialien vorzunehmen.

Der verständliche Wunsch, für den Einsatz auf Holz, Metall, Beton oder Kunststoff einen ganz bestimmten Dichtstoff-Typ unter Benutzung der chemischen Unterteilung angeben zu können, ist somit nicht realisierbar, da die einzelnen Hersteller ihre Dichtstoffe für anstehende Abdichtungsprobleme nach den Stoffnormen und eventuellen speziellen Anforderungen ausrichten müssen. Die Entscheidung über die einzusetzende Rohstoffbasis trifft dabei jeder in eigener Verantwortung.

4.2 für zu klebende Elastomer-Bänder

Normen speziell für Elastomer-Bänder, die unter Verwendung eines Klebers eingesetzt werden, gibt es nicht. Daher wurde zur Charakterisierung der Materialqualität dieser Bänder vom Industrieverband Dichtstoffe das IVD-Merkblatt Nr. 4 erarbeitet, in dem bereits vorhandene Prüfnormen zur Beurteilung herangezogen werden und Grenzwerte für bestimmte Materialeigenschaften festgelegt sind.

Zur Berechnung der notwendigen Bandbreite wird eine Bewegungsaufnahme von 25% der freien Bewegungszone des Bandes zugrunde gelegt.

5.0 Vorkomprimierte Schaumstoff-Bänder

Zur Herstellung dieser Bänder wird imprägnierter Kunststoffschaum benutzt. Die Imprägnierung schützt den Schaumstoff vor Witterungseinflüssen und sorgt für die notwendige Alterungsbeständigkeit. Weiterhin wird die Dichtigkeit des Schaumes erhöht.

Als Band wird der Schaum um 85% auf 15% seiner Dicke komprimiert aufgerollt und so angeliefert.

Der Vorteil des Bandes liegt in der einfachen Anwendung, da die „Haftung" und damit die Dichtigkeit an der Fugenflanke durch Anpreßdruck erreicht wird.

Daraus folgt aber auch, daß sich Schwankungen innerhalb der Fugenbreite in Grenzen halten müssen, da mit zunehmender Fugenbreite der Anpreßdruck und dadurch zwangsläufig auch die Belastbarkeit durch Schlagregen nachläßt. Z.B. darf bei Mauerwerk, um eine einwandfreie Abdichtung zu erreichen, zwischen Stein und Mörtelfuge kein Versatz auftreten.

6.0 Qualitäts- und Ausführungs-Normen für vorkomprimierte Bänder

Eine Norm entsprechend DIN 18 540 gibt es für vorkomprimierte Bänder nicht.

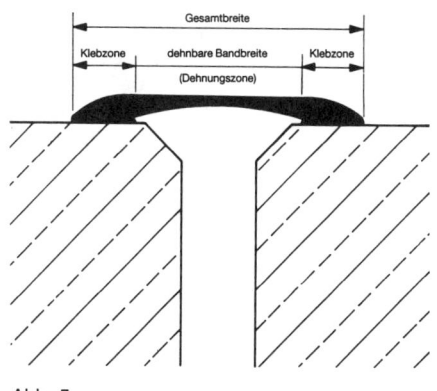

Abb. 5

Tabelle 1 DIN – Prüfnormen Stand 01.1991

DIN-Nr.	Teil	Ausg.	Thema
52 451		02.83	Prüfung von Dichtstoffen für das Bauwesen; Bestimmung der Volumenänderung nach Temperaturbeanspruchung; Tauchwägeverfahren
52 452	1	10.89	-; Verträglichkeit der Dichtstoffe; Verträglichkeit mit anderen Baustoffen
52 452	2	06.81	-; -; Einfluß von Chemikalien
52 452	3	09.78	-; -; Verträglichkeit von ausreagierten mit frischen Dichtstoffen
52 453	2	09.77	-; Bindemittelabwanderung; Filterpapiermethode
52 454		09.87	-; Standvermögen
52 455	1	04.87	-; Haft- und Dehnversuch; Beanspruchung durch Normalklima, Wasser oder höhere Temperaturen
52 455	2	06.87	-; -; Beanspruchung durch Wechsellagerung
52 455	3	09.74	-; -; Lichteinwirkung
52 455	4	04.87	-; -; Dehn-Stauch-Zyklus bei Temperaturbeanspruchung
52 456		05.76	-; Bestimmung der Verarbeitbarkeit von Dichtstoffen
52 458		04.87	-; Bestimmung des Rückstellvermögens
52 459		06.81	-; Bestimmung der Wasseraufnahme von Hinterfüllmaterial; Rückhaltevermögen
52 460		08.79	Fugen und Glasabdichtungen; Begriffe
		Normentwürfe (Gelbdruck)	
52 451	1	09.87	-; -; Pyknometerverfahren
52 452	4	02.90	-; -; Verträglichkeit mit Beschichtungssystemen
52 460		10.89	Überarbeitete Ausgabe 08,79

Als Prüf- und Anforderungskriterium der Funktionsfähigkeit in Fugen wird u.a. die Schlagregensicherheit nach DIN 18 055 Beanspruchungsgruppe C benutzt.
Die Hersteller geben für ihre Produkte an, welche Kompression ein Band nach dem Einbau noch aufweisen muß bzw. bis zu welcher Fugenbreite ein bestimmtes Band eingesetzt werden darf, damit die Forderung der DIn 18 055 erfüllt wird.
Als weiterer Qualitätsnachweis werden noch andere, in Tabelle 2 aufgeführte Prüfnormen herangezogen.

7.0 Farbgestaltung
überstreichen? ja oder nein

Was soll mit den bewegungsausgleichend abgedichteten Fugen im Falle einer Beschichtung der Fassadenoberfläche geschehen? Überstreichen oder aussparen? Diese so einfach klingende Frage deckt plötzlich entscheidende Probleme bei den mit Dichtstoffen ausgespritzten Fugen auf.
Die Fuge selber soll ein bewegliches Bindeglied zwischen den Bauelementen darstellen und die auftretenden Dehn- und Stauchbewegungen in sich auffangen.
Der Farbanstrich ist unabhängig von der Farbgebung als Oberflächenschutz mechanisch belastbar und daher zäh oder hart bis spröde. Die Bewegungsaufnahme, gemessen mit den Möglichkeiten eines Dichtstoffes, sind in der Regel deutlich geringer.

Somit ergeben sich im Bereich der Fuge gegensätzliche Eigenschaftsbilder, die sich gegenseitig Schwierigkeiten machen. Das auf einer Dichtstoffoberfläche haftende Anstrichsystem wird in seiner Dehnfähigkeit überbeansprucht, was zu Rissen im Farbfilm führt, wodurch sich nach kurzer Zeit die Fuge von den angrenzenden Bauteilen wieder abhebt. Der gewünschte optische Effekt ist damit hinfällig.

Die physikalischen Unterschiede zwischen Dichtstoff und Anstrichsystem sind nun einmal vorhanden und können nicht wegdiskutiert werden. Die sich daraus ergebenden späteren Schwierigkeiten in der Optik darf man ebenfalls nicht ignorieren. Aus diesem Grunde sollte man

DK 699.82 : 693.66 : 692.23 : 691.587 : 620.1   DEUTSCHE NORM   Oktober 1988

Abdichten von Außenwandfugen im Hochbau mit Fugendichtstoffen

DIN 18 540

Sealing of exterior wall joints in building using joint sealants
Calfeutrement étanche des joints de parois exterieurs de bâtiment à l'aide de mastics

Ersatz für
DIN 18 540 T 1/01.80,
DIN 18 540 T 2/01.80 und
DIN 18 540 T 3/01.80

1 Anwendungsbereich

Diese Norm gilt für Fugendichtstoffe sowie für die Ausbildung von Außenwandfugen, die mit Fugendichtstoffen abgedichtet werden. Sie gilt für Außenwandfugen zwischen Bauteilen aus Ortbeton und/oder Betonfertigteilen mit geschlossenem Gefüge sowie aus unverputztem Mauerwerk und/oder Naturstein.

Diese Norm gilt nicht für Fugen zwischen Bauteilen aus Gas- oder Schaumbeton, Fugen, die mit Erdreich in Berührung kommen, und nicht für Bauwerkstrennfugen.

2 Begriffe

Für die Definition von Begriffen gilt DIN 52 460.

3 Fugendichtstoffe

3.1 Bezeichnung

Fugendichtstoffe, die den Anforderungen nach Abschnitt 3.2 entsprechen und nach Abschnitt 3.4 überwacht werden, sind mit der Benennung „Fugendichtstoff", der Norm-Hauptnummer sowie mit dem Kurzzeichen F für frühbeständig oder NF für nicht frühbeständig (siehe Abschnitt 3.3.4.2) zu bezeichnen.

Bezeichnung eines frühbeständigen Fugendichtstoffes (F):

Fugendichtstoff DIN 18 540 – F

3.2 Anforderungen

3.2.1 Verarbeitbarkeit

Bei der Prüfung nach Abschnitt 3.3.2 muß die Ausspritzmenge bei
- Einkomponenten-Fugendichtstoffen am Ende der Lagerfähigkeit und bei
- Mehrkomponenten-Fugendichtstoffen 40 min nach Mischbeginn

mindestens 100 g/min betragen.

3.2.2 Standvermögen

Bei der Prüfung nach Abschnitt 3.3.3 darf die Ausbuchtung nach den Versuchen bei 5 °C und bei 70 °C sowohl in waagerechter als auch in senkrechter Stellung höchstens 2 mm betragen.

3.2.3 Haft- und Dehnverhalten

Bei der Prüfung nach Abschnitt 3.3.4.2 darf keine Ablösung des Fugendichtstoffes vom Kontaktmaterial und keine Rißbildung auftreten.

Bei der Prüfung nach Tabelle 1, Zeilen 1 bis 3, darf die auf den Ausgangsquerschnitt bezogene Spannung bei 100% Dehnung 0,4 N/mm^2 nicht überschreiten (Prüfung bei Normalklima).

Bei der Prüfung nach Tabelle 1, Zeilen 4 und 5, darf die auf den Ausgangsquerschnitt bezogene Spannung bei 100% Dehnung 0,6 N/mm^2 nicht überschreiten (Prüfung bei – 20 °C).

3.2.4 Verfärbung angrenzender Baustoffe

Bei der Prüfung nach Abschnitt 3.3.5 dürfen außerhalb der Haftfläche keine Verfärbungen vorhanden sein.

3.2.5 Rückstellvermögen

Bei der Prüfung nach Abschnitt 3.3.6 muß das Rückstellvermögen mindestens 70% betragen.

3.2.6 Volumenänderung

Die bei der Prüfung nach Abschnitt 3.3.7 ermittelten Einzelwerte der Volumenänderung sind anzugeben.

3.2.7 Brandverhalten

Fugendichtstoffe müssen im eingebauten Zustand die Anforderungen der Baustoffklasse B 2 nach DIN 4102 Teil 1 erfüllen.

3.3 Prüfung

3.3.1 Allgemeines

Für die Prüfung sind Fugendichtstoffe und die vom Hersteller vorgeschriebenen Voranstrichmittel zu verwenden, die 3 Monate bei einer Temperatur von 18 bis 23 °C gelagert wurden.

Die Probekörper sind herzustellen
- von der Prüfstelle, gegebenenfalls in Anwesenheit eines Beauftragten des Herstellers oder
- vom Hersteller in Anwesenheit eines Beauftragten der Prüfstelle.

Soweit nachstehend nichts anderes festgelegt ist, sind alle Prüfungen im Normalklima DIN 50 014 – 23/50 – 2 an jeweils 3 Probekörpern durchzuführen.

3.3.2 Verarbeitbarkeit

Die Prüfung ist nach DIN 52 456 mit einer Lochplatte mit 6 mm Lochdurchmesser auszuführen.

3.3.3 Standvermögen

Die Prüfung ist nach DIN 52 454 mit Profil U 26 bei 5 °C und bei 70 °C durchzuführen.

3.3.4 Haft- und Dehnverhalten

3.3.4.1 Herstellung der Probekörper

Die Probekörper sind nach DIN 52 455 Teil 1 mit den Fugenmaßen 12 mm × 12 mm × 50 mm herzustellen.

Für zementhaltige Bauteile sind als Kontaktmaterial Prismen aus Zementmörtel, hergestellt mit DIN 1164 Teil 7 mit Zement der Festigkeitsklasse Z 45 nach DIN 1164 Teil 1 und mit den Maßen 70 mm × 12 mm ≥ 30 mm zu verwenden. Die Prismen sind etwa 23 °C zu lagern und während der ersten 3 Tage vor Wasserverdunstung zu schützen. Die Kontaktfläche muß planeben und möglichst frei von großen Luftporen sein. Anschließend sind die Mörtelprismen bis zur Verwendung mindestens 7 Tage bei der Luft an etwa 23 °C und 50% relativer Luftfeuchte zu lagern.

Fortsetzung Seite 2 bis 5

Normenausschuß Bauwesen (NABau) im DIN Deutsches Institut für Normung e.V.

Abb. 6

DIN 18 540   Okt 1988   Preisgr. 5
Vertr.-Nr. 0005

Tabelle 2 Prüfnormen die bei komprimierten Schaumstoff-Bändern angewandt werden

DIN 4062	– Wurzelfestigkeit
DIN 4102	– Brandverhalten
DIN 18 055	– Fugendurchlässigkeit
DIN 18 055	– Schlagregendichtigkeit
DIN 52 612	– Wärmeleitfähigkeit
DIN 52 615	– Diffusionswiderstandszahl
DIN 52 453	– Verträglichkeit mit Baustoffen
DIN 53 387	– Witterungsbeständigkeit
DIN 53 420	– Rohdichte
DIN 53 571	– Zugfestigkeit
DIN 53 571	– Bruchdehnung

versuchen, aus dem notwendigen Übel eine Tugend zu machen und die Fuge als optisches Gestaltungselement mit einzusetzen. Alte Fachwerkbauten zeigen, daß man reizvolle Effekte erzielen kann, wenn die Kontraste richtig geplant werden.

Weiterhin muß das chemische Verhalten eines Dichtstoffes berücksichtigt werden, wenn die Fuge in einem anstrichtechnisch zu behandelnden Bereich des Objektes liegt. Daraus hat sich in der Vergangenheit immer wieder die Streitfrage ergeben: Muß, soll oder darf ein Dichtstoff überstrichen werden. Mit den aufgezeigten Problemen beschäftigten sich in der Vergangenheit eigentlich alle Fachleute der davon betroffenen Gewerke. Nur leider jede Gruppe für sich und nur aus ihrer Sicht.

Zwar wird von den Herstellern der Dichtstoffe, der Lackindustrie sowie dem Bundesinnungsverband des Malerhandwerks ständig darauf hingewiesen, daß bewegungsausgleichende Dichtstoffe nicht ganzflächig überstrichen werden dürfen, aber in der Praxis interessiert dies anscheinend nur wenige. So wird der Begriff überstreichbar im Zusammenhang mit Dichtstoffen seit Jahren immer wieder sehr unterschiedlich ausgelegt.

Es war daher eine richtungsweisende und entscheidende Arbeit der ARGE Dichtstoffhersteller/Lackindustrie/Malerhandwerk, als gemeinsam eine Unterscheidung zwischen überstreichbar und anstrichverträglich festgelegt wurde.

Diese Ausarbeitung der ARGE ist Grundlage der Definitionen, die jetzt im Entwurf der überarbeiteten Norm DIN 52 460 -Fugen- und Glasabdichtungen; Begriffe- aufgenommen wurden. Danach unterscheiden wir zwischen:

anstrichverträglich
– ist ein Dichtstoff, der zur Abdichtung von mit Anstrichmitteln beschichteten Bauteilen verwendet werden kann, ohne daß sich schädigende Wechselwirkungen zwischen Dichtstoffen, Anstrich und angrenzenden Baustoffen ergeben. Dies gilt in gleicher Weise auch für nachfolgende Anstrichbehandlungen der Bauteile, bei denen das Anstrichmittel auf 1 mm auf dem Dichtstoff im Randbereich der Fuge begrenzt werden muß.

überstreichbar
– in Anlehnung an DIN 55 945 -Anstrichstoffe und ähnliche Beschichtungsstoffe; Begriffe- ist ein Dichtstoff, der ganzflächig überdeckend mit einem oder mehreren Anstrichen beschichtet werden kann, ohne daß sich schädigende Wechselwirkungen ergeben.

Eine Definition ist aber nur eine verbale Beschreibung. In der Technik bedarf es dafür auch noch eindeutiger, möglichst meßbarer Grenzwerte, damit unterschiedliche und damit strittige Auslegungen der Texte vermieden werden. Daher wurde eine von der ARGE ausgearbeitete und mit Erfolg benutzte Prüfmethode jetzt vom Normenausschuß Materialprüfung als Grundlage der DIN 52 452 Teil 4 -Prüfung von Dichtstoffen für das Bauwesen; Verträglichkeit der Dichtstoffe; Verträglichkeit mit Beschichtungssystemen- herangezogen.

Damit steht eine Prüfmethode zur Verfügung, mit der beurteilt aber auch präzise differenziert werden kann, ob die Kombination eines Dichtstoffes mit einer Beschichtung als anstrichverträglich oder sogar, wie behauptet, als überstreichbar eingestuft und ausgelobt werden darf.

Da die große Auswahl der qualitativ unterschiedlichen angebotenen Beschichtungen und Dichtstoffe eine unübersichtliche Zahl von Kombinationen zuläßt, erscheint die uneingeschränkte Generalaussage, ein Dichtstoff sei anstrichverträglich, doch sehr fragwürdig. Zumindest im technischen Datenblatt müßte diese Aussage durch namentliche Angaben der überprüften Beschichtungen präzisiert werden.

Für die Auslobung „überstreichbar" wird die namentliche Angabe der Beschichtung, mit der die geforderten Prüfbelastungen bestanden wurden, in der Norm bereits vorgeschrieben. In Zukunft muß die Angabe also lauten:
überstreichbar mit.....(Name der Beschichtung), geprüft nach DIN 52 452 Teil 4.

Damit sollte eigentlich die immer noch vorhandene Unsicherheit über die Einstufung der beiden Begriffe endlich der Vergangenheit angehören.

Die DIN 52 452 Teil 4 klärt aber noch einen weiteren Streitpunkt: Die handwerkliche Ausführung und deren Beurteilung, sowohl die einer Verfugung wie auch die der Beschichtung. Danach ist es ein vom Verfuger zu verantwortender Ausführungsfehler, wenn durch Verunreinigung der angrenzenden Flächen mit Dichtstoff Verlaufstörungen, Haftablösungen o.ä. in der Beschichtung neben der Fugenoberfläche auftreten und mit Recht reklamiert werden.

Ebenso ist es eine Beanstandung vom Maler zu verantworten, wenn die fachgerecht angelegte Fugenabdichtung ganzflächig beschichtet, also überstrichen wurde, trotzdem der Dichtstoff in den technischen Angaben als anstrichverträglich bezeichnet wird. Für die ausführenden Handwerker bedeutet dies aber, daß sie sich über den Auftrag, die Vorarbeiten, das einsetzbare Material und die Ausführungsmöglichkeiten früh genug und vor allem ausreichend informieren müssen. Denn sie, ob Verfuger oder Maler, sind als Fachleute für ihr Fachgebiet immer die letzte Instanz in der Beurteilung eines Arbeitsauftrages. Dabei kann ihnen jetzt die genormte Festlegung der bisher strittigen Begriffe und die Prüfnorm helfen, wenn Auftraggeber Forderungen stellen, die nicht mehr dem Stand der Technik entsprechen.

8.0 Instandsetzung

Auch bei Abdichtungsarbeiten werden gelegentlich Fehler gemacht, spätere Einflüsse übersehen oder diese in ihrer Auswirkung falsch eingeschätzt, so daß nach einiger Zeit, dies kann Wochen, Monate oder sogar etliche Jahre bedeuten, eine Fugensanierung notwendig wird.

Dabei ergibt sich aber ein ganzer Fragenkomplex, der zuerst einmal geklärt werden muß, bevor mit der endgültigen Arbeit begonnen wird. Leider wird hierbei in den meisten Fällen bereits ein gravierender Fehler begangen, da alle Beteiligten nur die möglichst schnelle und vor allem mit wenig Aufwand verbundene Sanierung vor Augen haben.

Hierzu kann man nur einen Rat geben: So lange die Fehlerursache nicht eindeutig bekannt und geklärt ist, sollte man mit der neuen Arbeit nicht beginnen!

Daher müssen zuerst einmal folgende Fragen beantwortet werden:

– Welche Beanstandung liegt vor?
– Was ist die Ursache für diesen Fehler?
– falsche Arbeitsausführung?
– falsches oder fehlerhaftes Dichtungsmaterial?
– falsche Fugenkonstruktion?
– unterschätzte Belastung?
– unzureichende Angabe über Anforderungen?

Jede dieser Fragen beinhaltet bereits wieder eine Anzal von Unterfragen, die von Objekt zu Objekt, von Schaden zu Schaden verschieden ausfallen. Man muß also schon die Mühe machen, hier ins Detail zu gehen.

Erst wenn der Fragenkatalog vollständig beantwortet ist, kann man die richtige Entscheidung fällen. Man vermeidet mit dieser Vorgehensweise die Wiederholung der Ursache des bereits bestehenden Fehlers.

Für die Sanierung kommen verschiedene Arbeitsmethoden infrage, die sich aber an der Beantwortung des obigen Fragenkataloges orientieren.

8.1 Sanierung mit spritzbarem Dichtstoff

Diese Methode kann nur angewandt werden, wenn die Schadensursache in der Qualität des alten Dichtstoffes oder einem handwerklichen Fehler zu suchen ist. Die Fugenkonstruktion und mechanische Belastungen dürfen nicht der auslösende Faktor gewesen sein. Grundsätzlich sollte man, wenn ein Ausführungsfehler die Ursache ist, bei diesem Sanierungsverfahren versuchen, mit einem Material der gleichen Rohstoffbasis zu arbeiten. Dies wirft bereits genug Probleme auf, die nur noch gesteigert werden, wenn man auf ein anderes Dichtstoffsystem wechseln will. Davon kann nur abgeraten werden.

Wenn die Sanierung durch den Ausführenden der schadhaft gewordenen Abdichtung vorgenommen wird, ist festzustellen, ob der neue Dichtstoff dem alten in der Zusammensetzung entspricht. Dies wiederum kann nur der Dichtstoffhersteller beantworten. Er benötigt dazu entweder die Fabrikations-Nr. des alten Dichtstoffes, oder wenigstens das Datum der Belieferung. Bei gleicher Rezeptur bestehen grundsätzlich keine Bedenken einer Überarbeitung, evtl. ist dies aber nur unter Verwendung eines

entsprechenden Primers möglich.
Schwierig wird es, wenn die Qualität Fehlerursache oder die Rezeptur des alten Dichtstoffes nicht bekannt ist. Selbst wenn die Rohstoffbasis aus der Ausschreibung oder anderen Angaben bzw. einer Analyse erkennbar ist, dann wäre aber immer noch nicht klar, ob eine chemische Verträglichkeit zwischen dem vorhandenen und dem neuen Dichtstoff gegeben ist.
Beachtet werden muß:
Bei Dichtstoffen verschiedener Hersteller können trotz gleicher Rohstoffbasis unterschiedliche Weichmacher oder andere Zusätze eingesetzt worden sein, die eventuell zu negativen chemischen Wechselwirkungen führen. Es ist also äußerste Vorsicht geboten! Chemische Unverträglichkeit ist in den meisten Fällen ein Langzeiteffekt. Das heißt, die Auswirkung stellt sich am Objekt erst nach Wochen oder Monaten ein:
– Ablösungen im Bereich der Haftflächen zwischen dem neuen und dem alten Dichtstoff
– Klebrigkeit an der neuen Fugenoberfläche
– Verfärbungen im neuen Dichtstoff
– usw, usw

Sanierungen mit neuem, spritzbarem Dichtstoff sind also im Prinzip möglich, aber nur in Absprache mit dem Dichtstoffhersteller und nach dessen Anweisungen.

8.2 Sanierung mit zu klebenden Fugenbändern

Eine elegante und rationale Methode alte, beanstandete Fugen zu sanieren, besteht in der Verwendung von Fugenbändern. Dabei handelt es sich um zweikomponentige plastoelastische bis elastische Dichtstoffe, die in einem Fabrikationsprozeß zu vorprofilierten Bändern verschiedener Abmessungen verarbeitet werden.

Vor Ort werden diese Fugenbänder dann unter Verwendung des gleichen, aber noch spritzfähigen Ausgangsmaterials auf die als Haftfläche dienende Oberfläche der Fassade neben der zu sanierenden Fuge aufgeklebt.

Die Verwendung der Bänder bietet sich besonders in den Fällen an, in denen die Beanstandungen auf zu gering dimensionierte, also zu schmale Fugenkonstruktion zurückzuführen oder die Rezeptur des vorhandenen Dichtstoffes nicht eindeutig bekannt ist.

Aber auch bei dieser Art der Verarbeitung sollten zuerst einmal die oben angeführten Fragen beantwortet werden, damit sich nicht andere Ursachen für spätere erneute Fehler einschleichen und dann die Sanierung saniert werden muß.

Die Verarbeitung von Fugenbändern ist unter Beachtung der Verarbeitungsvorschriften des Herstellers nicht schwieriger als das Ausfüllen der Fuge mit spritzfähigem Dichtstoff.

Die Ausführung einer Abdichtung mit zu klebenden Fugenbändern gliedert sich im wesentlichen in folgende Arbeitsschritte:

– Der Untergrund, also die vorgesehene Haftfläche, muß trocken, fettfrei und in sich fest sein. Zementleim ist abzuschleifen, Eisenteile müssen entrostet werden.

– Die alte Fugenoberfläche wird mit einer Trennfolie abgedeckt um einen Kontakt mit dem alten Dichtstoff zu vermeiden.

– Die späteren Haftflächen für das Band werden mit dem vorgeschriebenen Primer vorbehandelt.

– Nach der Ablüftezeit für den Primer wird auf beiden Haftflächen der Kleber in Form einer Raupe von ca. 2 mm Dicke und ca. 15 mm Breite aufgespritzt.

– Nach dem Auftragen des Bandklebers wird das Fugenband vollflächig angelegt und per Hand oder mit der Rolle angedrückt.

– Der Bandkleber muß seitlich des Fugenbandes herausgequetscht werden. Der Überschuß wird an der Kante des Fugenbandes schräg angefast. Eventuell wird noch Kleber zusätzlich angespritzt.

– Fugenstöße sind mit frischem Dichtstoff in Form einer Fase zu verkleben. Kreuzpunkte von Fugenbändern müssen sauber anstoßen oder überlappen und sind anschließend mit dem spritzbaren Material zu verkleben.

8.3 Sanieren mit vorkomprimierten Bändern

Auch beim Einsatz dieser Möglichkeit ist es notwendig, zuerst die Schadensursache festzustellen, selbst wenn es sich um eine vorhandene Abdichtung mit vorkomprimiertem Band handeln sollte. Der Austausch bildet technisch keine Schwierigkeit, da man das alte Band bis auf die Klebefläche restlos entfernen und durch ein neues, der Fehlerursache entsprechend ausgewähltes ersetzen kann.

Sollte eine mit Dichtstoff ausgeführte Abdichtung erneuert werden, dann muß das alte Material herausgeschnitten werden. Eine nicht zu entfernende minimale Restschicht an den Fugenflanken kann vernachläßigt werden. Die Auswahl des Bandes richtet sich nach den

Tabelle 3 DIN EN - Normen Einführung nach Abschluß der Europa-Freigabe, Stand 01.1991

DIN EN Nr.	Thema	Ersatz für
27 390	Bestimmung des Standvermögens	DIN 52 454
28 340	Bestimmung der Zugfestigkeit unter Vorspannung	DIN 52 455/2
29 048	Bestimmung der Verarbeitbarkeit von Dichtstoffen mit genormtem Gerät	DIN 52 456
27 389	Bestimmung des Rückstellvermögens	DIN 52 458
26 927	Begriffe	Teile aus DIN 52 460
28 339	Bestimmung der Zugfestigkeit	neue Norm
28 394	Bestimmung der Verarbeitbarkeit von Einkomponentendichtstoffen	neue Norm
29 046	Bestimmung des Haft- und Dehnverhaltens bei konstanter Temperatur	neue Norm

vorhandenen konstruktiven Gegebenheiten.
Wenn diese Sanierungsmöglichkeit eingesetzt werden soll, dann ist zu beachten, daß sich vorkomprimierte Bänder optisch deutlicher absetzen als gespritzte Dichtstoffe, die in einer größeren Farbauswahl angeboten werden.

9.0 Ausblick auf den Binnenmarkt

Auch die Anforderungen an Dichtstoffe, Elastomer-Fugenbänder und komprimierte Schaumstoffbänder werden im Zuge der Harmonisierung auf Europa-Niveau gebracht.
Für die spritzbaren Dichtstoffe wurden in den vergangenen Jahren ISO-Normen erarbeitet, die mit nur geringen Änderungen mit unseren DIN-Normen identisch sind. Diese ISO-Normen werden jetzt auf dem Verwaltungsweg unverändert als Europa-Normen übernommen. Das dazu notwendige PQ-Verfahren wurde bereits in Brüssel abgeschlossen. Dies hat zur Folge, daß einige unserer heutigen in DIN 18 540 benutzten DIN-Prüfnormen durch DIN EN ersetzt werden. (sh. Tabelle 3)
Aufgrund der weitgehenden Übereinstimmung bedeutet diese Umstellung aber keine Abweichung von unseren bisherigen Beurteilungsmethoden.

Literatur und Bildmaterial:

E. Baust – Praxishandbuch Dichtstoffe, Industrieverband Dichtstoffe e.V. (IVD) (Hrsg.), Wiesbaden

Dehnfugenabdichtung bei Dächern

Dipl.-Ing. Reinhard Lamers, Architekt, Aachen

Mit dem Vortragsthema „Dehnfugenabdichtung bei Dächern" wurden Vorschläge aufgegriffen, die aus den Reihen der Teilnehmer der Aachener Bausachverständigentage als Hinweis auf Beurteilungsprobleme im Flachdachbereich geäußert wurden.

Schlaufenförmige Dehnfugenausbildungen bei Bitumenbahnen

Der Sachverständige, der heute ein Flachdach betritt, kann feststellen, daß Dehnfugenausbildungen immer häufiger nicht mehr dem Detail aus den noch gültigen Flachdachrichtlinien 1982 entsprechen. Dort werden zwei nicht miteinander verklebte Dichtungsbahnen schlaufenförmig über die Fuge hinweggeführt. Dabei kann es sich laut Zeichnung um zwei Bitumenbahnen handeln oder im Fugenbereich werden zwei Lagen hochpolymerer Dachbahnen schlaufenförmig eingefügt. In der Fläche bereitet die vorgesehene schlaufenförmige Ausbildung der Dachhaut keine Probleme, es ist aber eine geometrische Unmöglichkeit, eine solche aus Bitumenbahnen gebildete Schlaufe an der Abwinklung zu einer Attikaaufkantung auszuführen. Abb. 1 zeigt die Ausführung, die man als Sachverständiger meist vorfindet: Der Dachdecker hat die Schlaufe auslaufen lassen und die Dachhaut in der Kehle zur Aufkantung ohne Dehnschlaufe ausgeführt. Genausowenig ist es möglich, mit Abdichtungsbahnen den Kreuzungspunkt zweier schlaufenförmiger Dehnungsfugen auszubilden (Abb. 2) und selbst vorkonfektionierte Formteile z. B. aus Neoprenmaterial sind oft so ausgebildet, daß gerade am kritischen Kreuzungspunkt die Dehnungen nur über die Elastizität des Materials aufgenommen werden können. Dies ist der Fall, wenn die Scheitelpunkte der Schlaufen am Kreuzungspunkt in gerader Linie durchlaufen.

Ebene Fugenausbildung bei Bitumenbahnen

Solche Schwierigkeiten mit schlaufenförmigen Dehnungsfugen haben die Dachdecker immer mehr veranlaßt, die Bahnen über der Fuge eben zu verlegen, wie es dann auch in der zweiten Entwurfsfassung [4] der Flachdachrichtlinie in einer Detailskizze gezeigt wurde (siehe Abb. 3). Während noch in diesem Entwurf von 1989 (Rotdruck) sogar nur die ebene Ausbildung im Bild festgehalten ist, erscheint in der neuen Flachdachrichtlinie [1] auch ein Bild in Schlaufenausbildung mit zwei Lagen Bitumenbahnen. Für beide Fugentypen heißt es im Text der Flachdachrichtlinien: „Bei Dachabdichtungen aus Bitumenbahnen sind über Bewegungsfugen Polymerbitumenbahnen mit hoher Reißfestigkeit, hoher Flexibilität und Standfestigkeit zu verwenden." Das neue abc der Bitumen-Bahnen [5] ähnelt im übrigen im Text sehr stark den Flachdachrichtlinien, in den Zeichnungen sind aber nur schlaufenförmige Dehnfugen gezeigt.

Außer der eindeutigen Festlegung, daß Polymerbitumenbahnen zu verwenden sind, enthalten die Flachdachrichtlinien (und das abc der Bitumen-Bahnen) nur relative Festlegungen. Dadurch wird ein Sachverständiger oder der planende Architekt und der Handwerker vor große Schwierigkeiten gestellt, denn es wird keine Korrelation hergestellt zwischen zu erwartenden Fugenbewegungen und einer dann notwendigen Ausführung. Es ist also nicht festgelegt, bis zu welchen Grenzwerten der Bewegung die ebene Fugenausbildung als allgemein anerkannte Regel der Technik angesehen werden kann.

Bei der schlaufenförmigen Fugenausbildung mag eine genaue Zahlenwertfestlegung entbehrlich sein, da man an der Geometrie der Schlaufe die Bewegungen ablesen kann: Wenn z. B. nach der Schwindphase der Gebäudeteile immer noch eine Schlaufe vorhanden ist, läßt sich in etwa ablesen, ob für die nachfolgend zu erwartenden Temperaturbewegungen noch Reserven vorhanden sind. An der über der Fuge eben ausgeführten Abdichtung ist dies nicht zu erkennen. Hier wären Zahlenwerte zur Beurteilung erforderlich. Ein hilfesuchender Blick in die DIN 18195 „Bauwerksabdichtungen" hilft im

Abb. 1 Eine schlaufenförmige Dehnfuge läuft zum Rand hin aus und ist bereits überklebt.

Abb. 2 Kreuzungspunkt zweier schlaufenförmiger Dehnfugen mit Fehlstelle in der Verklebung.

übrigen nicht weiter. Die DIN 18195, die zwar nicht das Flachdach anspricht, aber wie die Flachdachrichtlinien für den Bereich von Dachterrassen Regeln aufstellt, nennt zwar Zahlenwerte für Fugenbewegungen, diese sind aber nur für den Fugentyp I angegeben. Der Fugentyp I ist dadurch gekennzeichnet, daß nur langsam ablaufende Bewegungen stattfinden. Fugen, bei denen sich tageszeitliche Temperaturbewegungen auswirken können, also z. B. bei Fugen über Erdreich, werden als Fugentyp II bezeichnet. Für diese Fugen sind aber die Festlegungen der Norm genauso vage wie die der Flachdachrichtlinien. Der Grund ist, daß die Verformungsmöglichkeiten von Bitumenbahnen in der Baupraxis nicht zu berechnen sind. Es existieren zwar verschiedene Rechenansätze, bei denen aber u.a. die Temperatur der Bitumenbahn und die Schnelligkeit der Fugenbewegung eingerechnet werden muß, und allein bei diesen beiden Parametern gibt es an ausgeführten Bauwerken unzählige Kombinationsmöglichkeiten.

Die Normenangaben zu Dehnungen, z. B. 40 % Dehnung bei einer Polyesterfaservliesbahn, sind demnach reine Laborwerte.

Zu Fugenüberdeckungen geeignete Bitumenbahnen

Laboruntersuchungen, Forschungsvorhaben und praktische Erfahrung geben aber doch Anhaltspunkte zur Beurteilung verschiedener Bahnenmaterialien [6]. Wichtig für die Eignung Fugen zu überdecken, ist das Ermüdungsverhalten der Bahnen. Ähnlich wie bei einem Blechstreifen, der durch ständiges Knicken irgendwann bricht, zeigen auch Dachbahnen bei sich wiederholenden Verformungen ein Ermüdungsverhalten. Die Rangfolge für das Ermüdungsverhalten von Bitumen ist: Polymerbitumen PYE, Basis SBS; Polymerbitumen PYP, Basis aPP; das Normalbitumen folgt mit weitem Abstand. Deshalb lassen die neuen Flachdachrichtlinien über Dehnungsfugen nur noch Polymerbitumenbahnen zu. Auch in der Fläche ist für die obere Lage sowieso nur noch Polymerbitumen zugelassen.

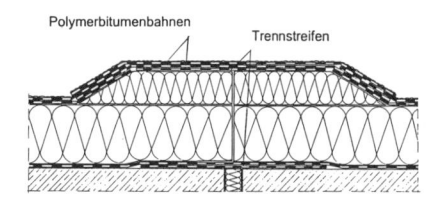

Abb. 3 Ebene Dehnfugenausbildung nach [1] bzw. [4].

Das PYE-Bitumen (E entspricht Elastomer) auf der Basis Styrol-Butadien-Styrol-Kautschuk und das PYP-Bitumen auf Basis ataktischen Polypropylens nenne ich als etwa gleichwertig, wobei bisher davon ausgegangen wird, daß das PYE-Bitumen wegen seiner besseren Elastizität bei tiefen Temperaturen in unserer Klimaregion etwas besser geeignet ist als das PYP. Dieses hat Qualitäten bei heißer Witterung, so daß es z. B. in Italien einen hohen Marktanteil einnimmt.

Für das Ermüdungsverhalten der Einlagen kann man folgende Rangfolge nennen: Polyesterfaservlies (PV), Jutegewebe, Glasgewebe (G); Glasvlies folgt mit weitem Abstand. Da die Jutegewebeeinlage in den neuen Flachdachrichtlinien ganz entfallen ist, kommen als Einlage also Polyesterfaservlies und Glasgewebe in Frage. Im übrigen ist nach den neuen Flachdachrichtlinien Glasvlies selbst in der Fläche nurmehr als zusätzliche Lage, das heißt z. B. als dritte Lage von oben zugelassen.

Überlappende Stöße

Versuche zeigen, daß bei Zugbeanspruchungen die Bitumenbahnen nie in ihrem Querschnitt reißen, sondern daß sich die überlappend geklebten Stöße in den Klebeflächen wieder lösen oder daß ausgehend von einem Stoß Deckbitumen und Einlage einer Bahn sich auseinanderschälen. Wie bei jedem Haftverbundsystem treten an Unstetigkeitsstellen, wie sie ein überlappender Stoß darstellt, Scherkräfte auf, die zu einem Auseinanderschälen führen können. In der Theorie ist es also falsch, daß die Flachdachrichtlinien bei der Skizze zu ebener Fugenüberdeckung direkt neben der Kante des Trennstreifens, also dort, wo die Zugkräfte wirksam werden, Stoßverklebungen vorsieht. Der Handwerker ist es zwar gewohnt, Bahnen im Fugenbereich parallel zur Fuge zu verlegen; aber auch wenn die Skizze in den Flachdachrichtlinien den Vorteil der besseren handwerklichen Ausführung für sich haben mag und den der preiswerteren, da nur im Bereich der Fuge zwei Lagen Polymerbitumenbahn erforderlich sind, empfehle ich doch, zwei Lagen Polymerbitumenbahnen senkrecht zur Fuge zu verlegen und die notwendigen Stöße in deutlichem Abstand von der Fuge anzulegen.

Schadensbeispiel Schälbruch

Die Flachdachrichtlinien von 1982 ließen bereits eine waagerechte Dehnfugenausbildung zu, legten aber dabei fest, daß durch Anordnung von Trennstreifen und Auswahl eines dehnfähigen Werkstoffes eine ausreichende Dehnfähigkeit sicherzustellen sei.

Dies wurde zur damaligen Zeit so interpretiert, daß man in der Fuge eine Kunststoffbahn einlegen müsse, die dehnfähig und elastisch ist. Solche Konstruktionen, in der Vergangenheit sehr häufig ausgeführt, haben sich aber offensichtlich nicht bewährt. Wir hatten eine entsprechende Fuge zu beurteilen, bei der die im Fugenbereich eingefügte hochpolymere Dachbahn keine Ermüdungserscheinung zeigte. Wir fanden aber sehr weite Bereiche, in denen sich die Bitumenbahn von der Kunststoffbahn gelöst hatte (Abb. 4). Die Frage an den Sachverständigen war, ob der Handwerker schon ursprünglich nicht verklebt hatte oder ob sich die Verklebung durch hohe Zugkräfte, ähnlich wie bei einem Schälbruch, gelöst hatte. Glücklicherweise fanden wir Fugen vor, bei denen ca. ein halbes Jahr nach Fertigstellung vorsorglich eine zusätzliche Bahn schlaufenförmig über der Dehnungsfuge aufgeklebt worden war, weil man offensichtlich durch die bis dahin abgelaufenen Schwindverformungen erschreckt gewesen war. Auch unter dieser Schlaufe waren inzwischen Bitumen- und Kunststoffbahn auseinandergeschält, die Flächen waren aber nicht verschmutzt, so daß man davon ausgehen konnte, daß die Auftrennung erst nach der Verklebung der zusätzlichen Schlaufe entstanden war. Es waren von ursprünglich 20 cm Breite der Klebefläche nur noch 4 cm verklebt.

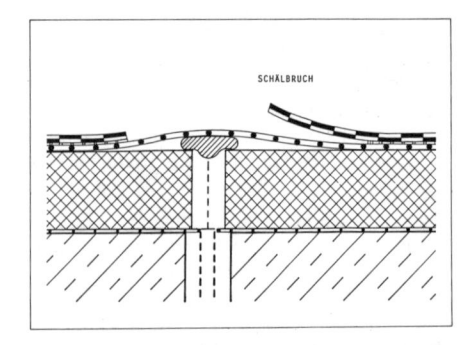

Abb. 4 Schadensbeispiel eines „Schälbruches" in der Verklebung zwischen Bitumendachbahnen und eines im Bereich der Fuge angefügten Streifens einer Kunststoffbahn.

Im Normalfall kann der Sachverständige oder der Handwerker nicht erkennen, ob eine Stoßverklebung kurz vor einem „Schälbruch" steht oder nicht. Richtigerweise fordern die Flachdachrichtlinien [1] daher bei großen zu erwartenden Bewegungen Flanschkonstruktionen. Es heißt dort: „Bei großen Dehnungs-, Setzungs- oder Scherbewegungen, z. B. in Bergsenkungsgebieten, sind Dehnungsfugen als Flanschkonstruktionen mit Dehnungsbändern aus elastomeren Werkstoffen zweckmäßig."

Dehnungsfugen bei Kunststoffbahnen

Für die hochpolymeren Dachbahnen, die in den neuen Flachdachrichtlinien vereinfacht als Kunststoffbahnen angesprochen werden, zeigen die Flachdachrichtlinien zwei Skizzen mit ebener Verlegung der Kunststoffdachbahn. Beide Skizzen gelten jeweils für lose Verlegung mit Auflast. Die Fugenausbildung ohne Schlaufe, ja sogar ohne Herausheben aus der Entwässerungsebene ist hier Stand der Technik, wobei die Regelwerke keine höchstzulässigen Dehnungen nennen. Viele Bahnenhersteller geben aber für von ihnen empfohlene Konstruktionen Zahlenwerte an. Für verklebte Hochpolymerdachbahnen gelten im Grunde die gleichen Empfehlungen wie für Bitumenbahnen.

Anordnung der Fugen

„Bewegungsfugen", so die Formulierung der Flachdachrichtlinien, „sollen nicht unmittelbar im Bereich von Wandanschlüssen angeordnet werden und dürfen insbesondere nicht durch Ecken von Wandanschlüssen oder Randaufkantungen verlaufen. Ist dies unvermeidbar, so sind geeignete konstruktive Maßnahmen, z. B. Hilfskonstruktionen notwendig. . ."

Während in den Flachdachrichtlinien kein Mindestabstand zur Kehle festgelegt ist, macht die DIN 18195, Teil 8, „Abdichtungen über Bewegungsfugen" den Abstand von der halben Breite der Verstärkungsstreifen zuzüglich der erforderlichen Anschlußbreite für die Flächenabdichtung abhängig. Da die Verstärkung nach DIN 18195 entweder 30 oder 50 cm breit auszuführen ist, muß der Mindestabstand zwischen Kehle und Fuge etwa 30 cm betragen, besser 50 cm [7]. Beim Einsatz von Trennstreifen sind im Flachdachbereich ähnliche Mindestabstände anzusetzen. Soll die Dehnungsfuge schlaufenförmig ausgebildet werden, läßt ein Abrücken der Dehnungsfuge von der Kehle einen schmalen Streifen entstehen, der nicht über die Fuge entwässert werden kann. Die dann aber für diesen Streifen erforderlichen Entwässerungsabläufe machen eine solche Fugenanordnung oft unmöglich, denn die Abläufe müssen nach den Flachdachrichtlinien „in der Regel einen Abstand von mindestens 50 cm von Dachaufbauten, Fugen oder anderen Durchdringungen der Dachabdichtung haben. . ." Eine ebene Fugenausbildung ohne Schlaufen ist in 30–50 cm Abstand zur Kehle möglich, wenn mit dem Fugenbereich auch die gesamte Fläche bis zur angrenzenden Kehle aus der wasserführenden Ebene herausgehoben wird und dann in einer gewissen Abweichung von der Flachdachrichtlinie toleriert wird, daß der schmale Bereich vor der Kehle über die Dehnungsfuge hinweg entwässert wird.

Nach dem oben Gesagten ist es demnach häufig zweckmäßig, Dehnungsfugen doch in den Kehlen anzuordnen und auf die sog. Hilfskonstruktion zurückzugreifen (Abb. 5). Als Rücklage für die Abdichtung sind verzinkte Bleche, Mindestdicke der Bleche 1,2 mm, Bohlenkonstruktionen oder schmale Beton- oder Mauerwerksaufkantungen üblich. Die Lage der Fuge ist frühzeitig in der Planung festzulegen, da Hilfskonstruktionen und Fassadenfußpunkte etc. aufeinander abgestimmt werden müssen.

Eine schlaufenförmige Ausbildung der normalen Abdichtungsbahn in der Kehle kann nicht als Dehnungsfuge akzeptiert werden. Ein vor-

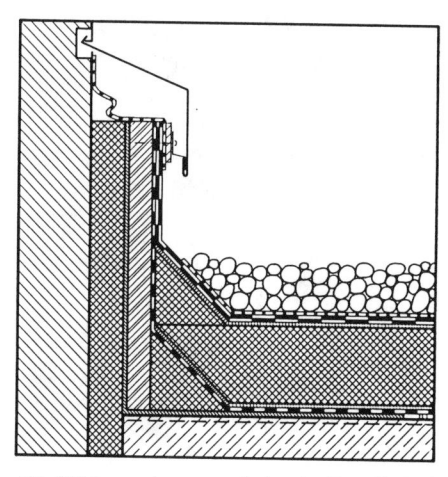

Abb. 5 Dehnungsfuge am aufgehenden Bauteil mittels Hilfskonstruktion [8].

konfektioniertes schlaufenförmiges Elastomerelement, z. B. in Form eines Wellfugenbandes, kann meines Erachtens aber über der Dehnungsfuge in einer Kehle angeordnet werden. Elemente für Verschneidungen, Abknickungen, Rohrduchführungen innerhalb der Dehnungsfuge werden vorkonfektioniert angeliefert (Abb. 6). Auf der Baustelle sollten nur einfache Stoßverschweißungen ausgeführt werden. Die Höchstdehnwerte, die von den Herstellern für die Elastomerfugenbänder genannt werden, dürfen in der Regel nur dann ausgenutzt werden, wenn die Bänder mit Los- und Festflanschkonstruktionen angeschlossen sind. Bei Verklebungen mit der Abdichtung dürfen die Dehnwerte nur zum Teil ausgenutzt werden, da sonst die Kräfte auf die Klebefuge zu groß würden.

Von manchem Hersteller werden Schnittzeichnungen einer Fuge gezeigt, bei denen unter dem eigentlichen Fugenband noch eine zweite Lage eines Elastomerbandes angeordnet ist. Für dieses untere Band gibt es dann aber keine eigenen Formstücke für Ecken, Kreuzungspunkte etc., so daß eine durchgängig untere Lage nicht möglich ist. Für den Abdichtungsbereich bezeichnen Klawa/Haack [7] eine einlagige Ausführung von Fugenbändern als zulässig, wenn die Materialstärke $\geq$ 3 mm ist.

Für große Dehnungen sind, wie schon oben gesagt, zum einen die Elastomerfugenbänder, zum anderen aber auch „Fugen mit Hilfskonstruktionen" (Abb. 7) geeignet. Solche Hilfskonstruktionen können dabei zusätzlich so ausgebildet werden, daß sie einen Brandabschnitt bilden.

Zusammenfassung

In diesem Vortrag konnte ich einige Dehnfugenkonstruktionen für das Flachdach zeigen, die unstreitig als allgemein anerkannte Regel der Technik angesehen werden können. Darüber hinaus dürfen meines Erachtens Dehnfugenprofile in Form hochwertiger Elastomerprofile gemäß den allgemein anerkannten Regeln der Technik in Kehlen angeordnet werden, wenn

Abb. 6 Formteile eines Wellfugenbandes aus Synthesekautschuk; hier Beispiel des Fabrikats Migua.

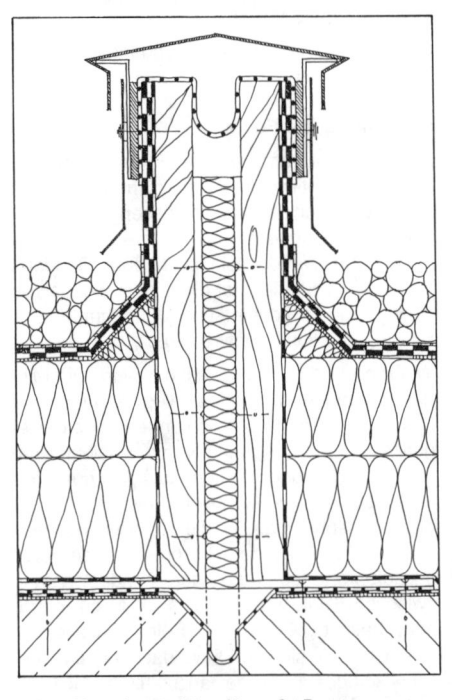

Abb. 7 Fugenkonstruktion für große Bewegungen.

alle komplizierten Stöße vorkonfektioniert werden. Die Flachdachrichtlinien zeigen diese Möglichkeit nicht ausdrücklich auf.

Eine Dehnungsfuge mit Bitumenbahnen, die nicht mehr schlaufenförmig ausgebildet werden, wird in den Flachdachrichtlinien ausdrücklich dargestellt. Hier bleibt aber die Schwierigkeit, daß im Regelwerk nicht festgelegt wurde, bis zu welchen Grenzen diese Konstruktion als den allgemein anerkannten Regeln der Technik entsprechend gelten kann. Auf den Baustellen sieht man aber, daß die Handwerker diese ebene Fuge bereits häufig ausführen. Vielfach wird sogar über die Fuge hinweg entwässert. Auch wir haben solche Fugen bereits ausführen lassen. Bei einem Gefälle von 3 % erschien es uns sinnvoll, über die Fugen hinweg zu entwässern, statt die Fugen hochzulegen und damit Flächenzuschnitte zwischen den Fugen zu erhalten, die kaum ordnungsgemäß mit Gefälle zu versehen waren. Ich bin überzeugt, daß wir in Zukunft genügend Erfahrung mit solchen neuartigen Fugenausbildungen haben werden, so daß sich ebene Fuge, nicht aus der Entwässerungsebene herausgehoben, bei geringen Fugenbreiten zur Standardlösung entwickeln werden. Auch die Grenzwerte für die zulässige Fugenbewegung werden sich wie die Zahlenwerte, die die DIN 18195 für Fugen des Typ I nennt, durch Erfahrung entwickeln.

Voraussetzung, daß sich eine neue Konstruktion durchsetzen kann, ist, daß Sie als Sachverständige nicht von vornherein jede Konstruktion verdammen, die in den Flachdachrichtlinien nicht ausdrücklich zeichnerisch dargestellt ist. Es wird bei der Beurteilung von Dehnungsfugen auf den Sachverstand des Sachverständigen ankommen: Er muß in jedem Einzelfall seine Beurteilung treffen und nicht pauschal Konstruktionen ablehnen oder favorisieren. Der gemeinsame EG-Binnenmarkt wird Verunsicherung und Aufweichung bei den Regelwerken bringen, um so mehr wird es auf solche differenzierten Beurteilungen der Sachverständigen ankommen.

Literaturhinweise:

[1] Richtlinien für die Planung und Ausführung von Dächern mit Abdichtungen – Flachdachrichtlinien. Herausgeber: Zentralverband des Deutschen Dachdeckerhandwerks und Hauptverband der Deutschen Bauindustrie e.V., Ausgabe Mai 1991, Verlag Rudolf Müller, Köln.

[2] Richtlinien für die Planung und Ausführung von Dächern mit Abdichtungen – Flachdachrichtlinien; Ausgabe Januar 1982, Helmut Gros Fachverlag, Berlin.

[3] Flachdachrichtlinien, Entwurfsausgabe April 1987 (Gelbdruck).

[4] Flachdachrichtlinien, 2. Entwurfsausgabe Mai 1989 (Rotdruck).

[5] abc der Bitumen-Bahnen, Technische Regeln; Herausgeber: vdd Industrieverband Bitumen – Dach- und Dichtungsbahnen e.V., Frankfurt/Main, März 1991.

[6] Braun, Eberhard: Bitumen – anwendungsbezogene Baustoffkunde; Verlag Rudolf Müller, Köln, 1987.

[7] Klawa, Norbert; Haack, Alfred: Tiefbaufugen: Fugen und Fugenkonstruktionen im Beton- und Stahlbetonbau; Ernst & Sohn Verlag, Berlin, 1990

[8] Schild, E.; Oswald, R.; Rogier, D.; Schnapauff, V.; Schweikert, H.; Lamers, R.: Schwachstellen Band I – Flachdächer, Dachterrassen, Balkone; 4. Auflage, Bauverlag Wiesbaden und Berlin, 1987.

Auswirkungen von Fugen und Fehlstellen in Dampfsperren und Wärmedämmschichten

Gerd Hauser und Anton Maas*), Universität Kassel

1. Einleitung

Dampfsperren und Wärmedämmschichten sind bei vielen Außenbauteilen zur Erfüllung deren feuchte- und wärmeschutztechnischer Funktionen notwendig. Bei der Bemessung des Feuchte- bzw. Wärmeschutzes wird dabei in der Regel davon ausgegangen, daß diese Elemente ohne Fugen und Fehlstellen eingebracht werden. Wie die Ausführungen der Praxis zeigen, ist diese Annahme meist unzutreffend. Ausführungsmängel bzw. Planungen, die eine ordnungsgemäße Einbringung von Dampfsperren und Wärmedämmschichten unter baupraktischen Gegebenheiten nicht zulassen, sind häufig vorzufinden. Geplantes und Ausgeführtes klaffen oftmals weit auseinander.

Bei Fugen und Fehlstellen in Wärmedämmschichten erfolgt eine Erhöhung der Transmissionswärmeverluste bzw. Verluste, die durch konvektiven Wärmetransport durch ein undichtes Bauteil entstehen. Des weiteren treten lokal niedrige raumseitige Oberflächentemperaturen auf, die unter Umständen Schimmelpilzbildung zur Folge haben. Aufgrund von Fugen und Fehlstellen in Dampfsperren kann durch Diffusion bzw. Konvektion ein erhöhter Feuchtetransport in ein Bauteil stattfinden und damit die zulässige Tauwasserbildung überschritten werden.

Im folgenden werden Fugen und Fehlstellen in Wärmedämmschichten und Dampfsperren anhand von Beispielen betrachtet und deren Auswirkungen quantitativ aufgezeigt.

2. Thermische Auswirkungen

Thermische Auswirkungen ergeben sich hinsichtlich der Transmissions- und Lüftungswärmeverluste.

*) Dr.-Ing. Gerd Hauser ist Universitätsprofessor und Dipl.-Ing. Anton Maas Wissenschaftlicher Mitarbeiter im Fachgebiet Bauphysik der Universität Kassel.

2.1 Transmissionswärmeverluste

Fehlstellen in Wärmedämmschichten wirken wie Wärmebrücken, durch die einerseits zusätzliche Wärmeverluste und andererseits tiefe raumseitige Oberflächentemperaturen hervorgerufen werden. Die Kennzeichnung zusätzlicher Wärmeverluste erfolgt durch einen Wärmebrückenverlustkoeffizienten WBV, welcher die Wärmeverluste pro laufendem Meter und 1K Temperaturdifferenz darstellt [1]. Die raumseitigen Oberflächentemperaturen von Außenbauteilen sind zur Einschätzung der thermischen Behaglichkeit sowie insbesondere der Gefahr der Tauwasser- oder gar Schimmelpilzbildung von Bedeutung. Sie werden durch ein dimensionsloses Temperaturdifferenzverhältnis gemäß folgender Definition beschrieben

$$\theta = \frac{\vartheta_{Oi} - \vartheta_{La}}{\vartheta_{Li} - \vartheta_{La}} \qquad (1)$$

mit ϑ_{Oi} = innere Oberflächentemperatur in °C
ϑ_{Li} = Raumlufttemperatur in °C
ϑ_{La} = Außenlufttemperatur in °C

Die Auswirkungen einer Fehlstelle in einer Dämmschicht sind in Abb. 1 für unterschiedliche Konstruktionen dargestellt. Es handelt sich um ein Bauteil mit einer Unterkonstruktion in vier Varianten (Gasbeton, Stahlbeton, Spanplatte und Stahlblech), einer Dämmstoffschicht von 80 mm Dicke und einer „Außenhaut". Die Konstruktion ist einmal mit und einmal ohne Hinterlüftung ausgeführt, wobei unterschiedliche Wärmeübergangskoeffizienten angesetzt werden. In Abb. 1 sind für die unterschiedlichen Konstruktionen die Wärmebrückenverlustkoeffizienten (WBV-Werte) und in Abb. 2 die minimalen Oberflächentemperaturen in Abhängigkeit von der Breite des Spaltes im Dämmstoff aufgetragen. Die Spaltbreite ist im Bereich von 0 bis 20 mm variiert. Die Wärmeübertragung im Hohlraum wird mittels äquivalenter Wärmeleitfähigkeiten gem. [2] beschrieben. Die berechneten WBV-Werte zeigen in Abhängigkeit von der Unterkonstruktion den erwarteten Verlauf

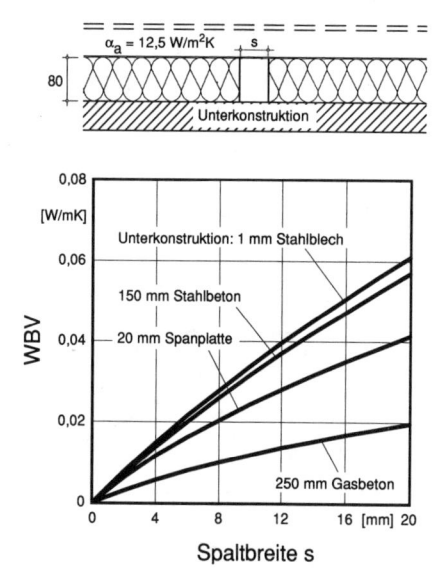

Abb.1 Abhängigkeit des Wärmebrückenverlustkoeffizienten von der Spaltbreite und der Unterkonstruktion unterschiedlicher, belüfteter und nichtbelüfteter Konstruktionen. Die hier und bei den folgenden Bildern zugrunde gelegten Stoffwerte entsprechen DIN 4108 [2].

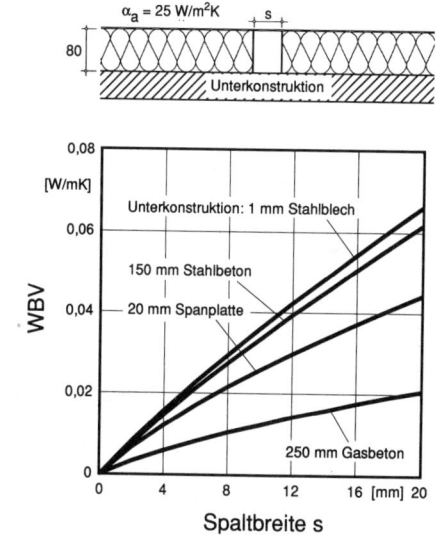

Dämmstoff:	0,04 W/(mK)
Gasbeton:	0,21 W/(mK)
Gipskartonplatte:	0,21 W/(mK)
Stahlbeton:	2,10 W/(mK)
Spanplatte, Holz:	0,13 W/(mK)
Stahlblech:	60,00 W/(mK)

und betragen bei den größten betrachteten Spaltbreiten von 20 mm zwischen etwa 0,02 W/(mK) für den Gasbeton und etwa 0,066 W/(mK) für das Stahlblech. Die unterschiedlichen äußeren Wärmeübergangskoeffizienten zeigen nur eine geringe Auswirkung auf den WBV-Wert. Der WBV-Wert von 0,066 W/(mK) bei der Stahlblechunterkonstruktion entspricht bei einem k-Wert des nichtbelüfteten Bauteils von 0,46 W/(m^{2}K) einer Erhöhung des mittleren Wärmedurchgangskoeffizienten um 0,13 W/(m^{2}K), falls bei einer Dämmstoffbreite von 50 cm jeweils an den Längsseiten 2 cm breite Fugen vorhanden sind.

Wie schon die relativ kleinen WBV-Werte erwarten lassen, treten auch relativ geringe Oberflächentemperaturabsenkungen auf. Bei −10 °C Außenlufttemperatur und 20 °C Raumlufttemperatur beträgt für die Unterkonstruktion „Spanplatte" die tiefste raumseitige Oberflächentemperatur 17,6 °C ohne Spalt bzw. 14,4 °C bei 20 mm breitem Spalt. (Die Wärmeleitfähigkeit der Spanplatte ist richtungsunabhängig mit 0,13 W/(mK) festgelegt.)

Fehlstellen o.g. Typs können z.B. bei Sparren- bzw. Pfettendächern auftreten, wobei sich zwei Wärmebrückenwirkungen überlagern. Bei Zugrundelegung eines Aufbaus wie er in Abb. 3 dargestellt ist, bestehend aus einer Gipskartonplatte, einer inneren Dampfsperre, einem Sparrenfeld mit Zwischendämmung, einer Unterspannbahn, einer Lattung und einer Dacheindeckung, ergeben sich die ebenfalls in Abb. 3 wiedergegebenen WBV- bzw. θ-Werte. Die Dämmstoffdicke beträgt dabei 60 mm oder 160 mm. (Bei völligem Füllen des Sparrenzwischenraumes ist eine Konterlattung erforderlich!) Die Spaltbreite wird wieder zwischen 0 und 20 mm variiert. In der Auftragung des WBV-Wertes über der Spaltbreite ist dargestellt, daß der Wärmebrückeneffekt in zwei Anteile aufgeteilt werden kann. Zum einen die Wirkung des Sparrens allein und zum anderen die Wirkung des Sparrens in Kombination mit dem Spalt. Erkennbar ist, daß der WBV-Wert von der Dämmstoffdicke nur geringfügig beeinflußt wird. Betrachtet man den Fall, daß zwischen dem Sparren und dem Dämmstoff ein Spalt von 20 mm vorhanden ist, verschlechtert sich auch

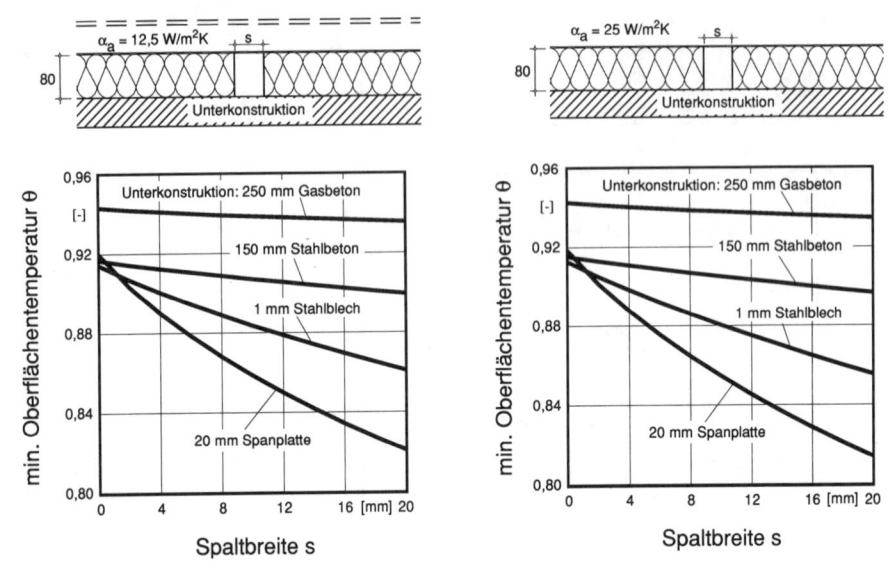

Abb. 2 Abhängigkeit der minimalen Oberflächentemperatur von der Spaltbreite und der Unterkonstruktion unterschiedlicher belüfteter und nichtbelüfteter Konstruktionen.
Zugrunde gelegte Daten: Wie Abb. 1.

hier der k_m-Wert bei z. B. 80 cm Sparrenabstand nahezu unabhängig von der Dämmstoffdicke um 0,13 W/(m²K).

Die tiefste raumseitige Oberflächentemperatur wird von der Dämmstoffdicke stark beeinflußt und beträgt bei einer Dämmstoffdicke von 6 cm und den o.g. Randbedingungen 14,6 °C ohne Spalt bzw. 9,8 °C bei 20 mm breitem Spalt.

In den beiden betrachteten Beispielen ist bei der Berechnung des Wärmebrückenverlustkoeffizienten und der minimalen Oberflächentemperatur in dem Bereich des Spaltes, bzw. des Gefaches eine stehende Luftschicht berücksichtigt. Dieser Ansatz kann sicherlich nicht gelten, wenn in dem ersten Beispiel die „Außenhaut" nicht vorhanden ist, bzw. in dem anderen Beispiel das Dach belüftet ist. Abb. 4 zeigt schematisch eine belüftete Konstruktion, die mit der Variante „Stahlblech-Unterkonstruktion" aus Abb. 1 verglichen werden kann. Die „Außenhaut" fehlt hier und eine Durchströmung des Spaltes ist zu erwarten. Für die Berechnung des Wärmeübergangs an den Spaltbegrenzungen ist die Kenntnis des Wärmeübergangskoeffizienten in diesem Bereich, hier mit α_F gekennzeichnet, erforderlich. Der Wärmeübergangskoeffizient ist allgemein abhängig von der Strömungsgeschwindigkeit, von der Temperaturdifferenz, von den geometrischen Abmessungen, von den Stoffwerten und den Kontaktzeiten [3,4]. Zahlenwerte für dieses Problem sind aus der Literatur nicht bekannt. Der Strahlungsanteil des Wärmeübergangskoeffizienten im Spalt ist aufgrund der kleinen Temperaturdifferenzen gering. Von maßgeblicher Bedeutung ist der konvektive Anteil, der wiederum hauptsächlich von der Strömungsgeschwindigkeit und der Geometrie des Spaltes abhängig ist. Praktisch auftretende Werte müssen durch Messungen bestimmt werden. Für die Berechnung des WBV-Wertes und der minimalen Oberflächentemperatur werden im Spalt Wärmeübergangskoeffizienten im Bereich von 0 bis 12,5 W/(m²K) angesetzt, um den Effekt prinzipiell aufzeigen zu können.

Bei einer Spaltbreite von 2 mm ergeben sich für den Wärmebrückenverlustkoeffizienten Werte, die bis zu einem Faktor 15 höher liegen als dies unter der Berücksichtigung einer stehenden Luftschicht der Fall ist. Bei der Spaltbreite von 20 mm beträgt dieser Faktor 4,4. Der Einfluß der Spaltbreite auf den WBV-Wert ist geringer als bei reiner Wärmeleitung (Abb. 1). Dies ist darauf zurückzuführen, daß bei den gewählten Spaltbreiten für die Wärmeübertragung die deutlich größeren seitlichen Flächen der Spalt-

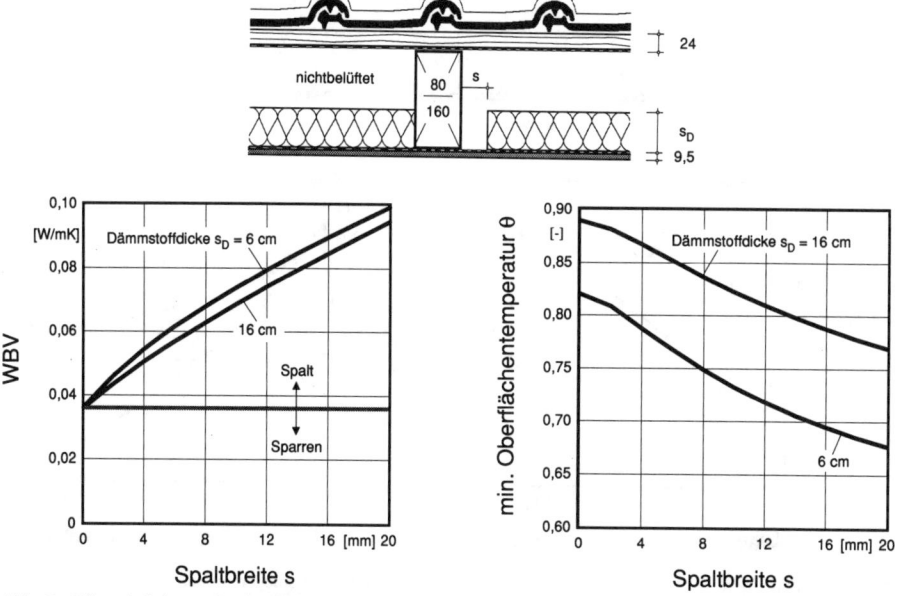

Abb. 3 Wärmebrückenverlustkoeffizient und minimale Oberflächentemperatur in Abhängigkeit von der Spaltbreite und der Dämmstoffdicke in einem Sparrenfeld.
Zugrunde gelegte Daten: Wie Abb. 1.

begrenzung durch den Dämmstoff maßgeblich sind.

Die minimale Oberflächentemperatur wird deutlich herabgesetzt und sinkt bei einer Spaltbreite von 20 mm um 0,2. Dies entspricht bei den zuvor genannten Randbedingungen einer Absenkung von 6 K.

2.2 Lüftungswärmeverluste

Führen Fugen bzw. Fehlstellen in der Wärmedämmschicht zu Undichtigkeiten, durch welche Luft durch eine Konstruktion strömen kann, stellen sich Lüftungswärmeverluste (infolge Infiltration) ein. Typische Beispiele sind belüftete Dachkonstruktionen, welche innenseitig mit Holzprofilbrettern, die keine Dichtigkeit gewährleisten, verkleidet sind und die Luftdichtigkeit durch eine Folie nicht ausreichend sichergestellt ist. Häufig treten auch Undichtigkeiten bei belüfteten Hallendächern auf, bei denen die Unterkonstruktion aus einer abgehängten Kassetten- oder Rasterdecke oder aus Blechprofilen besteht. Hier muß ebenfalls durch eine Folie oder durch Dichtungsbänder die Luftdichtigkeit der Konstruktion gewährleistet sein. Luft kann durch vorhandene Spalte in eine Konstruktion strömen, wenn zwischen dem Gebäudeinneren und einem belüfteten Zwischenraum oder dem Äußeren des Gebäudes eine Druckdifferenz vorhanden ist.

Druckdifferenzen können durch Windeinwirkung, durch thermischen Auftrieb im Gebäude oder durch Lüftungsanlagen entstehen. Die Abschätzung der Größenordnung der Druckdifferenzen gestaltet sich schwierig, da sich die genannten Effekte überlagern können. Prüfungen der Dichtigkeit von Gebäuden werden meist bei einer Druckdifferenz von 50 Pa durchgeführt [5, 6]. Dieser Wert ist für durchschnittlich auftretende Verhältnisse sicherlich zu hoch, so daß hier Druckdifferenzen bis zu 10 Pa Berücksichtigung finden.

Zur Verdeutlichung der prinzipiellen Auswirkungen sind in Abb. 5 schematisch Bauteile mit einer Spalttiefe von 10 mm. 100 mm dargestellt. Die spezifischen Lüftungswärmeverluste in W/(mK) sind in Abhängigkeit von der Spaltbreite s = 0 bis 2 mm und der wirksamen Druckdifferenz im Bereich von 1 bis 10 Pa aufgetragen. Die Berechnung des Luftvolumenstroms erfolgt gem. [7]. Es sei darauf hingewiesen, daß hier nur die Konvektion durch Spalte und nicht die Konvektion innerhalb eines Dämmstoffes, vergl. [8], betrachtet wird.

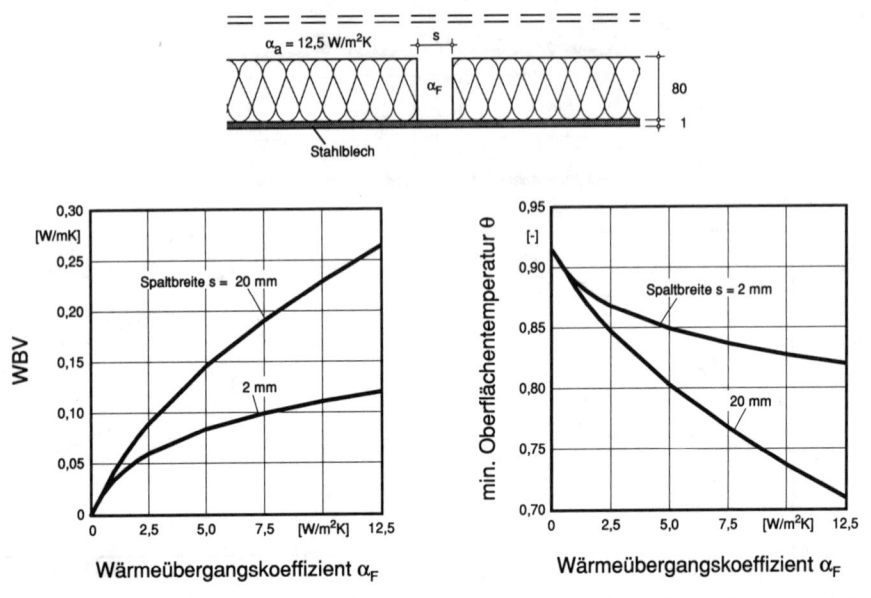

Abb. 4 Einfluß des Wärmeübergangskoeffizienten α_F auf den Wärmebrückenverlustkoeffizienten und die minimale Oberflächentemperatur bei unterschiedlicher Spaltbreite.
Zugrunde gelegte Daten: Wie Abb. 1.

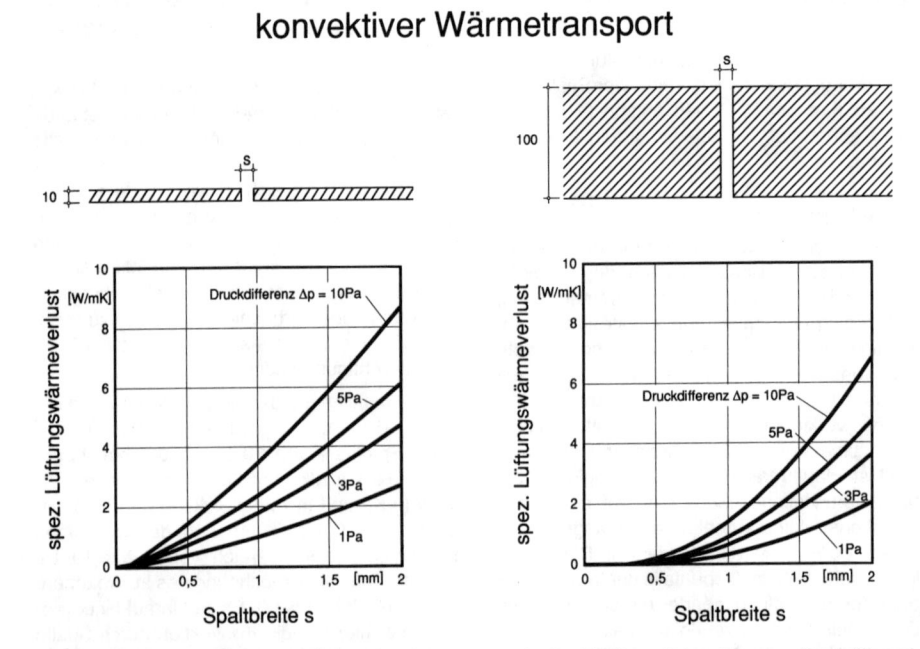

konvektiver Wärmetransport

Abb. 5 Abhängigkeit der spez. Lüftungswärmeverluste von der Spaltbreite und der wirksamen Druckdifferenz bei unterschiedlichen Bauteildicken.

Vergleicht man die Lüftungswärmeverluste mit den zuvor aufgezeigten Wärmebrückenverlustkoeffizienten, welche die gleiche Einheit haben, so zeigt sich, daß je nach betrachteter Konstruktion die Verluste bis zu 2 Zehnerpotenzen höher liegen können. Für den k_m-Wert bedeutet dies bei einem 100 mm dicken Bauteil von 1 m Breite, das eine Fuge mit einer Breite von 2 mm aufweist, und unter Zugrundelegung einer Druckdifferenz von 10 Pa eine k-Wert-Erhöhung von 7 W/(m²K).

3. Hygrische Auswirkungen

Der Feuchtetransport vom Gebäudeinneren durch bzw. in ein Bauteil erfolgt im wesentlichen durch Diffusion und/oder Konvektion. Dabei kann es zu Tauwasserbildung kommen. Dies ist unschädlich, wenn durch die Erhöhung des Feuchtegehaltes des Baustoffes der Wärmeschutz und die Standsicherheit des Bauteils nicht gefährdet werden [2]. Einflüsse von Fugen und Fehlstellen werden im folgenden nach den unterschiedlichen Transportmechanismen beschrieben.

3.1 Wasserdampfdiffusion

Die Wasserdampfdiffusion in ein Bauteil kann durch den Einsatz einer Schicht mit hohem Diffusionswiderstand gemindert werden. Fugen und Fehlstellen in Dampfsperren bewirken zwei- bzw. dreidimensionale Feuchttransportvorgänge, vgl. [9]. Ein typisches Beispiel hierfür ist in Abb. 6 dargestellt. Eine Außenwand mit 25 mm Außenputz, 300 mm Mauerstein und 15 mm Innenputz wird zur dringend erforderlichen Verbesserung des Wärmeschutzes auf der Innenseite mit einer 60 mm starken Mineralfaserdämmung versehen. Zwischen der innenseitig angebrachten Gipskartonplatte mit einer Dicke von 9,5 mm und dem Dämmstoff ist eine Dampfsperre angeordnet. Das Diagramm zeigt, daß für eine funktionstüchtige Dampfsperre – also ohne das Vorhandensein einer Fehlstelle – die äquivalente Luftschichtdicke s_d (s_d-Wert) 10 m betragen muß, damit eine Tauwasserbildung im Bauteil gerade vermieden wird. Ist eine Fehlstelle in der Dampfsperre vorhanden, so muß entsprechend dem Kurvenverlauf die äquivalente Luftschichtdicke größer sein um Tauwasserfreiheit zu gewährleisten. Die Berechnung der s_d-Werte erfolgt nach den Randbedingungen in DIN 4108. Die so erhaltenen Ergebnisse spiegeln nicht die Anforderungen der

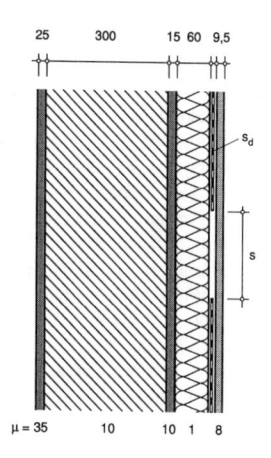

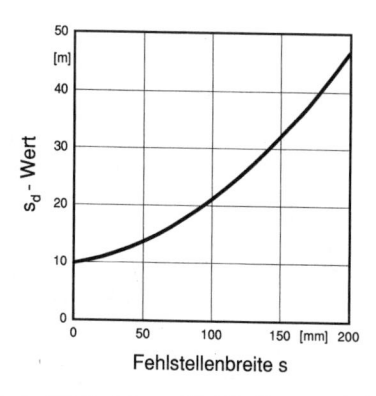

Abb. 6 Erforderlicher s_d-Wert für „Tauwasserfreiheit" in Abhängigkeit von der Spaltbreite.
Zugrunde gelegte Wärmeleitfähigkeit:
Außenputz:	0,87 W/(mK)
Mauerwerk:	0,70 W/(mK)
Innenputz:	0,35 W/(mK)
Dämmstoff:	0,04 W/(mK)
Gipskartonplatte:	0,21 W/(mK)

Norm wieder, da eine gewisse Tauwasserbildung in der Konstruktion vorhanden sein darf (s.o.).

3.2 Konvektiver Feuchtetransport

Wie zuvor geschildert treten Lüftungswärmeverluste auf, wenn Luft durch eine Konstruktion strömen kann. Mit dem Luftstrom wird auch Feuchtigkeit in das Bauteil transportiert [10–14]. Unter den dargestellten Randbedingungen für Temperaturen und Feuchtegehalte auf den beiden Seiten des schematisch gezeichneten Bauteils zeigt Abb. 7 die Feuchtigkeitsmenge, die bei unterschiedlichen Druckdifferenzen durch einen Spalt mit den angegebenen Abmessungen strömt. Zur Verdeutlichung der Größenordnung ist in Abb. 8 ein Vergleich zwischen den einzelnen Transportmechanismen vorgenommen. Betrachtet wird hier der Wasserdampfstrom, der durch ein Bauteil von 1 m Breite diffundiert, mit dem Strom, der auf konvektivem Wege bei einer Druckdifferenz von 2 Pa durch einen Spalt von 0 bis 2 mm Breite gelangt. Während durch das Bauteil mit einer Dicke von 10 mm und einer Wasserdampf-Diffusionswiderstandszahl (µ-Wert) von 1 (z. B. mineralische Faserdämmstoffe) ein vergleichsweise großer spezifischer Wasserdampfstrom diffundieren kann, überwiegt bei dem 100 mm dicken Bauteil deutlich der Anteil, der durch Konvektion transportiert wird. Der spezifische Wasserdampfstrom bedingt durch Konvektion liegt um das 9fache höher als bei der Diffusion mit einem µ-Wert von 1. Bei einem µ-Wert von 10 (z. B. Gasbeton) beträgt der Faktor 92.

4. Praktische Konsequenzen

Die Auswirkungen von Fehlstellen in Wärmedämmschichten sind in der Regel relativ klein. Grenzen die Fehlstellen an belüftete Bauteilquerschnitte, können je nach Wärmeübergang zum Teil erhebliche Auswirkungen auftreten. Führen die Fugen bzw. Fehlstellen in der Wärmedämmschicht bzw. in der Dampfsperre zu Undichtigkeiten, durch welche Luft durch die Konstruktion strömen kann, stellen sich um Zehnerpotenzen höhere zusätzliche Wärmeverluste ein als sie durch die Wärmebrückenwirkung verursacht werden.

Die Betrachtung von Fugen bzw. Fehlstellen in Dampfsperren zeigt, daß bei Diffusionsvorgängen die Konstruktionen in der Regel relativ große Fehlstellen in Dampfsperren verkraften können. Demgegenüber wirken sich Fugen bzw. Fehlstellen, welche auch eine Luftundichtigkeit beinhalten, auch hinsichtlich des feuchtetechnischen Verhaltens sehr stark aus. In der Regel sind Konvektionsvorgänge dominant gegenüber Diffusionsvorgängen. Fehlstellen in Dampfsperren führen im allgemeinen nicht zum Schaden – fehlende Winddichtigkeit dagegen sehr häufig.

Als praktische Konsequenz aus dem zuvor genannten folgt die – eigentlich selbstverständ-

konvektiver Feuchtetransport

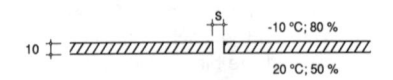

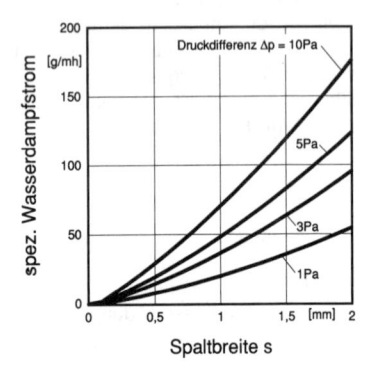

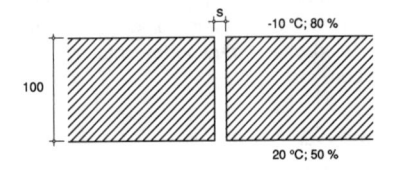

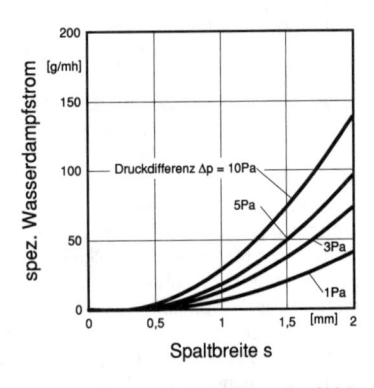

Abb. 7 Spez. Wasserdampfstrom in Abhängigkeit von der Spaltbreite und der wirksamen Druckdifferenz bei unterschiedlichen Bauteildicken.

liche – sorgfältige Planung und Ausführung von Konstruktionen, bei denen Fugen und Fehlstellen vermieden bzw. auf ein Minimum begrenzt werden. Dies gilt insbesondere für die Winddichtigkeit sowohl in wärmetechnischer als auch in feuchtetechnischer Hinsicht.

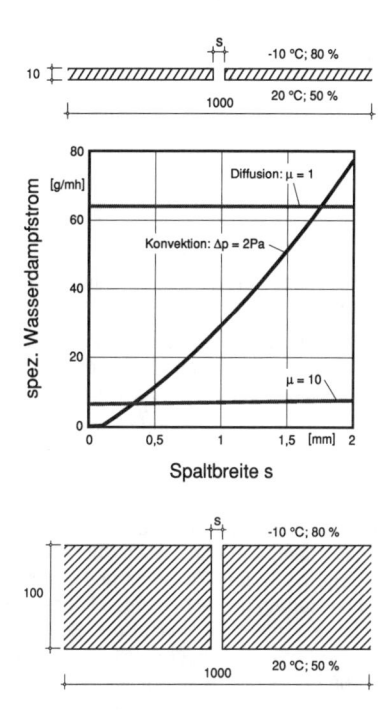

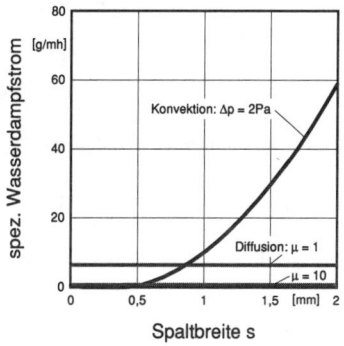

Abb. 8 Vergleich der Transportmechanismen Konvektion und Diffusion.

Literatur

[1] Hauser, G. und Stiegel, H.: Wärmebrückenatlas für den Mauerwerksbau. Bauverlag Wiesbaden (1990).

[2] DIN 4108 „Wärmeschutz im Hochbau" (Aug. 1981).

[3] Gröber, Erk, Grigul: Die Grundgesetze der Wärmeübertragung. Springer-Verlag Berlin/Göttingen/Heidelberg, 3. Auflage (1963).

[4] Schlünder, E.-U.: Einführung in die Wärmeübertragung. Vieweg-Verlag Braunschweig/Wiesbaden, 5. Auflage (1986).

[5] Kropf, F., Michel, D., Sell, J., Zumoberhaus, M. und Hartmann, P.: Luftdurchlässigkeit von Gebäudehüllen im Holzausbau. EMPA-Bericht Nr. 218, Dübendorf/Schweiz (Nov. 1989).

[6] Knublauch, E., Schäfer, H. und Sidon, S.: Über die Luftdurchlässigkeit geneigter Dächer. gi 108 (1987) Nr. 1, S. 23–26 und S. 35–36.

[7] Esdorn, H. und Rheinländer, J.: Zur rechnerischen Ermittlung von Fugendurchlaßkoeffizienten und Druckexponenten für Bauteilfugen. HLH 29 (1978) Nr. 3, S. 101–108.

[8] Zeitler, M. und Schreiner, R.: Einfluß der Konvektion auf die Wärmeübertragung in Dämmkonstruktionen. BWK 12 (1989), S. 525–531.

[9] Schüle, W. und Reichhardt, I.: Wasserdampfdurchgang durch Öffnungen. wksb – Sonderausgabe (Aug. 1980). S. 12–16.

[10] Scharte, N.: Bedeutung der Winddichtigkeit ausgebauter Dachgeschosse. Bauhandwerk 5 (1989).

[11] Witte, H. und Klingsch, W.: Mehrschichtige Dächer mit Trapezprofilen – bauphysikalische Problemlösungen. Bauphysik 10 (1988), H. 1, S. 7–11.

[12] Kern, A.: Steildachdämmung ohne Hinterlüftung. DBZ (1991), Nr. 1, S. 93–95.

[13] Liersch, K. W.: Wärmegedämmte Dachschrägen. DBZ (1991) Nr. 2, S. 255–258.

[14] Jablonka, D.: Tauwasser beim luftdurchlässigen geneigten Dach. Das Dachdecker-Handwerk (1987), H. 3.

Grundsätze der Rißbewertung

Dr.-Ing. Rainer Oswald, Aachen

Risse sind in vielen gebräuchlichen Baustoffen nicht völlig vermeidbar. Die Tatsache eines sichtbaren Risses in einem Bauteil läßt deshalb grundsätzlich noch nicht den Schluß zu, daß ein Mangel vorliegt.

Die Bewertung der Bedeutung von Rissen ist daher eine wichtige Aufgabe des Bausachverständigen. Obwohl eine sachgerechte Beurteilung die genauere Untersuchung jedes Einzelfalls erforderlich macht, da je nach Baumaterial und Einbausituation unterschiedliche Kriterien von entscheidender Bedeutung für das Beurteilungsergebnis sein können, so lassen sich jedoch verallgemeinerbare Arbeitsschritte feststellen, die – unabhängig von der jeweiligen Einzelsituation – bei der Rißbewertung grundsätzlich gegangen werden sollten. Diese sind Gegenstand dieses Beitrages.

1. Rißursachen

Jede Rißbewertung muß sich als erstem Arbeitsschritt mit der Klärung der Rißursachen im Hinblick auf zwei Fragestellungen befassen:
1. Deutet die Rißbildung auf ggf. schwerwiegende Veränderungen des Bauteils hin?
So kann z. B. ein für sich alleine genommen nicht schwerwiegendes Rißbild in einem Deckenputz auf die fortschreitende Korrosion bzw. den zunehmenden Schädlingsbefall des tragenden Stahl- bzw. Holztragwerks hindeuten: Hinter den harmlosen Symptomen steht dann eine schwerwiegende Ursache.

2. Stellt das zum Zeitpunkt der Besichtigung festgestellte Rißbild einen Endzustand dar, oder ist mit einer progressiven oder degressiven Erweiterung und Vermehrung der Risse zu rechnen?

Damit ist die Frage nach dem zeitlichen Verlauf des rißverursachenden Vorgangs gestellt.

Eine sehr große Zahl von Rißbildungen ist auf einmalig ablaufende, mit zunehmender Standzeit abklingende Vorgänge zurückzuführen:

– Schwindvorgänge, die durch Abgabe der bei der Baufertigstellung vorhandenen, erhöhten Baufeuchtigkeit verursacht werden;
– Kriechvorgänge, die durch die Dauerbelastung der Bauteile ausgelöst werden;
– Setzungen, die durch die Verformung des Baugrundes unter der Gebäudelast eintreten.

Seltener sind einmalige, progressive Vorgänge – wie z. B. die erwähnten zunehmenden Korrosionsprozesse – schadensauslösend.

Für die genannten Vorgänge liegen zum Teil genauere Untersuchungen über die zeitlichen Verläufe in Form von Diagrammen vor, so daß im Einzelfall anhand dieser Angaben Aussagen über den noch zu erwartenden, weiteren Rißbildungsvorgang und damit auch über die wichtige Frage nach dem Zeitpunkt und der Art der Nachbesserung gemacht werden können. Abb. 1 zeigt den zeitlichen Verlauf des Schwindens und Kriechens von Betonbauteilen in Abhängigkeit von der Bauteildicke [1].

Eine weitere große Gruppe umfaßt die immer wieder erneut zyklisch oder azyklisch einwirkenden, rißverursachenden Vorgänge:

– Die thermischen und hygrischen Schwankungen des Außenklimas;
– die wechselnden Belastungen durch die Nutzung.

Diese Ursachengruppe verursacht „lebende" Risse, die ihre Weite verändern und die daher im Hinblick auf die Schadensentwicklung und

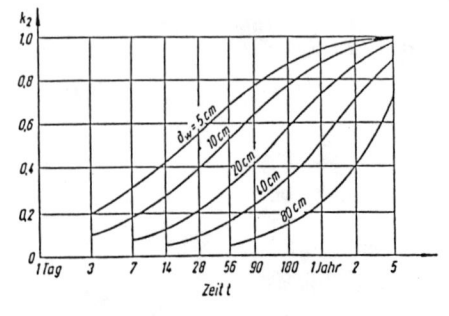

Abb. 1 Zeitlicher Ablauf des Schwindens und Kriechens von unterschiedlich dicken Betonbauteilen (aus: DIN 1045 [1])

die Sanierungsmaßnahmen völlig anders als die durch einmalige schadensauslösende Vorgänge hervorgerufenen Risse zu beurteilen sind.

Häufig treten mehrere schadensverursachende Vorgänge überlagernd auf: So sind bei Stahlbetonaußenbauteilen Risse häufig im wesentlichen durch Schwind- und Kriechvorgänge verursacht, besitzen aber eine durch die Außenklimabeanspruchungen immer wieder erneut einwirkende Ursachenkomponente, die eine dauerhafte Rißsanierung erschwert.

2. Rißfolgen

2.1 Beeinträchtigung der Nutzungsfunktion

Wesentliche Beurteilungskriterien für die Bedeutung von Rissen sind die Auswirkungen auf die Funktionsfähigkeit des Bauteils. Dies sei kurz am Beispiel der Putze, des Betons und der Holzbauteile erläutert.

So formuliert z. B. die Putznorm DIN 18550, Teil 2:

„Die Oberfläche von Putzen soll frei von Rissen sein. Haarrisse in begrenztem Umfang sind nicht zu bemängeln, da sie den technischen Wert des Putzes nicht beeinträchtigen."

Als „Haarriß" ist in der Regel ein Riß mit einer Weite unter 0,2 mm einzustufen. Bei welcher Rißweite und Rißzahl der „technische Wert" eines Putzes z. B. im Hinblick auf die Dichtigkeit beeinträchtigt wird, kann nicht generell festgelegt werden. Grundsätzlich sind in dichten Oberflächenschichten Rißbildungen wesentlich schwerwiegender als in kapillar saugfähigen und diffusionsoffenen Schichten: Aus diesem Grund stellt die Putznorm auch erhöhte Anforderungen an die Rissefreiheit von wasserabweisenden Putzen. (Siehe dazu Oswald, R.: Die Beurteilung von Außenputzen; Aachener Bausachverständigentage 1989.)

Auch bei Stahlbetonbauteilen ist nicht die Rißweite, sondern sind die Schadensfolgen je nach Beanspruchungssituation das entscheidende Beurteilungskriterium. Rißweiten unter 0,4 mm gelten grundsätzlich als zulässig; bei wasserundurchlässigen Wannen kann bei Rißweiten unter 0,15 mm mit der Selbstheilung des Risses gerechnet werden; bei chloridbeanspruchten Betonflächen kann ein ausreichender Schutz grundsätzlich nicht durch eine Rißweitenbeschränkung, sondern nur durch eine Oberflächenbeschichtung erreicht werden (siehe dazu Schießl, P.: Risse in Stahlbetonbauteilen; Aachener Bausachverständigentage 1991).

Auch bei Vollholzquerschnitten sind gemäß DIN 18334 Schwindrisse zulässig, wenn die Tragfähigkeit nicht beeinträchtigt wird. Die Unvermeidbarkeit größerer Schwindrisse in Vollholzquerschnitten ergibt sich aus dem Sachverhalt, daß aus baupraktischen Erwägungen Kanthölzer (Balken) entsprechend DIN 18334 beim Einbau halbtrocken eingebaut werden dürfen, wenn sie auf den trockenen Zustand für dauernd zurückgehen können. „Halbtrockene Holzquerschnitte" weisen gemäß DIN 4074, Blatt 1, einen Feuchtigkeitsgehalt von 30 Gew.-% (bei Querschnitten über 200 cm^2 35 Gew.-%) auf. Je nach Einbausituation trocknen die Hölzer dann auf einen Feuchtigkeitsgehalt von 6–10% bei Innenbauteilen und 10–15% bei Außenbauteilen zurück. Dieser Trocknungsprozeß ist aufgrund der Anisotropie des Holzes mit einer deutlichen Schwindrißbildung verbunden.

In welchem Umfang Rißbildungen in Holzbauteilen die Tragfähigkeit beeinträchtigen, wurde von Frech ausführlich untersucht. Die Auswirkungen sind von der Anzahl und Lage der Risse und von der Beanspruchungsart des Holzbauteils abhängig (Frech, P.: Beurteilungskriterien für Rißbildungen bei Bauholz im konstruktiven Holzbau – Entwicklungsgemeinschaft Holzbau, 1987). Für Tischlerarbeiten gelten selbstverständlich abweichende Kriterien. So legt DIN 68360 z. B. für Holzfenster fest: „Zulässig sind ... ausgebesserte kleine Risse, wenn sie nicht schräglaufen, nicht länger als 50 mm sind und nicht durchgehen."

Im Hinblick auf die verschiedenen Funktionen von Bauteilen sind bei der Beurteilung von Rissen vor allem folgende Fragen zu beantworten:

– Ist die Tragfähigkeit des Bauteils durch den Riß unmittelbar gefährdet (z. B. Aufhebung des kraftschlüssigen Verbundes einer Aussteifungswand)?
– Ist die Standfestigkeit des Bauteils langfristig in Frage gestellt (z. B. durch verstärkte Korrosion einer Verankerung oder verstärkte Frostschäden durch Feuchtigkeitsaufnahme im Rißbereich)?

Ein breites Fragenspektrum befaßt sich mit den Auswirkungen auf die Dichtigkeit. Im Hinblick auf die Druckwasserdichtigkeit von Wannen aus wasserundurchlässigem Beton wurde bereits der Zahlenwert von 0,15 mm erwähnt. Um die Funktionssicherheit von durch drückendes Wasser beanspruchten Wannen aus Dich-

tungsbahnen trotz Rißbildungen sicherzustellen, sind in DIN 18195, Teil 6, erhebliche Anforderungen an die Rißüberbrückungseigenschaften der Dichtungsmaterialien im Hinblick auf eine einmalige Rißerweiterung gestellt. So müssen von den Dichtungsmaterialien einmalige Rißbreitenerweiterung um 5 mm und ein Rißversatz von 2 mm aufgenommen werden.
Die Beurteilung des Einflusses von Rissen auf die Dichtigkeit von Bauteilen gegenüber Niederschlagswasser wurde bereits im Zusammenhang der Putzrisse angesprochen. Durch Risse entstehende Luftundichtigkeiten können sowohl auf den Wärmeverlust, als auch den Wasserdampftransport äußerst erheblichen Einfluß haben. Dazu sei auf die Untersuchungen von Seiffert [4], Wagner [5] und Hauser [6] verwiesen.
Auch die Luftschallübertragung, z. B. durch Trennwände, wird bei durchgehenden Rissen erheblich vergrößert (siehe auch dazu die Veröffentlichungen von Pohlenz [7]).
Weiterhin kann durch Rißbildungen die Nutzung beeinträchtigt sein (z. B. Rißversatz eines Estrichs).

2.2 Beeinträchtigung des Erscheinungsbildes

Über die Grenzen einer zumutbaren, üblichen optischen Beeinträchtigung des Erscheinungsbildes durch in technischer Hinsicht belanglose Rißbildungen wird immer wieder gestritten.
Im Hinblick auf die Rißweitenbeschränkungen von Stahlbetonbauteilen formuliert Leonhard dazu: „Bei Betonbauteilen, die der Nutzer häufig aus der Nähe sieht, sollten wir Ingenieure aus psychologischen Gründen Risse vermeiden, die der Laie mit dem bloßen Auge leicht sehen kann. Dies kann mit w_{90} : 0,2 oder 0,1 mm erreicht werden." [8]
Entscheidend bei der Beurteilung des optischen Eindrucks sind zwei Kriterien: Die Störwirkung des Risses ist grundsätzlich nicht an unmittelbarer Nähe zu beurteilen, sondern aus der Perspektive eines Betrachters mit „gebrauchsüblichem" Abstand. Dabei spielen neben dem Abstand auch die üblichen Beleuchtungsverhältnisse und die Oberflächenstruktur der rißbetroffenen Fläche eine wesentliche Rolle.
Weiterhin muß bei der Bewertung berücksichtigt werden, welche Bedeutung das Erscheinungsbild im Vergleich zu den übrigen Nutzfunktionen des rissebetroffenen Bauteils hat.

So kommt einem Riß an einer gut einsehbaren Stelle einer Repräsentationsfassade eine völlig andere Bedeutung zu, als dem Riß an einer kaum einsehbaren, optisch unwichtigen Wandfläche. Im Rahmen einer Nutzwertanalyse kann durch Skalieren der Minderwert durch optische Beeinträchtigungen unter Berücksichtigung der dargestellten Aspekte nachvollziehbar ermittelt werden.
In den folgenden Tabellen mache ich dazu einen Vorschlag.

Ermittlung des Minderwerts bei optischen Beeinträchtigungen durch Skalierung
Beispiel: Fassade (verputzt; verblendet)

1. Bestimmung des Geltungswertes

Funktion der betroffenen Fläche	Geltungswert	Nutzwert
gut einsehbarer Bereich eines Repräsentationsgebäudes	80	20
Durchschnittliches Wohngebäude Straßenfassade	60	40
sonstige einsehbare Fläche	40	60
Gebäude ohne Repräsentationszwecke einsehbar	20	80
nicht einsehbar	5	95

2. Bestimmung des Grades der Beeinträchtigung

für Betrachter mit gebrauchsüblichem Abstand	Grad der Beeintr.
auffällige Beeinträchtigung des Gesamtbildes	80–100%
gut sichtbar aber nicht auffällig	40–70%
nur bei genauem Hinsehen bzw. kurzfristig bemerkbar	15–30%
so gut wie nicht erkennbar	0–10%

$$\text{Mindertwert} = \text{Herstellungspreis} \times \frac{\text{Geltungswert}}{100} \times \frac{\text{Grad d. Beeintr.}}{100}$$

Literaturhinweise

Neben den schon im Text aufgeführten Quellen wird auf folgende Literatur verwiesen:
[1] DIN 1045; Beton und Stahlbeton; Ausgabe Januar 1972

[2] Oswald, R.; Wilmes, K.: Daten über Schäden an Gebäuden. Methodisch-Theoretische Untersuchungen zur zeitlichen Verteilung des Auftretens von Bauschäden; 1986 (Im Bericht ist eine Vielzahl von Diagrammen zum zeitlichen Verlauf von schadensauslösenden Vorgängen wiedergegeben)

[3] Neueste Untersuchungen über den Rißüberbrückungsmechanismus von Anstrichen auf Beton enthält die Dissertation: Gieler, R.P.: Überlegungen und Versuche zur Rißüberbrückungsfähigkeit spezieller Beschichtungssysteme an Fassaden; Dortmund 1989

[4] Seiffert, K.: Richtig belüftete Flachdächer ohne Feuchtluftprobleme; Wiesbaden 1978

[5] Wagner, H.: Luftdichtigkeit und Feuchteschutz beim Steildach; 1989

[6] Hauser, G.; Maas, A.: Auswirkungen von Fugen und Fehlstellen in Dampfsperren und Wärmedämmschichten; Aachener Bausachverständigentage 1991

[7] Pohlenz, R.: Der schadensfreie Hochbau, Bd. 3: Wärmeschutz, Tauwasserschutz, Schallschutz; Köln 1987

[8] Leonhard, F.: Zur Behandlung von Rissen im Beton in den deutschen Vorschriften; Beton und Stahlbeton 7/85

Risse in Stahlbetonbauteilen

Prof. Dr.-Ing. Peter Schießl, RWTH Aachen

1 Rissbildungsursachen und Beschränkung von Rissbreiten

Beton hat bekanntermaßen eine hohe Druckfestigkeit, aber nur eine geringe Zugfestigkeit. Da die Zugfestigkeit außerdem eine unsichere Größe ist, wird bei der Bemessung die Zugfestigkeit des Betons nicht planmäßig in Anspruch genommen. Die Zugfestigkeit wird bei üblichen Beanspruchungen auch weit überschritten, Zugkräfte werden von der Bewehrung aufgenommen. Der Beton weist im Bereich von Zugspannungen in der Regel Risse auf, das heißt, Stahlbeton ist eine Bauweise, bei der Rißbildung des Betons zum Bemessungsprinzip gehört. Die Bemessungsregeln müssen sicherstellen, daß die Breite der Risse entsprechend dem Anwendungszweck zulässige Grenzwerte nicht überschreitet. Eine Rißbreitenbeschränkung kann aus verschiedenen Gründen sinnvoll bzw. notwendig sein, z.B. aus Gründen

- der Tragfähigkeit,
- des Korrosionsschutzes der Bewehrung,
- der Undurchlässigkeit gegenüber Gasen und Flüssigkeiten,
- der Ästhetik.

Normen enthalten Regeln zur Beschränkung von Rißbreiten aus Last- und Zwangbeanspruchungen. Durch unsachgemäße Betontechnologie, Bauausführung und Nachbehandlung sowie in der Planung nicht ausreichend berücksichtigte Umwelteinwirkungen (z.B. Frost, Sulfat) können allerdings erheblich schädlichere Risse als durch Last- und Zwangbeanspruchungen auftreten. Eine Zusammenstellung der Rißursachen zeigt die nachfolgende Abb. 1.

2 Rissbildung durch betontechnologische Einflüsse

Unsachgemäße Betonzusammensetzung und insbesondere unzureichende Nachbehandlung bei ungünstigen Witterungsbedingungen (Sonne, Wind) können in den ersten Stunden nach dem Betonieren durch starkes Frühschwinden unter Umständen Rißbildung mit über 1 mm breiten Rissen an freien, nicht geschalten Oberflächen verursachen. In extremen Fällen kann die Tragfähigkeit solcher Bauteile erheblich beeinträchtigt sein.

Unzureichende Verdichtung kann Setzungen des Frischbetons in der Erstarrungsphase zur Folge haben und zu ähnlich starker Rißbildung führen.

Netzrißbildung an Betonoberflächen, die im erhärteten Beton durch Eigenspannungen aus Temperatur oder Schwinden auftreten, ist in der Regel unbedenklich. Solche Risse reichen nur wenige cm tief und beeinträchtigen weder den Korrosionsschutz der Bewehrung noch die Undurchlässigkeit oder Tragfähigkeit des Bauteils. Allerdings können Aussinterungen und Schmutzablagerungen an solchen Rissen zu ästhetisch unbefriedigenden Erscheinungen führen.

Temperatur und Schwinden können bei behinderter Verformung (Zwangbeanspruchung) aber auch zu Trennrissen führen, die von ihrer Auswirkung her Rissen aus Lastbeanspruchung gleichzusetzen sind (s. hierzu Abschn. 3). Arten der Rißbildung durch betontechnologi-

Last ⇒

Zwang ⇒ z.B. ΔT
(Behinderung lastunabhängiger Verformungen)

Eigenspannungen $T_1 \quad T_1 \ll T_2$
(z.B. Abfließen Hydratationswärme, Schwinden)
T_1

Betontechnologie
(Frühschwinden)

Umwelteinwirkungen
(z.B. Bewehrungskorrosion, Frost, Sulfat)

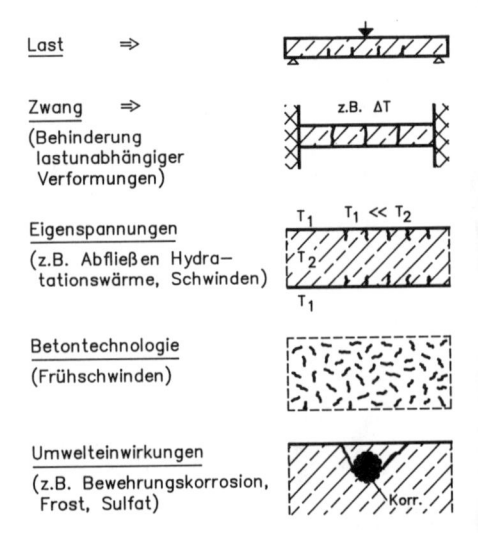

Abb. 1 Ursachen von Rissen

sche Einflüsse, ihr Erscheinungsbild und der Zeitpunkt des Auftretens solcher Risse sind in Abb. 2 zusammengestellt.

3 Rissbildung aus Last- und Zwangbeanspruchung

Rißbildung aus Last- und Zwangbeanspruchung kann auf unterschiedliche Beanspruchungszustände zurückzuführen sein. Die Beanspruchungszustände beeinflussen dabei den Rißverlauf in entscheidenem Maße (s. hierzu Abb. 3).

Die DIN 1045 enthielt in ihrer Fassung von 1972 erstmals Regeln zur Beschränkung der Rißbreiten. Unter Berücksichtigung der langen Bearbeitungszeit bei einer grundsätzlichen Neubearbeitung einer umfangreichen Norm wie der DIN 1045 bedeutet dies, daß die festgelegten Regeln den Kenntnisstand der 60er Jahre wiederspiegeln. Damals war man aufgrund erster Versuchsergebnisse der Auffassung, daß ein signifikanter Zusammenhang zwischen Rißbreiten und Korrosionsgefahr der Bewehrung besteht und hat deshalb in Abhängigkeit von den Umgebungsbedingungen abgestufte zulässige Rißbreiten festgelegt. In der CEB-FIP-Mustervorschrift von 1978 wurde eine noch stärkere Abstufung kritischer Rißbreiten gewählt.

Inzwischen liegen jedoch neue Erkenntnisse aus umfangreichen Versuchsreihen vor, die eine differenziertere Beurteilung der Zusammenhänge ermöglichen. Eine Aufbereitung dieser Erkenntnisse enthält das Heft 370 der Schriftenreihe des Deutschen Ausschusses für Stahlbeton [1]. Die Ergebnisse können im Hinblick auf Stahlbetonbauteile wie folgt zusammengefaßt werden:

– Die Korrosionsintensität im Bereich von Rissen ist sehr großen Streuungen unterworfen. Die Breite von Rissen ist von untergeordneter Bedeutung auf den Korrosionsschutz der Bewehrung, solange die Streckgrenze der Bewehrung nicht überschritten wird, d.h. solange die Risse nicht breiter als etwa 0,4 mm werden. Entscheidend ist die Qualität der Betondeckungsschicht, das heißt deren Dicke und Dichtigkeit. Dies gilt gleichermaßen für Quer- und Längsrisse in bezug auf die betrachtete Bewehrung (s. hierzu Abb. 4). Unter besonders aggressiven Umwelteinwirkungen (z.B. Tausalzbeanspruchung auf horizontale Betonoberflächen mit über den gesamten Betonquerschnitt durchgehenden Trennrissen, wie dies in Parkdecks ohne Abdichtung vorkommen kann) können im Rißbereich starke Korrosionserscheinungen an der Bewehrung auftreten. Durch eine Beschränkung der Rißbreiten ist die Gefährdung für die Bewehrung nicht zu beseitigen. In solchen Fällen sind immer besondere Schutzmaßnahmen erforderlich, die entweder den Chloridangriff auf die Betonoberfläche (Beschichtung oder Abdichtung der Betonoberfläche) oder den Korrosionsangriff der Bewehrung (z.B. epoxidharzbeschichtete Bewehrung) verhindern (s. hierzu Abb. 5). Ein nachträgliches Verpressen solcher Risse kann weitere Korro-

Art der Rißbildung	Erscheinungsbild	Zeitpunkt d. Entstehung
Plastische Setzung		10 min ↓ 3 h
Frühschwinden		30 min ↓ 6 h
Abfließen Hydratationswärme		1 d ↓ 7 d
Schwinden	– II –	mon ↓ a

Abb. 2 Rißbildung infolge Betontechnologie

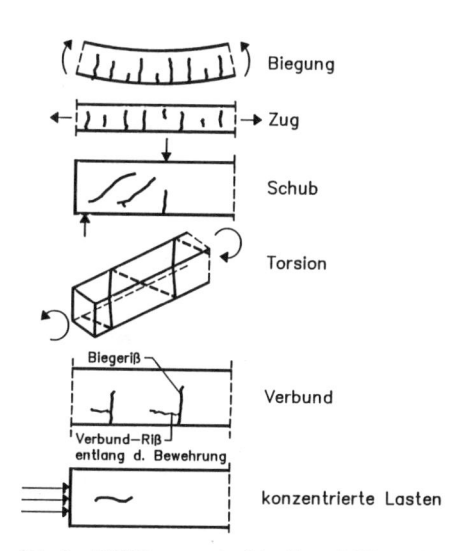

Abb. 3 Rißbildung aus Last (+ Zwang)-Rißursache und typische Rißbilder

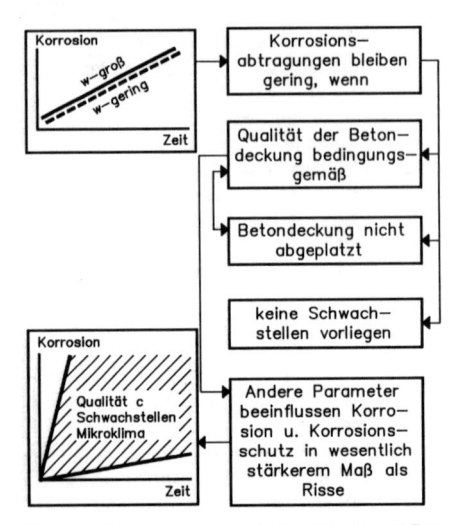

Abb. 4 Zusammenhang zwischen Rissen und Dauerhaftigkeit – Schlußfolgerungen

Chloridbeanspruchung auf horizontalen Betonoberflächen (z.B. Parkdecks)

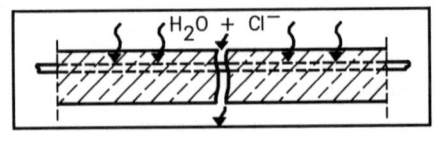

* Kein Auswaschen
* Häufige Trocken–Feucht–Wechsel
* Hohe Cl^- – Konzentrationen in Rissen nach kurzer Zeit
* Rißbreitenbeschränkung nutzlos

Besondere Schutzmaßnahmen erforderlich!

* Chloridzutritt vermeiden
  – von Anfang an –
  (dichte, rißüberbrückende Beschichtung)
* Kunststoffbeschichtete Bewehrung
* Kathodischer Korrosionsschutz

Abb. 5 Notwendigkeit besonderer Schutzmaßnahmen bei starkem Chloridangriff

sion an der Bewehrung nicht verhindern, wenn bereits größere Mengen an Chloriden in die Rißflanken eingedrungen sind.

– Bauwerksuntersuchungen und Analysen von Schadensfällen zeigen, daß Risse aus Lastbeanspruchung mit Ausnahme der erwähnten extremen Umwelteinwirkungen praktisch nie die primäre Ursache von Korrosionsschäden sind oder als Schäden eingestuft werden. Dies ist aber häufig dann der Fall, wenn bei Zwangbeanspruchung die Streckgrenze der Bewehrung überschritten wird und klaffende Risse auftreten.

Die Neufassung der DIN 1045 trägt diesen Erkenntnissen durch Einführung einer Mindestbewehrungsregelung und die Beschränkung der Rißbreiten durch einfache Konstruktionsregeln Rechnung. Bei extremen Einwirkungen werden besondere Schutzmaßnahmen gefordert. Die Rißbreitenbeschränkung in der DIN 1045 bezieht sich allerdings ausschließlich auf Ästhetik und Korrosionsschutz der Bewehrung.

Wegen der Korrosionsempfindlichkeit von Spannstählen muß in vorgespannten Bauteilen eine Depassivierung der Spannbewehrung ausgeschlossen bleiben. Differenzierte Regeln zur Rißbreitenbeschränkung sind im Spannbetonbau deshalb sinnvoll und notwendig.

Eine gezielte Beschränkung der Rißbreiten kann bei Stahlbetonbauwerken aber auch aus anderen Gründen als denen des Korrosionsschutzes, z.B. bei Bauwerken mit durchgehenden Rissen und erhöhten Anforderungen an die Wasserundurchlässigkeit, erforderlich sein. Eine Rißbreitenbeschränkung ist aber nur bei durchgehenden Rissen erforderlich. Wenn z.B. bei biegebeanspruchten Bauteilen eine Druckzonenhöhe von 5 cm verbleibt, kann man von technischer Wasserundurchlässigkeit ausgehen.

Die Höhe der Leckraten bei Bauteilen mit Rissen, die über die gesamte Querschnittshöhe reichen, hängt von einer Vielzahl von Einflußgrößen ab. Häufig nehmen die Leckraten im Laufe der Zeit durch Ablagerungen im Rißbereich („Ausheilen der Risse") stark ab. Maßgebende Einflußgrößen sind:

– Rißbreite, Rißverlauf
– Zustand der Risse (gleichbleibende oder wechselnde Rißbreiten)
– Zusammensetzung des Wassers (besonders Härte)
– Wasserdruck
– Betonzusammensetzung.

Als Beispiel für das Ausheilen von Rissen sind in Abb. 6 Versuchsergebnisse von CLEAR [2] gezeigt. Eine endgültige Klärung aller Zusam-

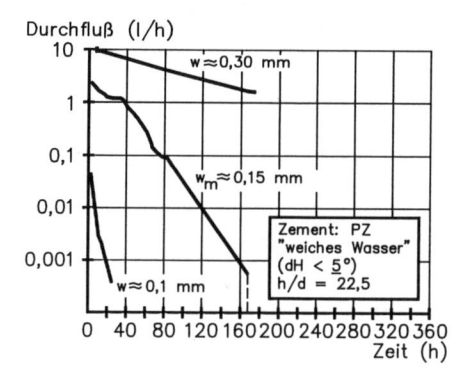

Abb. 6 Versuchsergebnisse zum Ausheilen von Rissen in Abhängigkeit von der Beaufschlagungsdauer und der Rißbreite w [2]

Abb. 7 Empfehlungen zur Beschränkung der Rißbreiten durchgehender Risse nach [3]

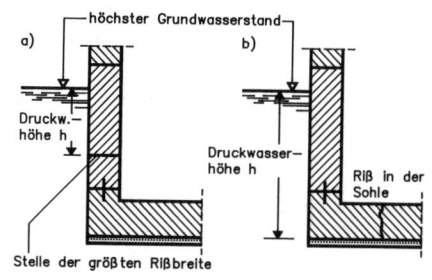

Erfahrungswerte für unbedenkliche Rißbreiten für die "Selbstheilung" von Rissen im Beton

Druckgefälle h/d (m/m)	unbedenkliche Rißbreite w (mm)
≤ 2,5	≤ 0,20
≤ 5	≤ 0,15
≤ 10	≤ 0,10
≤ 20	≤ 0,05

menhänge steht noch aus, gesicherte Angaben über zulässige Rißbreiten sind derzeit noch nicht möglich. In der Regel kann man jedoch davon ausgehen, daß bei Rißbreiten w ≤ 0,15 mm durch Ausheilen die Leckraten vernachlässigbar gering werden, wenn die Bauteildicke mindestens 30 cm beträgt. Bei weichem Wasser, stark wechselnden Rißbreiten und geringen Bauteildicken können deutlich kleinere Werte erforderlich sein.

In [3] werden etwas detailliertere Anhaltswerte für Grenzrißbreiten in Abhängigkeit des Druckgefälles und der Bauteildicke angegeben (s. Abb. 7).

Bei erhöhten Anforderungen an Gasdurchlässigkeit oder z. B. bei Einwirkung organischer Flüssigkeiten können unter Umständen wesentlich weitergehende Anforderungen an die Rißbreiten- und Rißtiefenbeschränkung notwendig sein.

Wenn die genannten Regeln zur Rißbreitenbeschränkung eingehalten sind, sind auch alle Aspekte der Tragfähigkeit abgedeckt, das heißt, man kann davon ausgehen, daß durch solche Rißbildung die Tragfähigkeit von Stahlbetonbauteilen nicht beeinträchtigt wird.

4 Rißbildung infolge Umwelteinwirkungen

Frostbeanspruchung wassergesättigter Betonbauteile, Sulfateinwirkung bei unsachgemäßer Betonzusammensetzung (Zementwahl), Durchfeuchtung bei Verwendung alkaliempfindlicher Zuschläge und unsachgemäße Zementwahl sowie Korrosion an der Bewehrung können zu mehr oder weniger starker Rißbildung führen. In all diesen Fällen sind unverzüglich Schutz- und Instandsetzungsmaßnahmen und ggf. Verstärkungsmaßnahmen zu ergreifen, um die Funktionsfähigkeit des Bauwerkes bzw. Bauteiles zu erhalten. Eine vereinfachte Zusammenstellung der Rißbildung aus Umwelteinwirkungen zeigt Abb. 8.

5 Bewertung von Rissen

Vor einer Bewertung von Rissen muß grundsätzlich die Ursache der Rißbildung analysiert werden. Dazu gehört auch eine Aufnahme des Rißbildes. Nur auf der Basis der Kenntnis der Ursachen der Rißbildung kann eine Bewertung und ggf. eine Entscheidung über notwendige und erfolgversprechende Instandsetzungsmaßnahmen getroffen werden. Bei der Auswahl von Instandsetzungsmaßnahmen ist insbesondere zu berücksichtigen, ob es sich um Rißbildung infolge einer einmalig auftretenden Ursache (z. B. abfließende Hydratationswärme) oder um wiederholt auftretende Ursachen (z. B. Last) handelt. Dementsprechend müssen Instandsetzungsmaßnahmen ggf. zukünftige Rißbewegungen ermöglichen, um Schäden an der Instandsetzungsmaßnahme (z. B. Betonbeschichtung) bzw. neue Schäden (z. B. bei kraftschlüssiger Rißbildung) zu vermeiden. Eine Bewertung der Instandsetzungsbedürftigkeit

* Korrosion
  der Bewehrung

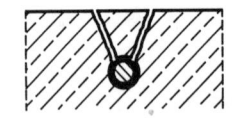

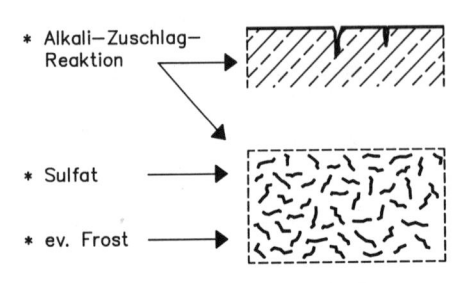

* Alkali–Zuschlag–
  Reaktion

* Sulfat

* ev. Frost

Abb. 8 Rißbildung infolge Umwelteinwirkung - Schema

von Rissen muß vom sachverständigen Ingenieur in jedem Einzelfall auf die besonderen Bedingungen und Anforderungen des zu beurteilenden Bauteils abgestimmt werden. Anhaltswerte bietet auf der Basis der vorstehenden Ausführungen die nachfolgende Abb. 9. Es sei aber nachdrücklich darauf hingewiesen, daß kritische Grenzwerte im Einzelfall von diesen Anhaltswerten in beiden Richtungen erheblich abweichen können. Die Bewertung von Rissen ist ein typischer Fall, wo der wirkliche Sachverstand gefragt ist.

6 Literatur

[1] Schließl. P.: Einfluß von Rissen auf die Dauerhaftigkeit von Stahlbeton- und Spannbetonbauteilen. Berlin: Ernst & Sohn – In: Schriftenreihe des Deutschen Ausschusses für Stahlbeton (1986), Nr. 370, S. 9–52

[2] Clear, C.A.; Cement and Concrete Association: The Effects of Autogenous Healing upon the Leakage of Water Through Cracks in Conrete. In: C & CA Technical Report (1985), Nr. 559

[3] Lohmeyer, G.: Weiße Wanne, einfach und sicher: Konstruktion und Ausführung von Kellern und Becken aus Beton ohne besondere Dichtungsschicht. Düsseldorf: Beton-Vlg., 1985

Rißursachen	Rißbild	Bewertung für den Regelfall
Spannungs-induzierte Risse	Netzriß-bildung (Oberfläche)	Rißbreiten und Rißtiefen gering → allenfalls ästhetisches Problem
	Risse aus Last oder Zwang	Tragfähigkeit + Korrosion + Ästhetik: $w \leq 0,4$ mm → keine Maßnahmen erforderlich
		Ausnahme: starke Chlorideinwirkung → in allen Fällen Maßnahmen erforderlich; ev. Instandsetzung, zukünftig Cl^- Angriff vermeiden
		Wasserundurchlässigkeit: * Druckzonenhöhe 3–5 cm → keine Maßnahme * Trennrisse → $w \leq 0,15....0,10$ mm
		Undurchlässigkeit, andere Medien: Beurteilung im Einzelfall
Beton-technologie	Netz- oder Trennriß-bildung	Tragfähigkeit: Risse häufig > 1 mm, aber plattenartige Bauteile i.d.R. gering beansprucht → Ausnutzung < 1/3 → i.d.R. keine Maßnahmen erforderlich
		Korrosion + Ästhetik: $w \leq 0,4$ mm → keine Maßnahmen erforderlich
Umwelt	div.	unterschiedliche Strategien möglich: – keine Maßnahme → red. Lebensdauer – Konservierung – Instandsetzung – (Teil)-Erneuerung

Abb. 9 Bewertung von Rissen – Anhaltswerte für Grenzwerte im Stahlbetonbau

Das Verpressen von Rissen

Dr.-Ing. Wilhelm Fix, Schermbeck

1. Beurteilung

Der Einfluß von Rissen in Bauteilen auf Tragfähigkeit, Gebrauchsfähigkeit und Dauerhaftigkeit ist vom sachkundigen Planungsingenieur zu beurteilen. Dabei soll die von der Ursache abhängige größte Rißbreitenänderung berücksichtigt werden. Auf Grund dieser Beurteilung kann erst eine Aussage über die Notwendigkeit, die Ziele und Art des Füllens von Rissen und ggf. über das Risiko des Entstehens neuer Risse getroffen werden.

2. Ziele

Nach Stand der Dinge ist das Füllen von Rissen dann vorzusehen, wenn eines oder mehrere der folgenden Ziele erreicht werden müssen:

Anwendungsziel	Beschreibung
Schließen	Hemmen oder Verhindern des Eindringens von korrosionsfördernden Wirkstoffen in Bauteile durch Risse
Abdichten	Beseitigen von rissebedingten Undichtigkeiten des Bauteils
Dehnfähiges Verbinden	Herstellen einer begrenzt dehnbaren Verbindung beider Rißufer
Kraftschlüssiges Verbinden	Herstellen einer zugfesten Verbindung beider Rißufer zur Wiederherstellung der Tragfähigkeit

Abb. 1 Anwendungsziele

3. Anwendungsbereiche

Die definierten Ziele werden durch unterschiedliche Füllarten und Rißfüllstoffe erreicht:
– Tränkung mit Epoxidharz EP-T
– Injektion mit Epoxidharz EP-I
– Injektion mit Polyurethanharz PUR-I
– Injektion mit Zementleim ZL-I

Die Anwendungsbereiche der einzelnen Füllgüter und Füllarten richtet sich nach dem Feuchtezustand der Risse/Rißufer.

Tränkung bedeutet Füllen von Rissen ohne Druck; Injektion bedeutet Füllen von Rissen unter Druck.

Die Auswahl richtet sich nach der Beurteilung von
– Rißursache
– Rißbreite
– Rißbreitenänderung im gefüllten Zustand
– Feuchtezustand der Risse/Rißufer

Werden andere als die aufgeführten Füllarten und Rißfüllstoffe verwendet, so muß ihre Eignung in einer darauf abgestimmten Grundprüfung nachgewiesen werden.

4. Injektionsmaterialien

Der ideale Rißfüllstoff soll folgende Eigenschaften haben:

– ausreichend niedrige Viskosität
– hohes kapillares Steigvermögen (bei Reaktionsharzen)
– gute Verarbeitbarkeit
– ausreichende Mischungsstabilität
– geringen reaktionsbedingten Volumenschwund
– ausreichende Haftzugfestigkeit an den Rißufern
– ausreichende Festigkeit
– hohe Alterungsbeständigkeit
– Freisein von korrosionsfördernden Bestandteilen
– Verträglichkeit mit allen Stoffen, mit denen er planmäßig in Berührung kommt
– Anteil flüchtiger Bestandteile < 2 Masse-% bei Reaktionsharzen
– Zemente müssen DIN 1164 entsprechen oder bauaufsichtlich zugelassen sein
– Zusätze bei Zementleim müssen ein Prüfzeichen der IfBt als Betonzusatzstoff oder -mittel haben

Alle gebräuchlichen Injektionsmaterialien (Füllgüter) bestehen meist aus mehreren Komponenten, die nach dem Anmischen von einer flüssigen Phase in einen festeren Zustand übergehen. Die Ausgangskomponenten können z.B. Stammkomponente und Härter (bei Reaktionsharzen) oder Wasser und darin suspendierte Pulver (bei Zementsuspensionen) sein. Materialspezifische Anwendungsbedingungen lassen sich formulieren in Abhängigkeit von Mindest-Rißweiten, Rißbreitenänderungen,

			trocken	Feuchtezustand von Rissen und Rißufern "drucklos" feucht	"drucklos" wasserführend	"unter Druck" wasserführend
1		2	3	4	5	6
1	Rißursachen	Ziel	zulässige Maßnahmen			
2	bekannt	Schließen	EP - T EP - I PUR - I[1]) ZL - I[2])	EP - I[3]) PUR - I ZL - I	PUR - I ZL - I	PUR - I[4])
3	bekannt	Abdichten	EP - I PUR - I[1]) ZL - I[2]	EP - I[3]) PUR - I ZL - I[2])	PUR - I ZL - I	PUR - I[4])
4	bekannt	Dehnfähiges Verbinden	PUR - I[1])	PUR - I	PUR - I	PUR - I[4])
5	bekannt nicht wiederkehrend	Kraftschlüssiges Verbinden	EP - I	–	–	–

[1]) Rißufer müssen ggf. vorgefeuchtet werden
[2]) Rißufer müssen vorgenäßt werden
[3]) das Verhalten im feuchten Riß ist besonders nachzuweisen
[4]) ggf. unter Anwendung eines schnellschäumenden PUR vor der Hauptinjektion

Abb. 2 Anwendungsbereiche [1]

Feuchte der Risse/Rißufer sowie vorangegangenen Maßnahmen.

Es wird vorausgesetzt, daß die mittleren Rißweiten größer als 0,1 mm sind, da sonst eine vollständige Füllung des Risses zielsicher nicht mehr erreicht werden kann.

Epoxidharze müssen gem. TL FG-EP und TP FG-EP [2] geprüft sein und bei der Herstellung einer Eigen- und Fremdüberwachung unterliegen. Für die Polyurethanharze und Zementleime werden derartige Prüfvorschriften zur Zeit erarbeitet; es empfiehlt sich daher, im Übergangszeitraum bis zum Vorliegen der entsprechenden Prüfvorschriften Referenzen zu fordern, die die erfolgreiche Anwendung in einem Anwendungsfall bestätigen, der dem jeweiligen Anwendungszweck vergleichbar ist.

5. Einfüllstutzen (Packer)

Das Einbringen unterschiedlicher Materialsysteme kann auf verschiedene Methoden erfolgen. Meistens sind diese Methoden und Materialien nicht konkurrierend, sondern jedes System ist für einen speziellen Anwendungsfall besonders geeignet.

Bei der Tränkung werden dünnflüssige Epoxidharze in sich nicht mehr bewegende Risse eingebracht. Am besten geeignet für diese Eintragung der Reaktionsharze haben sich freie Einfülltrichter aus verformbaren Massen oder Einleitungen über Materialschläuche erwiesen.

Bei druckhaften Injektionen erfolgt der Materialeintrag über Einfüllstutzen. Bei diesen Injektionspackern haben sich zwei Hauptmerkmale herauskristallisiert:

a.

Klebepacker werden für Injektionsarbeiten an trockenen Rissen eingesetzt. Sie eignen sich für die Verarbeitung von EP- und PUR-Harzen. Der Packer besteht aus einem Metall- oder Kunststoffplättchen, das mit einer Bohrung für den Materialdurchgang versehen ist, an welcher ein Verpreßnippel angeschraubt werden kann. Klebepacker werden direkt auf dem Riß fixiert. Der Rißverlauf und die Standfläche der Packer werden vollflächig mit Verdämmaterial überdeckt. Eine Entlüftungsstrecke am oberen Rand des Risses muß frei bleiben, um das vollflächige Verfüllen des Risses zu gewährleisten.

Der Abstand der Klebepacker ist abhängig von der Bauteildimensionierung. Als Regelabstand gilt die Bauteilstärke. – Kleine Abstände können einen zu geringen Materialeintrag in die oberflächenabgewandten Bereiche des Risses zur Folge haben. Bei größeren Packerabständen besteht die Gefahr, daß die Füllwege zu lang werden.

Der zulässige Injektionsdruck für Klebepacker beträgt i.a. ca. 60 bar.

b.

Bohrpacker werden überwiegend für die Injektion feuchteführender Risse eingesetzt. Die Bohrpacker sollen aus einem nicht korrodierenden Material bestehen. Sie bestehen aus einem Gewinderohr, auf welches eine Hülse mit Spreizeinrichtung aufgeschoben ist. Diese dient zur Arretierung des Packers zur gleichzeitigen Abdichtung des Bohrkanals. Bohrpacker werden wechselseitig in einem Winkel von ca. 45° zum Rißverlauf so gesetzt, daß der Bohrkanal den Riß in Bauteilmitte durchstößt. Eine Verdämmung ist im allgemeinen nicht erforderlich.

Der Regelabstand beträgt ca. die halbe Bauteilstärke. Bohrpacker sind i.d.R. – wie Klebepacker – nur einmal verwendbar. Wiederverwendbare Sondertypen werden jedoch eingesetzt bei Mauerwerks- und Zementleiminjektionen.

6. Geräte

Ein Injektionsgerät besteht aus Druckerzeuger, Materialbehälter, Transportschlauch, Anschlußteil zum Einfüllstutzen und ggf. Misch- und Dosiereinrichtung. Die Geräte können nach folgenden Gesichtspunkten unterschieden werden:

a) Antrieb
– von Hand (z.B. Fußhebelpresse, Fettpresse)
– vom Motor (z.B. Kolbenpumpe, Schlauchpumpe)

b) Druck
– Niederdruck (6–10 bar, ohne Übersetzung, mit normalem Baustellenkompressor erreichbar)
– Hochdruck (mit Druckübersetzung)

c) Förderart
– Ein-Komponenten-Anlage (das Mischen der beiden Füllgutkomponenten erfolgt vor dem Einfüllen in den Vorratsbehälter des Injektionsgerätes)
– Zwei-Komponenten-Anlage (es erfolgt eine getrennte Förderung der beiden Komponenten bis zu einem statischen Mischer, der möglichst nahe am Einfüllstutzen anzuordnen ist)

d) Druckerzeugung
– Druckkessel

	Merkmal		Tränkung mit Epoxidharz EP-T	Injektion mit Epoxidharz EP-I	Injektion mit Polyurethan PUR-I	Injektion mit Zementleim ZL-I
	1		2	3	4	5
1	Rißbreite w		> 0,10 mm	> 0,10 mm[1])	> 0,10 mm	> 3 mm[6])
2.1		kurzzeitig	nicht zulässig	< 0,1 w bzw.[2]) < 0,03 mm	gemäß Grundprüfung[5])	nicht zulässig
2.2	Rißbreitenänderungen Δw vor Beginn der Maßnahme	täglich	nicht zulässig	abhängig von der Festigkeitsentwicklung des EP[3])	gemäß Grundprüfung[5])	nicht zulässig
2.3		langzeitig	nicht zulässig	unbegrenzt	gemäß Grundprüfung[5])	nicht zulässig
3	Feuchte der Risse/Rißufer		trocken	trocken oder feucht[4])	feucht oder naß	naß
4	Vorangegangene Maßnahmen		keine Bedingungen	EP-Füllung unzulässig	wiederholte Füllung möglich	Kunstharzbehandlung unzulässig
5	Rißursache		bekannt nicht wiederkehrend	bekannt nicht wiederkehrend	bekannt	bekannt nicht wiederkehrend

[1]) in wesentlichen Bereichen des Rißverlaufes
[2]) kleinerer Wert maßgebend
[3]) keine Begrenzung, wenn Festigkeit $\geq$ 3,0 N/mm^2 innerhalb von 10 h und entsprechendem Injektionszeitpunkt (siehe Abschn. 5.9.2)
[4]) besondere Anforderungen bei feuchten Rissen
[5]) i. d. R. < 0,25 w
[6]) bei besonderen Verfahren auch kleiner

Abb. 3 Materialspezifische Anwendungsbedingungen [1]

- Kolbenpumpe
- Schneckenpumpe
- Schlauchpumpe

Die Regelwerke [1], [2] fordern, daß im Funktionsbereich des Injektionsgerätes der Druck regelbar, bzw. begrenzbar sein muß, es sei denn, der maximale Arbeitsdruck ist bauartbedingt < 10 bar.

Durch ein Vorheizen der Komponenten kann bei der zweikomponentigen Förderart auch bei geringen Umgebungstemperaturen eine optimal niedrige Viskosität erreicht werden. – Die Temperaturgrenzwerte für die Verarbeitung gem. den Ausführungsanweisungen sind zusätzlich in jedem Falle zu beachten, da die Injektionsmaterialien im Riß sehr schnell wieder abgekühlt werden könnnen.

7. Verpressvorgang

Je nach Feuchtigkeit oder Wassergehalt des Risses muß ein feuchtigkeitsverträgliches Materialsystem ausgewählt werden. Bei wasserführenden Rissen dürfen nur Polyurethanharze injiziert werden. Hierbei muß bei drückendem Wasser ein schnellschäumendes Polyurethanharz als Sofortsperre vorinjiziert werden.

Eine kraftschlüssige Verbindung wird durch das Injizieren eines Epoxidharzes in den Rißbereich sichergestellt. Die für eine kraftschlüssige Verpressung einsetzbaren Epoxidharze dürfen nur bei trockenen Rißufern verwendet werden. – Bei feuchten Rissen ist derzeit keine kraftschlüssige Injektion zuverlässig möglich.

Zu Beginn einer Injektion werden alle Einfüllstutzen bzw. die Packersysteme auf Durchgang geprüft.

Abb. 4 Anordnung von Einfüllstutzen (nach [2])

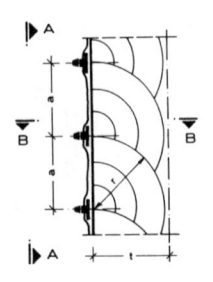

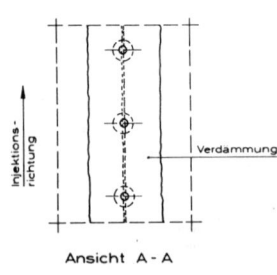

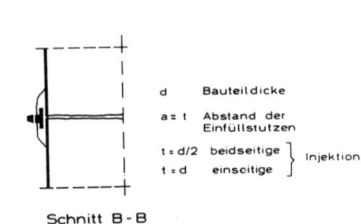

Abb. 4a Klebepacker (i.d.R. mit Verdämmung)

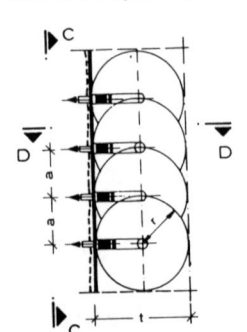

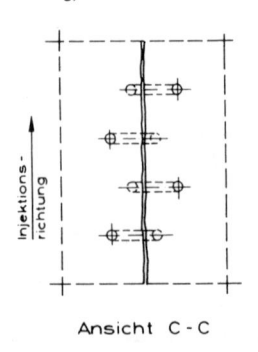

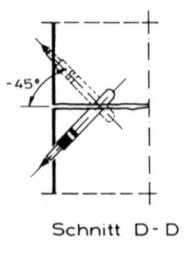

Abb. 4b Bohrpacker (i.d.R. ohne Verdämmung)

Nr.	Antragsteller	Bezeichnung des Füllgutes	Bezeichnung des Injektionsverfahrens	Ablaufdatum
1	Concrete Chemie Vertriebs GmbH Ein Unternehmen der Hilti-Gruppe, Rüsselsheim	Concretin IHS	Einkomponentige Injektion	03.03.1994
			Zweikomponentige Injektion	
2	Dyckerhoff & Widmann AG Versuchsanstalt mit Flüssigkunststoffbetr. Utting	DYWIPOX IH	DYWIJECT DT 1)	07.02.1994
3	Hünningshaus GmbH, Wuppertal	BL-GROUT 854 E + H	BICS-Injektionsverfahren 1) 2) 3)	17.03.1994
4	MC-Bauchemie Müller GmbH & Co., Chemische Fabriken, Bottrop	MC-DUR 1264 KF	MC-KF 500 1)	
			MC-KF 120 2)	27.02.1994
5	Philipp Holzmann AG Neu Isenburg	Concretin IHS	Holzmann-Injektionsverfahren 1)	25.05.1995
6	Sika Chemie GmbH, Stuttgart	Icosit Injektionsharz K	GFB-Druckkessel-verfahren 1)	26.04.1994
7	Sto AG Stühlingen	Sto-Pox IH 900	Sto-Jet-Injektionsverfahren 1) mit Schlagbohrpackern	03.05.1995
8	Wayss & Freytag AG, Frankfurt	Concretin IHS	Wayss & Freytag 1) Injektionsverfahren	28.02.1994

Hinweis: Die Aufnahme der Füllgüter in die Liste entbindet nicht von der Notwendigkeit der Beachtung produktspezifischer Anwendungsbedingungen
1) einkomponentiges Injektionsverfahren
2) zweikomponentiges Injektionsverfahren
3) von Anhang 4 der ZTV-RISS 88 abweichende Injektionsfolge

Abb. 6 Art, Umfang und Häufigkeit der Eigenüberwachung der Ausführung – EP-I ([2])

Prüfungen				
Gegenstand, Vorgang	Einzelheiten	Anforderungen	Häufigkeit	
Füllgut, Verdämmstoffe, Einfüllstutzen, Hilfsstoffe, Hilfsmittel	Lieferung	ZTV-RISS bzw. TL FG-EP	jede Lieferung bzw. jede Verpackungseinheit	
	Lagerung	Bedingungen gemäß Ausführungsanweisung bzw. sonstigen Vorschriften	nach jeder Lieferung bzw. nach Festlegung	
	Ausführungsanweisung	geprüft, liegt vor	vor Beginn der Arbeiten	
Bautechnische Unterlagen	Protokolle, Art der Aufzeichnungen	ZTV-RISS, Bauvertrag	vor Beginn der Arbeiten	
Technische Ausrüstung	Vollständigkeit	gemäß Ausführungsanweisung	vor Beginn der Arbeiten	
	Funktionskontrolle	gemäß Ausführungsanweisung	vor Beginn der Arbeiten, dann nach Ausführungsanweisung	
Vorbereitung der Ausführung	Vorbereitung der Rißzonen	gemäß Ausführungsanweisung	bei jedem Riß	
	Einfüllstutzen, Abstand	gemäß ZTV-RISS	bei jedem Riß	
	Verdämmung	gemäß Ausführungsanweisung	bei jedem Riß	
Ausführungsbedingungen	Rißmerkmale	Einhaltung der materialspezifischen Anwendungsbedingungen.	nach Bedarf	
	Witterungsbedingungen	gemäß Ausführungsanweisung	täglich mehrmals	
	Bauteiltemperaturen	gemäß Ausführungsanweisung	bei jedem Riß	
Füllen	Durchführung	gemäß Ausführungsanweisung	kontinuierlich	
Aufzeichnungen	Protokolle und Berichte gemäß ZTV-RISS	vollständig und nachvollziehbar gemäß ZTV-RISS	gemäß ZTV-RISS	
Wiederherstellung des ursprünglichen Zustandes der Bauteiloberfläche	gemäß Bauvertrag	gemäß Bauvertrag	fertige Leistung	

Abb. 5 Liste der geprüften Epoxidharze und Injektionsverfahren nach ZTV-RISS 88 – Füllgüter aus Epoxidharz und zugehörige Injektionsverfahren – (2. Ausgabe 15.10.1990)Anwendungsbereiche EP-I und EP-T

Das Mischen der beiden Komponenten des Materials soll erst erfolgen, wenn sichergestellt ist, daß die Geräte funktionieren, so daß sofort mit der Injektion begonnen werden kann. Die Gebindeverarbeitungszeiten in Abhängigkeit von der Temperatur sind zu beachten! Die Injektion beginnt grundsätzlich am untersten oder äußersten Einfüllstutzen bzw. Packer, während die übrigen geöffnet bleiben. Nach Austritt des Injektionsmaterials am nächsten Packer kann dieser geschlossen werden und die Injektion sollte fortgesetzt werden.

Der Injektionsdruck muß vor allem auf die Art der Verdämmung und das Packersystem abgestimmt sein, damit keine Undichtigkeiten während des Verpressvorgangs entstehen. Bei Undichtigkeiten in der Verdämmung wird die Injektion an dieser Stelle unterbrochen und es muß nachverdämmt werden. Hierzu werden schnell erhärtende Zemente während des Verpressvorgangs vorgehalten.

Obwohl der Injektionsvorgang erst abgeschlossen wird, wenn augenscheinlich eine vollständige Füllung der Risse erreicht wird, ist in jedem Falle eine Nachverpressung erforderlich. Diese dient dazu, Materialverluste auszugleichen, die durch kapillares Saugen entstehen.

führlichen Ausführungsanweisung der Produkthersteller beschrieben.

Die für die Injektionsarbeiten verwendeten Materialien unterliegen einer strengen Fremdüberwachung einer amtlich anerkannten Materialprüfanstalt. Darüber hinaus erfolgt als Objektkontrolle eine unabhängige Identitätsprüfung einer Rückstellprobe des verwendeten Materials, die gleichfalls von einer amtlichen Materialprüfanstalt durchgeführt wird. Für die Injektion von Koppelfugen an Spannbetonbrücken werden Epoxidharzsysteme als Zwei-Komponenten-Injektionsharze verwendet, die gütegeprüft und fremdüberwacht werden. Stoffe und Verfahren, die den Anforderungen der Regelwerke genügen, bei denen die Eigen- und Fremdüberwachung sichergestellt ist und für welche eine Ausführungsanweisung existiert, werden in einer Stoffliste geführt.

Die hohen Anforderungen an die Qualität der Ausführung der Verpressarbeiten lassen sich nur mit entsprechend geschultem Fachpersonal erfüllen. Die erforderliche Qualifikation ist die unabdingbare fachtechnische Voraussetzung für eine sorgfältige Verarbeitung.

Wesentlicher Baustein der Qualitätssicherung ist die Eigenüberwachung.

8. Gütesicherung

Als Gütenachweis wird von den einschlägigen Vorschriften gefordert, daß die grundsätzliche Eignung von Rißfüllstoff und Füllverfahren für das vorgesehene Ziel im Rahmen einer Grundprüfung erbracht wird. Es sollen ausschließlich Stoffe und Verfahren eingesetzt werden, die ihre Eignung in einer derartigen Grundprüfung nachgewiesen haben.

Für das Material, daß zur kraftschlüssigen Verpressung gem. ZTV-RISS angewendet werden darf, ist dementsprechend eine Eignungsprüfung erforderlich. Hierbei erfolgt die Bestimmung ausgewählter Kennwerte der Harzsysteme. Diese Kennwertbestimmung ist ferner die Grundlage für Identitätskontrollen, welche im Rahmen einer Produktüberwachung durchgeführt werden. Zur Überprüfung der Eignung für Reaktionsharzsysteme und Verpressverfahren muß nach ZTV-RISS bei einer amtlichen Materialprüfanstalt eine Grundsatzprüfung durchgeführt werden. Wesentliche Kenndaten dieser Prüfung sowie Anforderungen an die Durchführung der Injektionsarbeiten sowie den Einsatz der verwendeten Geräte werden in einer aus-

9. Ausblick

Gegenwärtig liegen bereits viele positive Langzeitbeobachtungen an verpreßten Brückenbauwerken vor. Auch andere Bauwerke sind bereits vor mehr als 10 Jahren mit Erfolg verpreßt worden, wie systematische Messungen belegen.

Die Durchführung der Arbeiten hat einen hohen technischen Standard erreicht. Die Verarbeitung an Hand der ZTV-RISS hat sich bewährt und der Erfolg der Maßnahme kann durch eine sinnvolle Überwachung und Zusammenarbeit weitgehend sichergestellt werden.

10. Literatur

[1] Deutscher Ausschuß für Stahlbeton. Richtlinie für Schutz und Instandsetzung von Betonbauteilen. Berlin und Köln, Beuth Verlag 1990

[2] Der Bundesminister für Verkehr, Abteilung Straßenbau. Zusätzliche technische Vorschriften und Richtlinien für das Füllen von Rissen in Betonbauteilen – ZTV-RISS 88 Dortmund, Verkehrsblatt-Verlag 1988

Öffnungsarbeiten beim Ortstermin

Dipl.-Ing. Nikolai Jürgensen, Architekt, Gelsenkirchen

1. Entscheidung Öffnung

Wird ein Sachverständiger durch das Gericht oder Privat beauftragt, empfiehlt es sich, die Aufgabenstellung darauf zu überprüfen, ob eine Bauteilöffnung notwendig wird, um die Mangelursache gesichert zu bestimmen.

In manchen Fällen ist zwar der Schaden beschrieben, weil er als solcher sichtbar ist, die Mangelursache jedoch nicht genannt, da sie durch Inaugenscheinnahme nicht bestimmt werden kann.

So sind z. B. Risse an Bauteilen mit dem Auge wahrnehmbar und in manchen Fällen kann auch aus praktischer Erfahrung die Rißursache ohne Bauteilöffnung bestimmt werden. So z. B.

- bei Mauerwerksrissen unter Deckenauflagern,
- bei Schwindrißbildung im Beton usw.
- bei Rißbildungen aus Setzungen

Schwieriger wird die Ursachenfindung jedoch bei Rissen:

- in keramischen Belägen,
- an Verblendschalen mit Sonderkonstruktionen,
- an Wärmedämmputzsystemen,
- an monolithisch mit Beton verbundenen Nutzestrichen,
- an Walzbetonböden,
- insbesondere bei Feuchtigkeitsschäden als Folge einer fehlerhaften vertikalen oder horizontalen Eindichtung z. B. an Kelleraußenwänden oder Flachdächern jeder Art

um nur einige Beispiele zu nennen.

Die Entscheidung über die Notwendigkeit einer Öffnung ist somit überwiegend von dem in der Örtlichkeit vorgefundenen Schadensbild abhängig und kann nur in den wenigsten Fällen nach Aktenlage getroffen werden. Somit ist die Notwendigkeit gegeben zunächst eine Ortsbesichtigung durchzuführen, um Art und Umfang einer Öffnung zu bestimmen.

Dabei ist zu prüfen, ob sich der Aufwand der Öffnung im Hinblick auf die entstehenden Kosten lohnt, da letztlich nicht jeder Riß einen Mangel darstellt, der zu einem Schaden führt.

Zu bedenken ist, daß „rissefreie Bauwerke" nicht herstellbar sind.

So sind z. B. Einzelrisse an Betonbauteilen in Verblendsteinen oder auch in keramischen Belägen in vielen Fällen hinnehmbar. Die Feststellung der Rißursache solcher Bagatellschäden durch eine Bauteilöffnung ist nicht erforderlich. Allerdings sollte zur sicheren Bestimmung der Ursache der Rißbildung eine sorgfältige Prüfung der Mangelursache auch für diese Bagatellrisse erfolgen.

2. Vorprüfung

Falls sich eine Öffnung als notwendig erweist, ist zu beachten:

a) Es ist zu prüfen, ob mit den dem Sachverständigen zur Verfügung stehenden Mitteln eine Öffnung durchgeführt werden kann, oder eine Fremdfirma beauftragt werden muß.

b) Es ist die Einwilligung des jeweiligen Eigentümers zur Öffnung einzuholen. Bei einem Eingriff in das Gemeinschaftseigentum von Eigentumsanlagen bedarf es dabei der Genehmigung aller Eigentümer.

c) Sind Folgeschäden zu erwarten, weil nicht in jedem Fall nach Durchführung einer Öffnung der Altzustand wiederherstellbar ist, sollte ein Hinweis erfolgen. Einwilligung und Hinweis sind in das Protokoll aufzunehmen.

So ist z. B.

- das Neuverfugen von Verblendmauerwerk,
- die Erneuerung einer Putzfläche,
- jede Teilerneuerung von keramischen Belägen

erkennbar. Eine Farbgleichheit kann nicht gewährleistet werden.

d) Dem Auftraggeber, gleichgültig ob Privatperson oder Gericht, ist in Schriftform der durch die Öffnungsarbeiten entstehende ungefähre Kostenaufwand mitzuteilen. Zu bedenken ist, daß die Arbeiten durch die beauftragten Firmen meist nach Stundenaufwand abgerechnet werden und unter Umständen erhebliche Nebenkosten z. B. für notwendige Gerüste und Hubwagen entstehen können.

– Zu bedenken ist, daß die Kosten der Öffnung zu den Verfahrenskosten gehören und somit nach Unterliegen und Obsiegen wie die übrigen anfallenden Kosten den Parteien belastet werden.
Es kann vorkommen, daß bei Anforderung eines hohen Kostenvorschusses dieser nicht eingezahlt wird und die betreffende Partei auf eine weitere Überprüfung verzichtet.
– Im Falle einer Privatbeauftragung empfiehlt es sich, den Auftraggeber zu bitten, die Öffnung ausführen zu lassen. Kosten und Risiko gehen dann nicht zu Lasten des Sachverständigen.
– Im Falle einer gerichtlichen Beauftragung ist vor Durchführung der Öffnung zu prüfen, ob ein ausreichender Kostenvorschuß eingezahlt wurde, falls nicht, ist ein solcher anzufordern und der Eingang des Vorschusses abzuwarten. Erst danach ist die Ortsbesichtigung anzuberaumen und die Öffnung in Auftrag zu geben.

e) Es sollten nur qualifizierte Firmen beauftragt werden, die in der Lage sind, die Öffnungen sachgerecht herzustellen und zu schließen. Mit der zu beauftragenden Firma sind der Termin, der Arbeitsumfang und der ungefähre Zeitaufwand abzuklären, damit nicht im Ortstermin unnütze Zeit vergeht. Alle Beteiligten empfinden Wartezeiten allgemein als unangenehm.

f) Jede Anordnung zu einer Bauteilöffnung ist darauf zu überprüfen, ob die Öffnung schadensfrei für andere Bauteilkonstruktionen ausgeführt werden kann, da ein Sachverständiger bei einer fehlerhaften Anordnung für die daraus entstehenden Schäden haftbar gemacht werden kann.
So besteht z. B. die Gefahr bei der Beurteilung einer Glasdachkonstruktion, bei der durch eine unsachgemäße Öffnung weitere Teile zerstört oder Schäden an anderen Materialien verursacht werden können. Der Sachverständige muß bei Verschulden Schadensersatz leisten. Dies kann auch im Falle der leichtfertigen Zerstörung einer Fußbodenheizung im Zuge einer Öffnung an den Belagschichten der Fall sein z. B. an Elektro-, Heizungs- und Wasserrohrsystemen.
Aus einem Fehlverhalten können erhebliche Folgeschäden und Kosten enststehen, für die der Sachverständige haftet, da im Falle einer Privatbeauftragung der Jurist den Vertrag mit dem Sachverständigen grundsätzlich als Werkvertrag einordnet.

g) Empfehlung:
Der Sachverständige sollte nach Möglichkeit bei einer Privatbeauftragung den Auftraggeber bitten, die Öffnung durchführen zu lassen und im Falle einer gerichtlichen Beauftragung denjenigen, der den Beweis für den Mangel antreten muß, veranlassen, die Öffnung selbst vorzunehmen oder durchführen zu lassen. Die betreffende Partei kann dann, da es sich um Verfahrenskosten handelt, über ihren Anwalt die Kosten bei Gericht geltend machen.

3. Ladung Ortsbesichtigung

Im Falle einer gerichtlichen Beauftragung sind alle Parteien schriftlich, mit angemessener Frist zur Ortsbesichtigung zu laden. Dies empfiehlt sich auch im Falle einer privaten Beauftragung, obwohl dies nicht zwingend vorgeschrieben ist.

Sollten an der Ortsbesichtigung Personen teilnehmen, die nicht geladen waren, jedoch von einer Partei gestellt werden, z. B. sachverständige Kollegen, so sollten diese grundsätzlich Gelegenheit haben, an der Besichtigung teilzunehmen. Sieht eine Partei dies nicht gern und verweigert diesen Personen z. B. den Zutritt, ist auf die ablehnende Partei einzuwirken, um doch die Teilnahme zu gestatten.

Zur Beruhigung und Beschäftigung aller Teilnehmer, auch weil es Pflicht ist, empfiehlt es sich, zunächst deren Namen und möglichst auch deren Zuordnung zu den streitenden Parteien in das Protokoll aufzunehmen und danach in knapper kurzer Form die Beweisfrage vorzulesen, kurz zu erläutern und erst dann den Handwerker anzuweisen mit der Öffnungsarbeit zu beginnen.

Wichtig ist, den Akteninhalt zu kennen. In der Akte herumblättern zeigt meist Schwäche. Lesen Sie somit nach Möglichkeit nicht ab, sondern wählen Sie den freien Vortrag. Sie müssen bedenken, daß die Anwesenden meist keine Techniker sind und deshalb solche kurzen Erörterungen dankbar hinnehmen. Denken Sie an Ihren Arzt, von dem Sie ja auch erwarten, daß er Ihnen erklärt warum er was für sinnvoll hält.

Auch ein mit Werkzeugen, Instrumenten und einer Kamera gefüllter Koffer vermittelt den Beteiligten, daß der Sachverständige sein Handwerk versteht.

Kritik sollte gelassen hingenommen werden, nur dann ist der Sachverständige in der Lage souverän die Ortsbesichtigung zu leiten und durchzuführen. So mancher der von beteiligten

Kollegen oder anderen Fachleuten gegebene Hinweis ist verwertbar.

Falls Skizzen oder Planunterlagen im Laufe des Verfahrens oder in der Ortsbesichtigung zur Verfügung gestellt werden, sind diese zu bezeichnen und zu den Akten zu nehmen.

Es muß nach Möglichkeit eine abschnittsweise Öffnung erfolgen. Falls erforderlich, sind Detailskizzen, die möglichst an Ort und Stelle mit den technisch Beteiligten zur evtl. Richtigstellung erörtert werden sollten, zu fertigen. Es empfiehlt sich während der Öffnung oder auch nach der Öffnung ein Diktat auf Tonträger und eine Vielzahl von Fotoaufnahmen zu fertigen. Die Bewertung des Mangels und des Folgeschadens ist dann später im Büro um so leichter.

Darauf zu achten ist, daß kein Gutachten erstattet wird und nur klärende Fragen im Zusammenhang mit der Prüfung gestellt und beantwortet werden. Ferner sind keinerlei Aussagen über die Qualität der vorgefundenen Konstruktion durch den Sachverständigen an der Öffnungsstelle zu treffen, damit nicht ein Befangenheitsantrag die Folge ist.

Zu vermeiden ist möglichst jede Diskussion und eine Beurteilung, weil immer damit zu rechnen ist, daß eine der beteiligten Parteien, sich Äußerungen notiert und in einem möglichen Gerichtstermin diese dem Sachverständigen vorgehalten werden, ohne daß er sich an solche Äußerungen erinnert. Diskussionen tragen meist nicht zur Aufklärung bei, sie stiften eher Verwirrung, da jeder der Beteiligten den Vorgang meist einseitig darstellt.

Nach der Feststellung des Befundes muß der Sachverständige entscheiden, ob für seine Beurteilung ausreichende Erkenntnisse vorliegen oder weitere Öffnungen erforderlich werden. Falls das Öffnungsergebnis für ausreichend aussagefähig gehalten wird, ist es sinnvoll, die Parteien zu befragen, ob aus deren Sicht weitere Öffnungen erforderlich sind, um einem möglichen späteren Einwand zu begegnen, der festgestellte Mangel sei nur in dem Öffnungsbereich so vorhanden, nicht jedoch an anderer Stelle.

Manche Anwälte nutzen je nach Interessenlage in einem späteren Gerichtsverfahren gerne eine Schwächesituation des Sachverständigen, um dessen Glaubwürdigkeit oder Unfähigkeit zu dokumentieren, in der Erwartung sich und ihrer Partei damit Vorteile zu verschaffen.

Erfolgte die oder mehrere Öffnungen auf Veranlassung des Sachverständigen ist dieser verpflichtet, die Öffnungen handwerksgerecht schließen zu lassen.

4. Abrechnung

Sollte der Sachverständige die Öffnung in Auftrag gegeben haben, sind die durch die Öffnung entstehenden Kosten dem Gericht durch eine gesonderte Rechnung des ausführenden Unternehmers zu belegen und als Kosten des Sachverständigen voll abrechenbar.

Im Falle einer Beauftragung des Unternehmers durch den Sachverständigen haftet dieser dem Unternehmer gegenüber für dessen Kosten.

Im Falle einer Privatbeauftragung gilt die mit dem Auftraggeber getroffene Regelung.

5. Ausreichende Versicherung

Über die Notwendigkeit einer Versicherung kann ernsthaft nicht gestritten werden. Der praktisch tätige Sachverständige sollte grundsätzlich prüfen, ob in Hinblick auf

– Vermögensschäden
– Sachschäden
– Personenschäden

ein ausreichender Versicherungsschutz besteht. Dabei bestehen zwischen der Arbeit des freien oder vereidigten Sachverständigen bei der Versicherung keine Unterschiede.

Während für die allgemeine Architektentätigkeit im Rahmen der HOAI § 15 eine Berufshaftpflichtversicherung mit Deckungssummen bei kleineren Betrieben von 150 000,00 DM bei Sach- und Vermögensschäden und 1 000 000,00 für Personenschäden ausreicht, um das Risiko des Architekten abzudecken, ist es zwingend erforderlich bei einer zusätzlichen Tätigkeit als Sachverständiger noch zusätzlich eine Vermögenschadenversicherung abzuschließen, weil in der üblichen Berufshaftpflichtversicherung des Architekten, die auch Vermögenschäden einschließt, Vermögensschäden, die aus einer fehlerhaften Wertschätzung oder einem fehlerhaften Gutachten entstehen, nicht abgedeckt sind.

Für alle Architekten, die auch nur gelegentlich eine Sachverständigentätigkeit ausüben, empfiehlt sich somit eine zusätzliche Vermögenshaftpflichtversicherung, die je nach Größe des

Büros und Größe der Aufgabe abgeschlossen werden sollte.

Die Vermögenschadenversicherung kann bereits bei 50 000,00 DM und einer Prämie von etwa 330,00 DM beginnen. Bei 200 000,00 DM beträgt diese etwa 660,00 DM, bei 500 000,00 DM etwa 1232,00 DM. Aus der praktischen Erfahrung und aus einer Vielzahl von Prozessen empfehle ich, eine Vermögenschadenversicherung von mindestens 200 000,00 DM dann abzuschließen, wenn der Architekt nicht nur gelegentlich als Sachverständiger tätig wird, sondern Wertschätzungen oder Schadensgutachten erstellt.

Für den überwiegend als Sachverständiger auf dem Gebiet der Bauschadensfragen Tätigen reicht eine Vermögenschadenversicherung nicht aus. Notwendig ist in einem solchen Fall der Abschluß einer Berufshaftpflichtversicherung, wie sie üblicherweise Architekten und Ingenieure abschließen. Auch in diesem Fall sollte die Deckungssumme nicht zu niedrig gewählt werden.

Ein selbständig tätiger Architekt mit Sachverständigentätigkeit und ein selbständiger Sachverständiger, der auch Sanierungsaufgaben übernimmt, schließt sinnvollerweise drei Versicherungen ab:

a) Eine Berufshaftpflichtversicherung für Architekten und Ingenieure mit mindestens 200 000,00 DM Deckungssumme.
b) Eine Vermögenschadenversicherung über mindestens 200 000,00 DM.
c) Eine Bürohaftpflichtversicherung zusätzlich, wenn Sie nicht in ausreichendem Umfang in der Berufshaftpflichtversicherung zu a) mit enthalten ist.

Die überwiegend mit Architekten, Fachingenieuren und Sachverständigen abgeschlossenen Verträge sind „Werkverträge".

Prüfen Sie Ihre Versicherungen, bevor Sie nunmehr nach Lesen dieser Zeilen wieder Ihrer Tätigkeit nachgehen.

Podiumsdiskussion am 4.3.1991, vormittags

Frage:

Ein Sachverständiger wird im Rahmen eines gerichtlichen Beweisbeschlusses nach den handwerklichen Mängeln eines Flachdachrandes und der erforderlichen Nachbesserung gefragt. Der Sachverständige stellt aber fest, daß eine Sanierung ohne die Beseitigung von Mängeln an der im Beschluß nicht aufgeführten Dachfläche nicht sinnvoll möglich ist. Wie soll er sich verhalten?

Mauer:

Das ist nach meinem Verständnis einer der Fälle, in denen der Sachverständige jedenfalls nicht von sich aus über das gestellte Thema hinausgreifen kann. Wenn er vor Ort den hier beschriebenen Zustand vorfindet, dann wird es das Sinnvollste sein, daß er dem Gericht mitteilt: Nach dem erhobenen Befund kann ich die gestellte Frage als solche deshalb nicht sinnvoll beantworten, weil ich auf halbem Wege stehen bleiben mußte. Er kann dann natürlich eines tun; er kann sozusagen ein Teilgutachten abliefern und kann sagen: Die Abdichtung des Dachrandes kostet soundsoviel und kann damit zugleich den Hinweis verbinden, daß das sinnvoll nicht möglich ist, weil damit das Übel nicht an der Wurzel beseitigt ist.

Oswald:

Der Sachverständige ist ja dann in einer gewissen Zwangssituation. Er steht auf dem Dach und sieht nun, der Dachrand ist auch ein Problem, aber das wesentliche Problem ist die Dachfläche. Ich verstehe sie doch richtig, daß es keineswegs richtig wäre, wenn der Sachverständige nun sagen würde: Untersuchen wir auf jeden Fall schon einmal die Dachfläche. Er müßte hier also darauf hinzielen, zunächst einmal nach Hause zu gehen, im Hinterkopf zu haben, da werde ich noch einmal hinfahren müssen.

Mauer:
Jawohl – genau so ist es.

Frage:
Wie lange dauert die außervertragliche deliktsrechtliche Haftung?

Jagenburg:

3 Jahre ab Kenntnis des Schadens und der Person des Schädigers – unabhängig von dieser Kenntnis 30 Jahre. So steht es im Gesetz – ich kann es leider auch nicht ändern. Ebenso lange muß man seine Unterlagen aufbewahren, um auch für diesen Schadensfall noch gewappnet zu sein. Also tunlichst 30 Jahre! Obwohl das natürlich nicht machbar ist – aber glauben Sie nicht, daß Sie nicht auch im 6. oder 10. Jahr mit dem Fall noch konfrontiert werden könnten. Also schaffen Sie sich einen ausreichend großen Keller an.

Oswald:

Was kann man machen, um dieses Problem wieder aus der Welt zu schaffen?

Jagenburg:

Sich haftpflichtversichern. Das ist das einzige, was ich im Moment sagen kann. Es gibt allerdings auch noch eine weitere Problematik, die ich vielleicht zur Abgrenzung hier ansprechen sollte. Es stellt sich nämlich die Frage, ob der Tatbestand der außervertraglichen Mängelhaftung auch dann eintritt, wenn Rißbildungen in einer Wand da sind, aber noch keine Folgeschäden an Nutzungsgegenständen aufgetreten sind. Und dieselbe Frage bei Betonfertigteilen, die mangelhaft bewehrt, nicht ausreichend befestigt, unterdimensioniert sind, aber noch nicht heruntergefallen sind. Auch hier muß man sagen, das ist noch kein Fall von Eigentumsverletzung oder auch noch kein Personenschaden, der hier aufgetreten ist. Der Bauunternehmer und auch der Architekt sind hinsichtlich der deliktsrechtlichen Haftung noch nicht im Obligo. Sie sollten also ganz schnell sehen, daß sie den Bauherrn auf seine eigene Verkehrssicherungspflicht hinweisen, denn er muß ja den Schaden aus dem nicht standsicheren Zustand seines Gebäudes in erster Linie jetzt abwenden. Und das, was ihn das kostet, ist ein reiner Vermögensschaden. Das ist hier so ähnlich wie bei der Leitungswasserversicherung: Es muß erst krachen, ehe die Versicherung zahlt, und hier muß erst die Eigentumsverletzung eingetreten sein – oder der Körperschaden. Der bloße Vermögensschaden in Form des Sanie-

115

rungsaufwandes reicht noch nicht für diese Sonderhaftung.

Oswald:

Habe ich Sie richtig verstanden: Wenn der Architekt den Bauherrn darauf hinweist, daß diese Gefahr besteht, daß es dann nicht mehr sein Problem ist, sondern das Problem des Bauherrn?

Jagenburg:

Solange sich die Dinge im reinen Vermögensschadensbereich des Bauherrn abspielen, hat der den Schwarzen Peter und muß sanieren aufgrund seiner Verkehrssicherungspflicht. Es ist ja noch keine Eigentumsverletzung gegeben, denn das, was dort mangelhaft ist, ist ja kein Folgeschaden, das ist der Ursprungsmangel. Nur, wenn aus dem Ursprungsmangel Eigentum verletzt wird, was bislang mangelfrei war, kommt eine Haftung aus unerlaubter Handlung in Betracht.

Oswald:

Würde es nicht günstig sein, wenn der Architekt unmittelbar nach Ablauf seiner Gewährleistungsfrist, also nach 5 Jahren, eine Begehung des Bauwerks macht, den Bauherrn auf sämtliche noch bestehenden Mängel hinweist und sagt: Bitte beseitige sie. Wäre das ein Weg?

Jagenburg:

Ich bin persönlich der Meinung, der Architekt sollte das nicht nach Ablauf seiner Gewährleistung tun, sondern allenfalls gegen Ende der Leistungsphase 9. Denn wenn die Leistungsphase 9 abgelaufen ist und er geht dann noch mal gucken, dann weckt er nur schlafende Hunde. Aber vorher sollte er es in der Tat tun.

Frage:

Ist es grundsätzlich erlaubt, daß eine Honorarschlußrechnung vom Auftraggeber dahingehend festgeschrieben wird, daß nach den Herstellungskosten über alle Leistungsphasen hinweg bzw. nach Angebotssummen abgerechnet wird – also Bauherr und Architekt einigen sich, wir rechnen ab nach Herstellungskosten?

Werner:

Das ist ohne weiteres möglich. Aber ich muß immer aufpassen, daß ich als Architekt nicht unter den Mindestsatz oder über den Höchstsatz komme, d.h. ich muß zu dieser Vereinbarung immer später eine Vergleichsabrechnung machen, wie die HOAI es vorsieht, nämlich die Leistungsphasen 1–4, nach Kostenberechnung und 5 – 9 nach tatsächlichen Kosten ermitteln, und dann darf ich nicht mit dieser entsprechenden Vereinbarung über den Höchstsatz oder unter den Mindestsatz kommen.

Frage:

Wenn der Auftraggeber bei Auftragserteilung die maximale Höhe der Baukosten vorgibt, ist dann der Architekt zur Fälligkeit der Honorarrechnung noch verpflichtet, eine Kostenberechnung und eine Kostenfeststellung vorzunehmen?

Werner:

Dazu ist er, unabhängig ob die Parteien ein Baukostenlimit o. ä. vereinbaren, verpflichtet.

Frage:

Wie soll sich der gerichtliche Sachverständige verhalten, wenn das Ergebnis seines Gutachtens aufgrund von ungeschickt formulierten Beweisfragen, die vom Gericht kritiklos übernommen werden, für keinen Beteiligten gemäß Schriftwechsel in der Gerichtsakte von Nutzen ist?

Mauer:

Wenn das – wie ich es versucht habe zu umschreiben – eine mit Händen zu greifende falsche Formulierung ist, die sich aber als solche aus dem Schriftwechsel erschließt, dann halte ich es für unbedenklich, wenn der Sachverständige in einer Art Vorspann zum Gutachten überhaupt oder zu der mißverständlich formulierten Beweisfrage zum Ausdruck bringt: Das heißt zwar so, aber ich verstehe das nach dem mir offenbarten Sachzusammenhang, der sich insbesondere etwa aus dem Schriftwechsel ergibt, in der Weise und darauf antworte ich dann wie folgt.

Wenn sich das nicht als so offenkundig greifbar darstellt und wenn man sieht, die Verfahrensbeteiligten sind sozusagen auf dem falschen Gleis, dann muß man versuchen, sie davon herunterzuholen und das geschieht dann in der Form, daß der Sachverständige sich an das Gericht wendet und sagt: Bitte, ich möchte eine klare Weisung haben. Nach den mir zugänglichen Informationen würde die Beantwortung der gestellten Frage, wenn ich sie wörtlich nehme, am Problem vorbeiführen. Ich bitte um Klarstellung, was ist gemeint? Dabei kann man natürlich sehr wirkungsvoll steuern, indem man sagt, es gibt die oder die oder die Möglichkeit. Dann wird sofort erkennbar –aha– dahin muß die Reise gehen.

Oswald:

Soll er das schriftlich tun oder soll er das lieber mündlich mit dem Richter besprechen? Die schriftliche Darlegung des Problems macht natürlich die Parteien auf weitere Probleme aufmerksam!

Mauer:

Das ist sicher richtig. Auch dafür kann man im Grunde kein Patentrezept anbieten. Vorzug sollte das unmittelbare Gespräch zwischen dem Sachverständigen und dem Gericht haben. Das setzt natürlich auch Bereitschaft und Vertrauen beiderseits voraus; setzt auch – das sei nicht zuletzt erwähnt – natürlich Gespür voraus, daß die Angelegenheiten Dritter verhandelt werden – nämlich der Parteien. Da ist sicherlich Fingerspitzengefühl am Platze; aber der erste Weg ist sicherlich, daß der Sachverständige einfach den Richter anruft und sagt: Sie haben mir da einen Beweisbeschluß geschickt. Ich bin vor Ort gewesen. Ich habe mir das angesehen. Die Sache ist im Augenblick schief eingefädelt. In Wahrheit sieht das so und so aus. Dann kann man abstimmen, wie die Beweisfrage richtigerweise formuliert werden sollte. Für die Praxis sehe ich da keine großen Probleme.

Frage:

Kann der Architekt seine deliktische Haftung durch allgemeine Geschäftsbedingungen auf den Bauunternehmer abwälzen?

Jagenburg:

Das ist natürlich ganz schlau gedacht. Aber ich hatte schon gesagt, es gibt in diesem Bereich keine Subsidiärhaftung des Architekten. Sie können sich von ihrem eigenen Planungsverschulden – wenn dadurch Folgeschäden an fremdem Eigentum entstehen – sowieso nicht freizeichnen. Das ist ja ihr originärer Fehler. Vom Aufsichtsverschulden können sie sich auch nicht freizeichnen durch allgemeine Geschäftsbedingungen. Sie haften dem Dritten, demgegenüber die Freizeichnung ja ohnehin unwirksam ist.

Frage:

Wer schlägt vor und bestimmt nach neuem Recht im Beweissicherungsverfahren den Sachverständigen?
Wer kann ihn – und warum – ablehnen?

Mauer:

Damit sind im Grunde Probleme angesprochen, die allein ein Referat ausfüllen können. Es sei nur allgemein gesagt, daß im Beweissicherungsverfahren noch die antragstellende Partei den Sachverständigen mit Bindungswirkung für das Gericht benennen kann. Tut sie es nicht, kann das Gericht ihn auswählen. Mit der schon erwähnten Gesetzesänderung zum 1. April 1991 entfällt das Benennungsrecht der antragstellenden Partei. Von da an ist die Bestimmung des Sachverständigen ausschließlich Sache des Gerichts, was freilich Anregungen der antragstellenden Partei nicht ausschließt. Die Ablehnung des Sachverständigen im Beweissicherungsverfahren geschieht nach denselben Grundsätzen wie im normalen Zivilprozeß: Besorgnis der Befangenheit muß vorgetragen und glaubhaft gemacht werden. Da sind natürlich Ansätze in diesem frühen Stadium – das Beweissicherungsverfahren ist ja dem Prozeß vorgelagert – meistens für die Partei, die Grund zur Besorgnis haben will, wesentlich schwerer zu finden. Dann muß es also frühere unliebsame Erfahrungen gegeben haben.

Frage:

Wie soll sich der gerichtliche Sachverständige verhalten, wenn die Beweisfragen nicht die Voraussetzungen der ZPO für die Einleitung eines Beweissicherungsverfahrens erfüllen (Beweiserhebung über Tatsachen)?

Mauer:

Die Beweissicherung erstreckt sich – so ausdrücklich der Gesetzestext – auf Tatsachen, deren Verlust zu besorgen ist. Wenn ein Beweisbeschluß in die Welt gesetzt ist im Beweissicherungsverfahren, der den Grundsatz nicht beachtet, dann muß der Sachverständige ihn zunächst einmal respektieren, auch wenn er, schlicht gesagt, Unfug ist. Er kann natürlich u. U. zu der Erkenntnis kommen, daß er auf das, wonach er gefragt ist, keine Antwort geben kann.

Frage:

Warum verhindern die Gerichte nicht unzulässige Fragen im Beweissicherungsgutachten, insbes. werden immer wieder juristische Bewertungen vom Sachverständigen verlangt!?

Mauer:

Warum die Gerichte es nicht verhindern, darüber kann ich Ihnen leider keine Auskunft geben. Aber: Sie können natürlich eines tun. Sie können sagen: Das, wonach ich hier gefragt worden bin, hat mit meinem Fachwissen nichts zu tun. Darauf kann ich Ihnen keine Antwort geben. Damit ist die Geschichte sehr schnell erledigt. Ich erinnere mich eines Falles, in dem das Gericht im normalen Verfahren einen Beweisbeschluß produziert hatte, der schlicht eine Frage der Wahrnehmung in der Vergangenheit war – also dem Zeugenbeweis allein zugänglich. Trotzdem war das in den Beweisbeschluß mit hereingepackt. Der Sachverständige hat sich sogar insofern als Gehilfe des Gerichts verstanden, als er in seinem Gutachten dann unter dem entsprechenden Punkt geschrieben hat, das ist eine Frage, die ist nach dem Vortrag der Parteien unter Zeugenbeweis gestellt . . . Da bitte ich, die Zeugen zu fragen, dazu kann ich nichts sagen. Und genauso verhält es sich mit dem Beweissicherungsgutachten. Zugespitzt gesagt: Auf unsinnige Fragen brauchen Sie sich nicht zu bemühen, sinnvolle Antworten zu geben.

Frage:

Meistens sind es doch Fragen nach der Nachbesserung, nach den Nachbesserungskosten?

Mauer:

Ja. Das ist ein Problem für sich. Kann man überhaupt ins Beweissicherungsgutachten schon die Kosten der Nachbesserung reinbringen? Streng genommen nicht. Sinnvoll wäre es. Man würde es immer tun. Wenn sie mit reinrutschen, dann seien Sie bitte nicht päpstlicher als der Papst. Der Praxis ist es allemal dienlich, wenn schon in diesem frühen Stadium die Nachbesserungskosten auch erfaßt werden.
Sagen Sie nicht etwa: Da bin ich nach etwas gefragt, was ja eigentlich nach der ZPO nicht zulässig ist und deshalb sage ich nichts dazu. Wenn das eine Tatsachenfrage ist, die außerdem in Ihre Sachkunde fällt, dann sollte man dazu eine Antwort geben. Etwas anderes kann vielleicht auch noch hier angesprochen sein. Die Frage nach juristischer Wertung hat natürlich eine ganze Menge Nahtstellen zur Sachverständigentätigkeit. Denken Sie nur an die Frage der Bemessung eines Minderwertes. Oder an die Frage der Voraussetzungen: Ist hier statt Nachbesserung Minderung der einzig mögliche Weg? Da läßt sich natürlich nicht generell sagen, das ist eine juristische Frage, da gebe ich keine Antwort darauf. Dann müssen Sie das ein wenig auseinanderziehen und sagen: Ich verstehe es in dem Sinn, daß es auf die Gegenüberstellung von Nachbesserungsaufwand und erzielbarer Verbesserung ankommt und dazu gebe ich Auskunft. Welche Schlüsse das Gericht dann daraus zieht, ist seine Sache, wenn es sagt: Gut, dann muß der Besteller mit Minderung zufrieden sein.

Frage:

Ist die Laufzeit der Haftung (die ich bis max. 30 Jahre geschildert hatte) nicht auch abhängig von der Materialbeständigkeit der einzelnen Produkte?

Jagenburg:

Natürlich hat sie irgendwo ihre Grenze, denn wenn ein Produkt seine normale Lebensdauer erreicht, liegt ja kein Produktmangel vor, und dann kann auch im Einsatz eines solchen Produktes kein Planungsmangel gegeben sein und in der Verwendung kein Ausführungsmangel und damit auch kein Aufsichtsmangel. Es muß immer eine Verletzung einer Verkehrssicherungspflicht gegeben sein, sonst kommt man nicht zur deliktischen Haftung.

Oswald:

Wir werden also noch mehr die Frage der mittleren technischen Lebensdauer von verschiedenen Bauteilen untersuchen müssen?

Jagenburg:

Das wäre ein gutes Thema.

Werner:

Ich bin der Meinung, daß das Interesse des Sachverständigen nicht mit der Abgabe seines Gutachtens endet, sondern daß man einem Sachverständigen auch das Urteil, das auf dessen Gutachten aufbaut, mal zusendet. Aber ich glaube, es ist noch nie vorgekommen, daß einem Sachverständigen, der ein umfangreiches Gutachten gemacht und viel Mühe reingesteckt hat, das Urteil zugeschickt wird. Es kann ja auch sein, daß überhaupt nichts von diesem Gutachten zu finden ist, weil nämlich das Gericht entschieden hat, mit dem Gutachten können wir nichts anfangen, wir nehmen einen neuen Sachverständigen. Es wäre doch interessant für den Sachverständigen, mal zu erfahren, wie weit sein Gutachten eigentlich verwandt worden ist!?

Oswald:

Herr Werner, Sie sagen da etwas, über das seit siebzehn Aachener Bausachverständigentagen immer wieder gesprochen wird. Wir haben immer wieder angeregt, daß das wirklich geschehen sollte. So wäre z. B. ein Lernprozeß des Sachverständigen möglich. Das finde ich wirklich außerordentlich wesentlich, ich weiß nur nicht, wie man das in die Wege leiten kann.

Mauer:

Ein gewisses prozessuales Problem steckt darin, daß wir den Grundsatz haben, daß Abschriften aus den Akten an Dritte zunächst einmal grundsätzlich nicht herausgegeben werden dürfen. Er bekommt zwar die Akten aus Anlaß der Gutachtenerstattung in die Hand, aber dann ist an sich zunächst einmal ja nach dem Verständnis der Zivilprozeßordnung seine Tätigkeit abgeschlossen – in diesem übrigens neu eingefügten § 407a ZPO sind jetzt auch die Fälle erfaßt, die es leider auch in der Praxis gibt, daß Sachverständige den Gutachtenauftrag nicht nur nicht ausführen, sondern auch die Akten nicht zurückschicken. Daß man da also Druck machen muß, um sie überhaupt wiederzubekommen. Auch das gibt es. Aber daran sehen Sie, aus dem Verständnis der Prozeßordnung ist an sich mit der Ablieferung des Gutachtens seine Tätigkeit und damit auch die Möglichkeit der Einsichtnahme in die Akten beendet. Grundsätzlich ist er zunächst einmal, wenn es um die Abschrift des Urteils geht, außenstehender Dritter, aber das kann ihm natürlich aus sachlich gerechtfertigten Gründen jederzeit zugebilligt werden, daß er eine Urteilsabschrift bekommt, die dann anonymisiert werden muß. Das sind alles technische Einzelheiten. Grundsätzliche Hindernisse dieser Art sehe ich nicht. Wenn z. B. ein Sachverständiger, der das Gutachten abgeliefert hat, dem Richter dazusagt: Die Geschichte interessiert mich so, da möchte ich gerne mal wissen, was weiter draus wird, dann läßt sich da mit Sicherheit ein Weg finden, daß er auch zumindest von den ihn interessierenden Passagen der Entscheidung eine Abschrift bekommt, aus der er sieht, welchen Niederschlag seine Arbeit gefunden hat.

Schild:

Ich habe die Feststellung gemacht, daß ganz allgemein das Verständnis auf seiten der Gerichte, daß der Sachverständige eine Abschrift des Urteils bekommen soll, sehr gewachsen ist. Es gibt z. B. die Möglichkeit für den Sachverständigen, immer zu einer solchen Abschrift zu kommen, wenn er am Ende seiner mündlichen Verhandlung den Antrag stellt. Dann kann das Gericht beschließen, daß dem Sachverständigen eine solche Abschrift zukommt. Weil die Parteien dann ebenfalls anwesend sind, könnte auch Einwendungen gleich begegnet werden. Mir sind solche Einwendungen noch nie begegnet und in allen Fällen, wo ich mündlich darum gebeten habe, ist immer diesem Wunsch entsprochen worden.

Jagenburg:

Ich könnte mir vorstellen, daß für die Justizverwaltung auch die Kopiekosten einer solchen Mehrfertigung ein Problem sind. Deswegen – wenn man einen solchen Antrag stellt, kann man ja als Sachverständiger hinzuschreiben, die Kopiekosten verpflichte ich mich, zu erstatten. Außerdem – die beteiligten Anwälte, die Sie kennen, sind sicherlich auch bereit, Ihnen eine Urteilsabschrift zukommen zu lassen. Darin sehe ich kein Problem, wenn Sie selber dieses Interesse nachhaltig verfolgen.

Frage:

Wodurch unterscheidet sich die Delikthaftung von der positiven Vertragsverletzung, die auch 30 Jahre läuft?

Jagenburg:

Das ist im Grunde das uralte Thema der Abgrenzung Vertragshaftung / Delikthaftung, das ich versucht habe, darzustellen. Ich will aber zur positiven Vertragsverletzung grundsätzlich sagen, daß im Baubereich, im Vertragshaftungsbereich, die Tendenz ganz eindeutig zur Gewährleistung hingeht – also zur 5-Jahres-Haftung nach 638 oder zur VOB-Haftung von 2 Jahren. Daß es also kaum noch wirklich relevante Fälle positiver Vertragsverletzungen gibt im vertraglichen Gewährleistungsbereich, weil alle Pflichten, die den Architekten, den Ingenieur und auch den Bauunternehmer treffen, letztendlich ja Hauptpflichten sind. Nach neuerer Erkenntnis im Architektenrecht ist das besonders deutlich zu sehen, wo – wie Schmalzl es formuliert hat, der Zug ganz eindeutig weg von der positiven Vertragsverletzung und hin zu 635 BGB – zur normalen Gewährleistungshaftung geht.

Frage:

Ist es nicht auch ein Fall der außervertraglichen Haftung, wenn im Vertrag statt von Gewährleistung von Garantie die Rede ist?

Jagenburg:

Das ist ganz eindeutig kein Fall der außervertraglichen deliktsrechtlichen Haftung, sondern die Garantiehaftung ist auch eine vertragliche Haftung. Oft wird allerdings Garantie gesagt und Gewährleistung ist gemeint. Das sollte man sprachlich besser auseinanderhalten und von Garantie wirklich nur dann reden, wenn man über die normale Gewährleistung hinaus auch haften will oder soll.

Podiumsdiskussion am 04. 03. 1991, nachmittags

Frage:

Wie wirken sich Überlagerungen der Lastfälle auf die Dehnungsfugenbreite aus?

Cziesielski:

Die Lastfälle Temperatur und Schwinden sind zu superponieren. Der Lastfall Brand ist dominant und als „Katastrophenlastfall" mit den anderen Lastfällen nicht zu superponieren.

Frage:

Wie unterscheiden Sie ausführungsbedingte Risse von solchen, die planungsbedingt sind?

Pfefferkorn:

Meine Antwort beschränkt sich auf große Bauten, die von Fachfirmen ausgeführt werden. Diese Firmen sind in der Lage, einwandfrei zu betonieren und auch einwandfreie Arbeitsfugen herzustellen. Dieses vorausgesetzt – und das konnte ich bis jetzt ohne eine einzige Ausnahme feststellen – können Sie sehr wohl erkennen, woher ein Riß kommt. Nach meiner Erfahrung sind bei guter Bauausführung alle Risse, die nicht mit Arbeitsfugen zusammenfallen, konstruktionsbedingt.

Bei selbst geplanten Bauten bin ich ohne weiteres in der Lage, einen Konstruktionsriß von einem Bauwerksriß aus einer mangelhaften Ausführung zu unterscheiden. Dies hängt damit zusammen, daß die Planung eines solchen Bauwerks auch hinsichtlich der Verformungen erfolgt, was bei einer normalen Standsicherheitsplanung nicht der Fall ist. Der Planungsaufwand kann sich dadurch mehr als verdoppeln. Sie haben aber hierdurch einen viel größeren Einblick in das ganze Verformungsverhalten des Bauwerks als bei einer normalen Planung. Diesen Einblick könnte sich – mit entsprechendem Aufwand – auch nachträglich ein Gutachter verschaffen, jedoch setzt dies eine entsprechend große Erfahrung auf diesem Gebiet wie beim Tragwerksplaner voraus.

Frage:

Welche Möglichkeiten bestehen, um die Abdichtung einer Dehnungsfuge im Verblendmauerwerk bezüglich ihrer Oberfläche (Farbe, Struktur, Glanzgrad) weitestgehend an die normale Verfugung des Mauerwerks anzugleichen, außer Besandung von spritzbaren Dichtstoffen.

Dahmen:

Neben der Besandung von spritzbaren Dichtstoffen gibt es auch die Einfärbung von Dichtstoffen und Dichtbändern zur Angleichung der Dehnfuge an die Verfugung des Mauerwerks. Man wird aber die Farbe und Struktur der Mörtelfuge nie genau treffen und die Dehnfuge in der Mauerwerksfläche auch dann erkennen, wenn sie dem Fugenverlauf folgend ausgeführt wird. Ich bin daher der Meinung, daß man nicht versuchen sollte, eine notwendige Dehnfuge zu verstecken – was sowieso nur selten gelingt –, sondern man sollte ihre Anordnung rechtzeitig unter Berücksichtigung der bautechnischen Erfordernisse und der gestalterischen Bedürfnisse planen und ausführen. Ohne sie deshalb gleich zum Gestaltungselement zu machen, sollte man die Dehnfugen ablesbar machen.

Frage:

Würden Sie bei Ihrem eigenen Haus zur Verblendschalen-Vermauerung Werk-Frischmörtel verwenden?

Schellbach:

Das ist eine Fangfrage – aber ich werde sie trotzdem beantworten:
Ich würde ihn verwenden nachdem ich mich informiert habe, was von den Werk-Frischmörtel-Firmen angeboten wird und wie sehr sich die einzelnen Firmen um eine vernünftige Rezeptur bemühen. Danach würde ich mir natürlich die richtige Firma aussuchen.

Oswald:

Sie sind Insider. Sie kennen die Firmen – wie bekommt ein normaler Architekt heraus, welche Firma gut ist?

Schellbach:

Verantwortungsbewußte Firmen lassen die geforderten Ersatzprüfungen durchführen. Haftscher-Festigkeitsprüfung und die Prüfung der Druckfestigkeit in der Fuge.

Oswald:

Die Ersatzprüfung wird doch am Frischmörtel gemacht? Nicht auf der Baustelle, sondern an Prüfkörpern?

Schellbach:

Die sicherste Methode ist natürlich die Schlagregenprüfung: Hierzu wird eine Wand aufgemauert und diese Wand einer entsprechenden scharfen Beanspruchung bei Windstärke 8–9 ausgesetzt. Wenn kein Wasser durchtritt, ist das u. a. ein Beweis dafür, daß der Mörtel seine Funktion erfüllt.

Oswald:

Das wäre eine Maßnahme, die man für ein Großprojekt vielleicht realisieren könnte?

Schellbach:

Ja, aber auch wenn eine grundsätzliche Mörtelrezeptur entwickelt wird, z. B. für Klinker oder für Vormauerziegel, dann lohnt sich schon dieser Aufwand.

Oswald:

Sonst müßte man diese Kriterien der Druckfestigkeit und der Haftfestigkeit von den jeweiligen Herstellern fordern.

Frage:

Wie ist bei Ihren großen Gebäuden das Problem der Temperaturdehnung im Brandfalle gelöst?

Pfefferkorn:

Der Brandfall wird bei diesen Gebäuden überhaupt nicht berücksichtigt; und zwar aus mehreren Gründen. Große Gebäude mit Parkflächen in den Untergeschossen werden stets mit Sprinkleranlagen ausgerüstet. Das Gleiche gilt auch für die normalen Bürogeschosse und für viele Industriegebäude. Im übrigen haben wir schon etliche Brände erlebt und dabei festgestellt, daß sich diese Konstruktionen im Brandfall viel besser verhalten als jene mit Fugen. (Von Lagergebäuden ist hierbei nicht die Rede, denn diese kann man ja nicht fugenlos herstellen.) Ein Brandfall ist in aller Regel örtlich, ich habe ihn noch nie anders erlebt. Die örtlich

erzeugte große Hitze führt aber in der Tragkonstruktion zu keinen Bewegungen, da Ausdehnungen von der großen umgebenden Konstruktion nahezu ganz verhindert werden. Die Sanierungen in solchen Fällen waren immer höchst einfach, da die Sprinkler eine Ausdehnung des Brandes stets verhinderten. Meistens waren es Autobrände und dergleichen. In einzelnen Fällen aber auch Brände von Isoliermaterial schon während der Bauausführung. In keinem Falle sind dabei in der Konstruktion Risse entstanden. Im allgemeinen reichte eine Torkretierung als Sanierungsmaßnahme aus. Wenn man Berechnungen für 80 K Temperaturerhöhung machen müßte, dann brauchte man gar nicht anzufangen, weil das keine normale Konstruktion aushält. Ich habe aber schon so viele Großbauten geplant, daß ich sagen kann: Sollte so etwas Vorschrift werden, dann rührte diese von Leuten her, die sich nur mit Brandschutz befaßt haben, von Baupraxis sonst aber keine Ahnung besitzen.

Man muß beim Brandschutznachweis natürlich zweierlei unterscheiden. Der Nachweis für das einzelne Bauteil muß immer geführt werden, aber das ist ja nicht das Diskussionsthema. Wenn ich als Prüfingenieur den Brandschutznachweis zu prüfen habe, prüfe ich diesen selbstverständlich für alle tragenden Konstruktionsteile. Aber einen Brandschutznachweis für das Ganze – den verlange ich nicht. Ich bin jetzt über 40 Jahre im Beruf tätig – es hat mir noch nie ein Tragwerksplaner einen Nachweis für ein großflächig brennendes Großbauwerk vorgelegt.

Frage:

Ist das Fehlen einer Dehnfuge in einer 15 m langen, ca. 5 Jahre alten Verblendschale ohne Riß ein Mangel?

Dahmen:

Nach diesem Zeitraum ist davon auszugehen, daß das Schwinden der Verblendschale selbst und die unterschiedlichen Schwind- und Kriechbewegungen zwischen Verblendschale und Hintermauerschale weitgehendst abgeschlossen sind. Auch werden die möglichen größten Temperaturbewegungen bereits ein- oder mehrmals aufgetreten sein. Es muß daher auch in Zukunft nicht mit einer Rißbildung gerechnet werden. Ich würde die Frage deshalb verneinen. In DIN 1053 werden, wie von Herrn Schellbach zu hören war, bewußt keine präzisen Forderungen für Dehnfugenabstände, sondern allgemein gehaltene Kriterien genannt, um den Schwierigkeiten bei der Beurteilung von Situationen, wie sie aus der Fragestellung zu entnehmen sind, leichter begegnen zu können. Von daher läßt sich in der fraglichen Situation kein Mangel ableiten. In der Literatur werden dagegen Dehnfugenabstände angegeben. Ich halte dies auch für sinnvoll als Hilfe für den Architekten bzw. Planer bei der Anordnung von Dehnfugen. Es handelt sich hierbei aber um Richtwerte, die je nach Wandkonstruktion, Material, Oberflächenfarbe und Einbaubedingungen nach oben oder unten verändert werden können. Es kommt entscheidend auf die Beurteilung in jedem Einzelfall an und nicht auf das sture Anwenden von Rezepten.

Frage:

Können Sie auf die Prüfung des Verblendmauerwerks nach Carsten eingehen?

Schellbach:

Ich möchte generell dazu sagen, diese Prüfung ist für den Sachverständigen eine sehr aussagekräftige Methode. Wir wenden sie immer wieder an, denn sie gibt in erster Linie Aufschluß über den Haftverbund zwischen Steinen und Mörtel. Wenn dort das Wasser einschießt, dann ist dieser Haftverbund nicht vorhanden. Ich brauche die Verblendung nicht erst aufzustemmen, denn ich weiß schon, daß irgendwas mit der Fugenhaftung – Mörtelhaftung – nicht in Ordnung ist. Es ist eine für den Sachverständigen sehr brauchbare Methode.

Frage:

Wie ist es in der Praxis z. B. beim Einfamilienhaus-Neubau mit der Haftfestigkeitsprüfung? Führt die der Bauunternehmer oder der bauleitende Architekt vor der Vermauerung durch oder folgt die später durch einen Bausachverständigen, wenn die Schlußabnahme vorliegt?

Schellbach:

Zu dieser Haftscherfestigkeitsprüfung ist zu sagen, daß das eine Prüfung ist, die im Rahmen der Eignungsprüfung durchgeführt wird und für Mörtel, der auf der Baustelle gemischt wird, nicht vorgeschrieben ist, weil man davon ausgeht, daß dieser die Anforderungen erfüllt. Die Haftscherfestigkeitsprüfung ist also durchzuführen im Herstellerwerk des Werkfertigmörtellieferanten. Das gehört mit zu den Eignungsprüfungen, und wenn Sie Werkmörtel beziehen, müssen Sie sich diesen Nachweis auf der Baustelle geben lassen.

Oswald:

Wie prüft der Sachverständige denn die Haftscherfestigkeit?

Schellbach:

Diese Anschlußfrage kann man relativ leicht klären. Wenn der Augenschein und auch die Prüfung nach Carsten nicht weiterhilft, werden Sie als Sachverständiger das Mauerwerk öffnen müssen. Wenn Sie das Mauerwerk aufschlagen, dann sehen Sie sehr schnell, ob der Stein sich leicht lösen läßt oder ob Sie Gewalt anwenden müssen. Aufschluß gibt auch, ob an dem Stein noch Mörtel haftet oder ob er leicht abgegangen ist. Das nachträgliche Entfernen des Steines aus dem Mauerwerk bei der Ortsbesichtigung gibt den besten Aufschluß über das Haftvermögen Mörtel – Stein. Geht er leicht raus, ist keine Haftung vorhanden, sitzt er fest, dann können Sie auch davon ausgehen, daß eine entsprechende Haftung erlangt worden ist.

Oswald:

Damit ist aber noch nicht geklärt, ob diese mangelnde Haftung – nehmen wir an, wir stellen sie fest – auf die Zusammensetzung des Mörtels zurückzuführen ist oder auf die Arbeit des Bauunternehmers.

Schellbach:

Es ist schwierig, das nachträglich zu beurteilen, weil zahlreiche Parameter in Betracht gezogen werden müssen. Die Prüfung ist vorgesehen an Referenzsteinen mit Frischmörtel. In solchen Fällen muß der Sachverständige wieder Sachverstand walten lassen und beurteilen, ob diese Prüfung und deren Ergebnisse auf die dortigen Verhältnisse übertragen werden können.

Frage:

Gibt es Untersuchungen für die vorhergesagten (berechneten) Längenänderungen mit den tatsächlichen Werten? Korrelieren sie? Wie groß ist der Sicherheitszuschlag?

Czieselski:

Im Rahmen eines Forschungsvorhabens sind von Schlaich u.a. [DAfStb, Heft 368; 1986] eigene und fremde Messungen bezüglich der Änderung der Dehnungsfugenbreite ausgewertet worden. Stark vereinfacht läßt sich ableiten, daß bei Vergleich der berechneten Fugenbreitenänderungen mit den gemessenen Fugenbreitenänderungen ein Wert $\alpha_t = 6$ bis 8×10^{-6} [1/K] anzusetzen ist. Es wurde gefolgert, daß die im Bauwerk beobachteten Verformungen zusätzlich noch durch Feuchteänderungen beeinflußt wurden, die im Rahmen der Messungen nicht erfaßt werden konnten. Weitere Messungen zu diesem Problem sind erforderlich.

Pfefferkorn:

Wir haben unsere Gebäude wo immer möglich beobachtet und festgestellt, daß hinsichtlich der temperaturbedingten Bewegungen die Berechnung gut mit der Wirklichkeit übereinstimmt. Beim Schwinden ist es nicht ganz so, hier waren die Schwindverkürzungen tatsächlich bis zu 30 % kleiner als zuvor berechnet. Zwangberechnungen werden nicht mit Sicherheitszuschlägen ausgeführt. Diese gelten nur für Standsicherheitsberechnungen. Bei Zwang geht es immer um reale Verformungen und daraus gerechnete theoretische Kräfte und diese Zwanggrößen werden bei der Zwangbewehrung ohne Zuschläge berücksichtigt.

Oswald:

Die Frage ging aber noch in eine andere Richtung: Dahinter steht die Erfahrung, daß man von Fachingenieuren für Tragwerksplanung, wenn man z. B. Abdichtungen plant, wie wir das machen, riesige Bewegungen im Bereich der Dehnfugen prognostiziert bekommt. Dann stellt man auf der Baustelle oder in der Praxis fest, daß Bewegungen in dieser Größenordnung in der Wirklichkeit gar nicht auftreten.

Pfefferkorn:

Wenn man mit unrealistischen Rechenannahmen arbeitet, wird man auf unrealistische Fugenbewegungen kommen. Beispielsweise bei dem erörterten Brandnachweis. Nach meinen Feststellungen stimmen aber die von uns gerechneten Fugenbewegungen verhältnismäßig gut mit den tatsächlichen überein. Dabei stellt das Schwinden fast immer das ausschlaggebende Element dar, d.h. die Fugen gehen immer auf. Ich habe noch nie in der Praxis erlebt, daß aus einer Fuge Dichtstoff herausgequollen ist, dagegen ist der Dichtstoff nicht selten an den Flanken abgerissen.

Frage:

Wie weit werden die Fugeneinlagen aus Mineralwolle durch den Betoniervorgang zusammengepreßt?

Cziesielski:

Die Stauchung der Mineraldämmwollplatte während des Betonierens kann theoretisch berechnet werden: Hierzu ist von den Herstellern der Mineralwollplatten das Druck-Stauchungs-Diagramm anzufordern und es muß der „Schalungsdruck" beim Betonieren bekannt sein.

In der Regel wird man jedoch die Fuge zwischen zwei vorgefertigten Betonwänden/Stützen bzw. zwischen Mauerwerkswänden oder Wänden in der Bauart mit Schalungssteinen so ausbilden, daß das Problem des Zusammendrückens während des Betonierens nicht auftritt.

Frage:

Wie dicht muß schlagregendichtes Mauerwerk sein? Darf Wasser auf der Rückseite der Verblendung herunterlaufen – Ja/Nein? Wieviel?

Schellbach:

Wasserdurchtritt durch die Verblendschale darf toleriert werden wenn die zweite Sicherungsmaßnahme funktioniert wie z. B. bei einem Zweischalenmauerwerk mit Luftschicht, wo eine Luftschichtdicke von 6–7 cm vorhanden ist. Da kann eigentlich nur etwas passieren, wenn an den Übergangsstellen zum Hintermauerwerk irgendwelche Fehler bei der Dichtung gemacht werden, d. h. wenn die Fußdichtung oder die seitliche Abdichtung am Fenster nicht in Ordnung ist. Sonst kann durchgedrungenes Regenwasser beim Zweischalenmauerwerk mit Luftschicht oder mit Luftschicht und Dämmung durch die unteren Entwässerungsöffnungen ablaufen. Anders ist die Frage zu beurteilen, wenn es sich um Sichtmauerwerk handelt und die Längsfuge als zweite Sicherung versagt.

Frage:

DIN 1053 sagt, daß Mauerkronen so abzudecken sind, „daß kein Wasser eindringen kann". Die Ziegelindustrie ist der Auffassung, daß dies auch mit Ziegelrollschichten erreichbar ist. Wie ist konkret eine wasserdichte Mörtelfuge bei Rollschichten herstellbar?

Schellbach:

Das ist auch im Normenausschuß heiß diskutiert worden. Es war früher selbstverständlich, daß man Mauerwerk mit einer Rollschicht abgeschlossen hat. Heute scheint das offensichtlich problembehaftet zu sein. Infolgedessen hat man dann in die Norm die Bestimmung aufgenommen, wonach z. B. Mauerkronen, Brüstungen durch geeignete Maßnahmen (z. B. Abdeckung) so auszubilden sind, daß Wasser nicht eindringen kann. Die Ziegelindustrie vertritt den Standpunkt, daß eine richtig ausgeführte Rollschicht die Anforderungen, die in der Norm verlangt werden, erfüllt. Es ist vielleicht der Hinweis von Nutzen, daß die Mörtelfuge der Rollschicht eine gewisse Neigung erhalten soll, so daß Wasser nicht darauf stehen bleibt, sondern nach der einen oder anderen Seite ablaufen kann oder die Fuge z. B. etwas dachförmig ausgebildet wird. Keinesfalls sollte der Fugenmörtel eingesunken sein, daß das Wasser in dem Fugenbett steht.

Oswald:

Und ihre ganz persönliche Meinung dazu? Halten Sie Rollschichten für machbar?

Schellbach:

Wenn Sie eine ordnungsgemäße Nachverfugung mit Zementmörtel vornehmen und gute Anschlußhaftung erzielen, reicht das aus.

Frage:

Es ist m. E. strittig, ob eine Setzungsfuge im Übergangsbereich zweier unterschiedlich belasteter Bauabschnitte bei gleicher Gründungsart auch durch die Fundamente geführt werden sollte.

Cziesielski:

Gemeint ist offensichtlich ein Fundament, das durch zwei unterschiedlich hohe Gebäude beansprucht wird. In diesem Fall ist eine Fuge im Fundamentskörper dringend zu empfehlen; ansonsten sind die aus der unterschiedlichen Belastung entstehenden Schnittkräfte im Fundamentskörper aufzunehmen und rechnerisch nachzuweisen.

Pfefferkorn:

Das ist im Sinne unseres Themas ein ganz typischer Fall. Entweder man überlegt nicht viel – dann muß man trennen. Wenn man jedoch nicht trennen will, dann müssen die zu erwartenden Verformungen und die daraus entstehenden Zwangkräfte erfaßt und bei der Bemessung berücksichtigt werden. Die Frage kann also nicht mit ja oder nein beantwortet werden. Im übrigen hängt die Entscheidung auch vom Baugrund ab. Haben Sie einen sehr setzungsempfindlichen ungleichmäßigen Baugrund, so werden Sie u. a. überhaupt nicht ohne Fuge zurande kommen.

Frage:

Die Hersteller von „Trasskalk LP" empfehlen für Verblend- und Sichtmauerwerk Mauermörtel ausschließlich im Mischungsverhältnis Sand : Trasskalk LP 2,5 – 3 : 1. Ist das ausreichend bei einer durch Schlagregen beanspruchten Fassade aus stark saugenden Steinen?

Schellbach:

Wir haben an und für sich auch gute Erfahrungen mit Trasskalk gemacht. In der Zusammensetzung kann ich jetzt nicht sagen, ob wir es in dieser Zusammensetzung durchgeführt haben. Aber Trasskalk ist durchaus geeignet und in bestimmtem Umfang auch dem normalen Mauermörtel nach Tabellen der Norm gleichwertig.

Frage:

Sollte zur Vorbeugung von Kalkausblühungen nicht besser grundsätzlich kalkarmer Mörtel verwendet werden, z. B. grundsätzlich Mörtelgruppe III anstelle II oder IIa?

Schellbach:

Nein, denn wir legen ja Wert darauf, daß der Mörtel nicht einen zu hohen E-Modul hat, daß er anpassungsfähig ist, und gute Haftung erlangt. Mit einem zu steifen zu harten Mörtel wird das nicht erreicht. Zementmörtel der Gruppe III ist als Mauermörtel für Verblendmauerwerk nicht zu empfehlen, sondern kommt nur als Mörtel für die nachträgliche Verfugung in Betracht.

Podiumsdiskussion am 05. 03. 1991, vormittags

Frage:

Welche Lebensdauer kann für die verschiedenen Dichtstoffe angenommen werden?

Baust:

Herr Dr. Grunau hat anhand von Objekt-Untersuchungen für Polysulfid eine Lebensdauer von 25–30 Jahre angegeben. Ich kann aus eigener Erfahrung sagen, daß auch ich Objekte kenne, die diese Zeitangabe bestätigen. Ich weiß aber, daß dies erfahrungsgemäß nicht für alle Dichtstoffe zutrifft, denn erst mit der DIN 18540 wurde ein Qualitätslevel für Dichtstoffe eingeführt. Vorher war es dem einzelnen Dichtstoffhersteller überlassen, wie er seine Rezepturen ausrichtete und welche Kriterien er zur Beurteilung herangezogen hat. Heute stehen uns 16 Prüfmethoden zur Beurteilung von Dichtstoffen zur Verfügung.
Eine der Prüfmethoden ist eine Wechsellagerung, d. h. der Dichtstoff wird während drei Wochen einer Dauernaßbelastung und einer Temperaturbelastung im Wechsel ausgesetzt. Anschließend muß er die vorher festgelegte Anforderung von 100 % Dehnung über 24 Stunden unter fixierter Spannung aushalten. Die Erfahrung hat gezeigt, daß ein Dichtstoff, der diese Prüfung überstanden hat, sich draußen in der Praxis auch über Jahre bewährt.

Frage:

Wie steht es mit der UV-Beständigkeit von Dichtstoffen?

Baust:

Bei Silicon und Polysulfid werden die Anforderungen an die UV-Beständigkeit nach den entsprechenden Prüfungen ohne Schwierigkeiten erfüllt. Bei Polyurethan-Dichtstoffen gibt es unterschiedliche Qualitäten. Dabei kommt es auf die Rezeptur an. Ich will nicht behaupten, daß sie alle diese Prüfungen bestehen.

Oswald:

Es ist wohl ein grundsätzliches Problem, daß man sichere Aussagen nur über Produkte machen kann, die tatsächlich schon lange Zeit in der Praxis verwendet werden.

Frage:

Luftdurchlässigkeit – Sie empfahlen, bei Durchlässigkeiten einen Unterdruck im Innenraum zu fahren, um Tauwasserschäden zu verhindern. Beim Lufteintritt von außen nach innen wird jedoch die Wärmedämmung – speziell Mineralwolle – durchströmt und damit unwirksam. Ich hatte zwei Schadensfälle, bei denen Heizungs- bzw. Zuwasserrohre einfroren und platzten. Der Wasserschaden war wesentlich höher als durch Diffusion.

Hauser:

Ich hatte darauf hingewiesen, daß eine Durchströmung von innen nach außen dazu führt, daß sich innerhalb der Konstruktion sehr viel Wasser niederschlagen kann. Dafür gibt es durchaus zahlreiche Beispiele. Der wesentliche Einsatzfall ist wohl das Hallenschwimmbad, wo man schon vor 15 Jahren erstmals auf solche Probleme stieß und dort eine Lösung darin sah, daß man einen kleinen Unterdruck fährt, um wirklich zu garantieren, daß nicht ein Überdruck vorhanden ist und daß nicht eine Strömung von innen nach außen stattfindet. Wenn also in diesem Bereich irgendwo Heizungsrohre und dergleichen vorliegen, dann würde ich diese Maßnahme auch nicht ohne zusätzliche Maßnahmen durchführen, so wie sie hier beschrieben ist. Man kennt gerade diesen Fall, den Sie hier beschreiben, auch aus Skandinavischen Ländern, wo man teilweise z. B. bei Hallenkonstruktionen die gesamte Fläche durchströmt, um eine Wärmerückgewinnung der Transmissionswärmeverluste zu erreichen. Man weiß, daß sich dann natürlich innerhalb des Dämmstoffs niedrige Temperaturen einstellen und zu diesen Schäden führen können. In solchen Fällen – wenn Sie die Fuge genau an einem wasserführenden Rohr haben – bitte diese Maßnahme nicht ergreifen oder zusätzliche Abdichtungsmaßnahmen vorsehen. Generell ist das nur eine Hilfslösung. Die bessere Methode ist selbstverständlich, die Konstruktion abzudichten. Aber in manchen Fällen ist es leider nicht möglich.

Oswald:

Wir bearbeiten gerade den Fall eines größeren Schwimmbades, das mit Unterdruck betrieben werden muß, da es sonst zu erheblichen Tauwasserschäden aufgrund von Luftundichtigkeiten kommen würde. Die Folgen sind so erheblich störende Zugerscheinungen, daß nun eine Sanierung der Gebäudehülle erforderlich wird. Es ist also häufig schwierig, das Problem durch Unterdruck zu lösen.

Frage:

Vollholz mit Rissen im Innenraum – wie bewerten Sie den Schönheitsmangel bei behandelter Holzoberfläche? Je dunkler desto krasser die Gegensätze zum weißen Holz?

Oswald:

Ich bewerte das grundsätzlich gar nicht als Mangel. Wenn ein Vollholzquerschnitt wie üblich mit einer offenporigen Lasur o. ä. behandelt würde, dann gehört es zu einer normalen Eigenschaft eines Holzquerschnittes im Neubau, daß er noch schwindet und Risse bekommt. Im Rahmen der nächsten allgemeinen Schönheitsreparaturen kann die farbliche Abweichung im Riß der Restfläche angeglichen werden. Das ist mein Standpunkt – er kann auch nach dem Dargestellten gar nicht anders sein.

Frage:

Gilt DIN 18540 auch für Fugen zwischen Kunststoffen und Aluminium oder Metall?

Baust:

Die Fugendimensionierungen in dieser Norm sind berechnet auf Beton. Sie gilt somit nicht direkt für Kunststoffe oder Aluminium. Aber die Berechnungsgrundlage innerhalb dieser Norm kann selbstverständlich auf alle anderen Materialien übertragen werden, wenn die entsprechenden Ausdehnungskoeffizienten und die zulässige Gesamtverformung des einzusetzenden Dichtstoffes berücksichtigt werden. Bei DIN 18540 wird davon ausgegangen, daß der Dichtstoff 25% Dehnung verkraftet. Wenn man einen Dichtstoff mit einer geringeren zulässigen Gesamtverformung nimmt, muß man die Fuge entsprechend verbreitern.
Bei Anschlußfugen zwischen Fenstern oder Türen zum Mauerwerk kann man die DIN 18540 nur sinngemäß anwenden. Es gibt aber ein einfaches Hilfsmittel speziell für Fensteranschlüsse. Es ist eine Art Rechenschieber, herausgegeben von der Glasfachschule in Hadamar. An diesem kann man unter Berücksichtigung von Rahmenmaterial, Rahmengröße und Farbe direkt ablesen, wie groß die entsprechende Fuge sein muß.

Frage:

Hat die Fugenabfasung Einfluß auf die Fugendichtigkeit oder dient die Abfasung der Optik?

Baust:

Sie hat etwas mit der Dichtigkeit zu tun. Durch sie wird der Dichtstoff in die Tiefe der Fuge gelegt, ohne daß es optisch unschön aussieht. Der Regen hat dadurch einen längeren Weg, bis er im Beton um die Fuge herumlaufen kann. Bei Sichtbetonkonstruktionen gibt es natürlich noch andere technische Gründe, warum die Ecken abgefast sein sollen.

Frage:

In ihrem Vortrag zeigten Sie eine konventionelle Warmdachkonstruktion mit bituminösen Abdichtungsbahnen. Wie beurteilen Sie den Fugenbereich bei Umkehrdachkonstruktionen, wo die Abdichtung kaum thermischen Längenänderungen unterworfen ist?

Lamers:

Da im Flachdach nur dort Fugen angeordnet werden müssen, wo Bewegungsfugen im Untergrund vorhanden sind, besteht für die zu erwartenden Fugenbewegungen kaum ein Unterschied zwischen einem Warmdach und einem Umkehrdach. Hinsichtlich der thermischen Verformungen spielt bei gleichmäßiger Beheizung des Gebäudes die Dicke der Dämmschichten oberhalb der tragenden Dachdecke eine entscheidende Rolle, nicht die Lage der Dachhaut.
Dehnungsfugen allein in der Dachhaut und im Dämmpaket, unabhängig von Fugen im Untergrund, sind nicht notwendig, weil die Verklebung der Dachhaut auf dem Untergrund bzw. auf der mit dem Untergrund verbundenen Dämmung ein Haftverbundsystem darstellt, bei dem sich theoretische Bewegungsunterschiede gleichmäßig über die Fläche verteilt als Normalspannungen abbauen. Durch die gleichmäßige Verteilung über die Fläche sind die Spannungen sehr gering, zudem werden sie durch das plastische Verhalten der Bitumenbahn zusätz-

lich abgebaut. Auch bei loser Verlegung der Dachhaut treten allein durch die Reibung auf dem Untergrund ähnliche gleichmäßige Spannungsverteilungen auf.

Beim Umkehrdach bietet es sich im übrigen an, da eine Auflast zur Lagesicherung der Dämmplatten sowieso notwendig ist, die Dachhaut lose zu verlegen. Bei lose verlegten Kunststoffdachhäuten stellen die Flachdachrichtlinien in zwei Bildbeispielen eine Dehnungsfuge ohne Schlaufe und ohne Herausheben aus der wasserführenden Ebene als Normallösung dar. Für das Umkehrdach gibt es hier einen wichtigen Punkt zu beachten: Beim Warmdach ist zwischen Dachhaut und einem eventuellen Stützblech über der Fuge die Wärmedämmschicht als Puffer vorhanden. Beim Umkehrdach könnte ein kippelndes Stützblech die Dachhaut dagegen sehr leicht durchstanzen, wenn nicht durch entsprechende Abhilfemaßnahme, z. B. durch ein zwischengelegtes Schutzvlies, hier Vorsorge getroffen wird.

Frage:

Inwieweit wirken sich Durchdringungen einer Dampfsperre auf den Feuchtetransport im Konvektionsfall aus?

Beispiel:

Eine Stahltrapezblechkonstruktion mit mineralischem Faserdämmstoff und einem Stahltrapezblech als Dachhaut und tragender Schale.

Hauser:

Wenn die Befestigungen dieser Bleche miteinander durch Schraubverbindungen vorgenommen wird, ist zwangsläufig eine Durchdringung der inneren Dampfsperre vorhanden. Dabei ist darauf zu achten, daß diese Durchdringung relativ dicht ausgeführt wird. In der Regel werden hier selbstschneidende Schrauben verwendet, so daß das eigentlich kein Problem darstellt.

Frage:

Tritt eine Verschlechterung dadurch ein, daß die Dampfsperre auf dem Stahltrapezblechdach nicht vorgesehen ist?

Hauser:

Sicherlich nicht. Selbst auf eine absolut dichte Ausführung der unteren Stahltrapezblechhaut müßten Sie nicht unbedingt Wert legen, wenn gewährleistet werden kann, daß es nicht zu Durchströmungen kommt. Die Diffusion macht sicherlich nicht das Problem, weil gerade bei Dächern sehr hohe Oberflächentemperaturen vorliegen und deshalb in der Verdunstungsperiode sehr viel Feuchtigkeit abgegeben werden kann.

Oswald:

Die Merkblätter und Fachregeln fordern bei hoher Luftfeuchtigkeit im Innenraum auch bei Trapezblechen eine zusätzliche Dampfsperre. Wie stehen Sie dazu?

Hauser:

Bei einer Halle, in der extrem hohe Luftfeuchten vorhanden sind, muß nicht unbedingt mit einer Dampfsperre gearbeitet werden. Auch in den Stößen abgedichtete Stahltrapezbleche sind möglich. Hierfür gibt es Dichtungsbänder, die dann verschraubt werden und damit praktisch eine sehr hohe Dichtigkeit gewährleisten. In diesem Fall ist nicht mit Schäden zu rechnen.

Dahmen:

In diesem Zusammenhang ist nicht nur die Abdichtung der Stöße zwischen den Blechen zu beachten, sondern nach unseren Erfahrungen treten häufig erhebliche Probleme an den Anschlüssen der Trapezbleche an Durchdringungen (z. B. Lichtkuppeln, Rauchabzugsklappen) bzw. an den Dachrändern auf. Hier muß bei hohen Luftfeuchtigkeiten im Gebäudeinneren eine gleichgroße Dampfdichtigkeit wie an den Blechstößen bzw. in der Fläche gewährleistet werden. Diese Anschlüsse sind aber m. E. mit einer Dampfsperre in Form einer Bitumen- bzw. Kunststoffbahn leichter abzudichten als mit eingelegten Dichtungsbändern. Grundsätzlich sind aber beide Verfahren möglich.

Oswald:

Beide Lösungen sind grundsätzlich möglich. Nach meinen Erfahrungen sind die Randanschlüsse ein ganz wesentliches Problem. Wie enden die Trapezbleche an Lichtkuppeln, Rauchabzugklappen, Dachrändern? Dann kommen wir häufig dazu, daß eine Dampfsperre wesentlich sicherer ist als das abgedichtete Trapezblech.

Frage:

Sie sagten, daß infolge der Wärmebrücke Schimmelpilze, wenn nicht sogar Oberflächentauwasser auftritt. Habe ich Sie richtig verstanden, daß zuerst Schimmelpilze entstehen und dann erst Oberflächenwasser auftritt?

Hauser:

Sie haben mich durchaus richtig verstanden. Es tritt zuerst der Schimmelpilz auf, dann Oberflächentauwasserbildung, weil bei Feuchten entsprechend der Oberflächentemperatur ab etwa 80% bereits ausreichende Konditionen für das Schimmelpilzwachstum gegeben sind. Hierzu liegen speziell vom Kollegen Zöld aus Ungarn und auch vom Fraunhofer Institut genügend experimentelle Ergebnisse vor. Aufgrund von Kapillarkondensation kommt es zu einer Anreicherung von Feuchte innerhalb poröser Materialien. Das gilt natürlich nicht für Glasscheiben und dergleichen.

Frage:

Gibt es Berechnungsverfahren für Fehlstellen in Dampfsperren, die für den normalen Bausachverständigen praktikabel sind?

Hauser:

Ich kenne solche nicht – tut mir leid. Man könnte es über die üblichen Berechnungsverfahren, mit denen man auch Wärmebrückenberechnungen durchführt, zumindest näherungsweise vornehmen. Ich weiß aber nicht, ob das in der täglichen Arbeit des Bausachverständigen nicht auch schon zu umfangreich, zu intensiv ist, weil es doch relativ viel Zeit für die Dateneingabe erfordert.

Oswald:

Es ist häufig ausreichend, daß man Grenzwertbetrachtungen anstellt. Man fragt sich also: Was passiert einerseits, wenn es ganz dicht ist? – und was passiert andererseits, wenn es sehr undicht ist. Je nach Ergebnis dieser Überlegungen sind genauere Berechnungen ggf. gar nicht mehr erforderlich.

Frage:

Hinterfüllmaterial in einer Fuge sollte ein geschlossenzelliges Material sein und es wird darauf hingewiesen, daß durch Verletzung der Oberfläche Blasen im aufgespritzten Dichtstoff entstehen können.

Baust:

Das stimmt. Diese Blasen entstehen, wenn die Fuge von der Sonne beschienen und das Treibgas innerhalb des Schaumes erwärmt wird und durch Verletzungen austreten kann. Die Industrie hat sich mit dieser Frage beschäftigt und nach meinem Wissen existieren heute Polyethylenschnüre, bei denen dieses Phänomen nicht mehr auftritt. Ich sehe die Blasen als Folge der handwerklichen Ausführung an. Es sollen keine spitzen Gegenstände genommen werden, um die Rundschnur in die Fugentiefe zu drücken. Wenn man dies beherzigt, tritt das Problem nicht auf.

Frage:

Was können Sie zur Schimmelpilzbildung auf Dichtstoffen und deren fungizider Ausrüstung sagen?

Baust:

Schimmelpilze können mit Dichtstoffen im Grunde nichts anfangen. Die Schimmelspore, die sich aus der Luft auf einer Oberfläche absetzt, muß zuerst einmal eine verwertbare Substanz vorfinden, und das sind z. B. organischer Blüten- oder Textilstaub. Erst darin kann sie sich entwickeln und nun durch Fermentierung den Dichtstoff umsetzen und für sich genießbar machen. Damit sich die Spore überhaupt entwickeln kann, braucht sie Wasser und Wärme. Deswegen finden wir Schimmel auf Dichtstoffen in der Küche, im Badezimmer, in der Waschküche, in Hallenschwimmbädern usw., dort, wo gerade diese Kriterien zusammentreffen. Wenn man die primäre Schimmelbildung, also Entwicklung im Staub, verhindert, verhindert man automatisch auch die sekundäre Belastung im Dichtstoff selbst. Dort, wo in regelmäßigen Zeitabständen sauber gemacht, gereinigt, evtl. auch etwas desinfiziert wird, dort werden wir keine Schimmelpilze vorfinden.
Früher wurde mit Phenyl-Quecksilberverbindungen fungizid ausgerüstet, was Gott sei Dank verboten wurde. Mittlerweile werden andere organische Substanzen verschiedener Art eingesetzt. Diese sind, wenn auch nur in Nano-Gramm (10^{-9}), wasserlöslich, so daß es den Pilzen möglich ist, dieses Gift aufzunehmen. Das hat zur Folge, daß natürlich die fungizide Wirkung im Laufe der Zeit und in Abhängigkeit von der Naßbelastung nachläßt und eines Tages verschwunden ist.

In einer Frage hier wird angegeben, daß Untersuchungen eine Unwirksamkeit der fungiziden Ausrüstung belegen.
Dazu ist zu sagen: Es gibt eine Menge fungizid wirkender Substanzen, aber ebenso gibt es eine große Anzahl verschiedener Dichtstoffrezepturen. Es ist also nicht auszuschließen, daß ein System sich mit der fungiziden Ausrüstung verträgt und ein anderes nicht. Am Materialprüfungsamt in Dortmund wurden Untersuchungen mit unseren Dichtstoffen unter Verwendung von Norm- bzw. ISO-Pilzen durchgeführt. Alle bestanden diese Prüfungen. Daraufhin haben wir, aufgrund eigener Erfahrungen, Schimmelpilze von Objekten, also Praxispilze, zur Verfügung gestellt, und jetzt versagten einige unserer fungizid ausgerüsteten Dichtstoffe. Deshalb wurden, zumindest in unserem Haus, die Prüfungen auf Wunsch von uns mit Praxispilzen durchgeführt. So wissen wir hundertprozentig, daß die Ausrüstung wirkt. Denn eine Pilzmutation kann sich eventuell an eine vorhandene Verbindung gewöhnt haben.
Denken Sie daran, daß wir in der Landwirtschaft Gifte versprühen, die nach kurzer Zeit ihre Wirkung verlieren, nur weil sich irgendwelche Bakterien oder Pilze darauf eingestellt haben. Dann muß man eine andere, neue chemische Verbindung einsetzen.

Frage:

Wo steht verbindlich, daß eine Bewegungsfuge nicht in der Wand-/Bodenecke angeordnet werden darf?

Lamers:

Die für die Flachdachrichtlinien vorgesehene Formulierung lautet: „Bewegungsfugen sollen nicht unmittelbar im Bereich von Wandanschlüssen angeordnet werden und dürfen insbesondere nicht durch Ecken von Wandanschlüssen oder Randaufkantungen verlaufen. Ist dies unvermeidbar, so sind geeignete konstruktive Maßnahmen, z. B. Hilfskonstruktionen notwendig . . ." In meinem Vortrag habe ich aber darauf hingewiesen, daß es vielfach sinnvoller ist, auf die Ausnahmeregelung zurückzugreifen, indem man die Dehnungsfuge in der Kehle anordnet und dann die genannten Hilfskonstruktionen ausführt, oder man setzt hochwertige vorkonfektionierte Fugenbänder in den Kehlen ein.

Frage:

Da die Luftdurchgänge durch Risse, Spalten und Fugen die fatalsten Folgen haben, müßte dem Anspruch der Wärmeschutzverordnung doch ein höheres Gewicht zukommen. Es heißt dort sinngemäß: Die übrigen Umfassungsflächen des Bauwerks sind luftdicht nach dem Stand der Technik zu schließen. Ein stark vernachlässigter Sachverhalt. Ihre Meinung?

Hauser:

Sie haben völlig recht. Es hat nicht so sehr viel Sinn, wenn wir die Wärmedämmung der Bauteile mehr und mehr verbessern, ohne daß wir uns auch mit den Wärmeverlusten über Fugen auseinandersetzen. Nur – wie soll das geschehen? Es kann letztendlich nur durch eine Dichtigkeitsprüfung nach Fertigstellung des Bauwerks erfolgen. Diese Technik wird in skandinavischen Ländern, auch in der Schweiz, bereits seit mehreren Jahren praktiziert. Auch in Deutschland wurde diese Methode bei geförderten Niedrigenergiehäusern in Schleswig-Holstein teilweise angewandt. Dabei wird ein Überdruck von 50 Pascal auf das Gebäude aufgebracht und man mißt, welche Volumenströme das Gebäude verlassen. Auf diese Art und Weise könnte man dem Problem der Dichtigkeit Rechnung tragen. Ich kann mir aber nicht vorstellen, daß das in der Wärmeschutzverordnung tatsächlich verankert werden könnte. Vermutlich würden die meisten Architekten sehr rebellisch reagieren, wenn man so etwas vorschreiben wollte.

Frage:

Sind ihnen Anstriche oder Beschichtungen bekannt, mit denen elastische Dichtstoffe im Sinne der Forderung der Überstreichbarkeit ohne Rißbildung in Anstrichen beschichtet werden können?

Baust:

Ganz klar: Nein! Die Lackindustrie, mit der wir auf dem Gebiet sehr eng zusammenarbeiten, sagt deutlich: Wenn ein Lacksystem diese Dehnfähigkeit aufweist, dann hat es nicht mehr die notwendige mechanische Beständigkeit gegen Kratzen und andere mechanische Belastungen, so daß ein derartiges System nicht angeboten werden kann.
Mir ist aber bekannt, daß eine Firma, die sich mit Polysulfidbändern beschäftigt, für ihr Band

ein abgestimmtes überstreichbares System entwickelt hat. Sie liefert auch gleich die Farbe mit, die so dehnfähig ist, daß sie zumindest auf dem Band gebraucht werden kann.

Frage:

Wie soll bei unbelüfteten Konstruktionen in der Praxis die Vermeidung konvektiver Fehlstellen gewährleistet werden? Verbietet es sich nicht vor dem Hintergrund dieser Problematik, die Gefache mit Dämmstoff auszufüllen?

Hauser:

Es verbietet sich keineswegs, die Gefache mit Dämmstoff auszufüllen, denn wir brauchen das unbedingt für den Wärmeschutz und die Durchströmung wird – wenn wir eine nicht belüftete Konstruktion wählen – auch geringer. Durch die Durchströmung wird auch ein gewisser Unterdruck in der Dachkonstruktion erzeugt, so daß die Intensität eines konvektiven Feuchte- und Wärmetransports größer wird. Mit dem Wärmedämmstoff hat das nichts zu tun. Wir müssen nach Konstruktionen suchen, die eine Luftdichtigkeit gewährleisten.

Podiumsdiskussion am 5. 3. 1991, nachmittags

Frage:

Geschoßdecke (Innenbauteil) mit starker Netzrißbildung ≥ 1 mm an der Oberfläche, sowohl im Feldbereich als auch über der Mittelstützung. Welche Maßnahmen empfehlen Sie? Wie schätzen Sie den Nutzen der drucklosen Injektion von Oberflächenrissen, z. B. bei Parkdecks, ein?

Schießl:

Eine Netzrißbildung kann unter Umständen auch akzeptiert werden, wenn die Risse sehr breit sind und gleichzeitig die Ausnutzung des Bauteiles gering ist, was bei Geschoßdecken die Regel ist. Im Hinblick auf die Tragfähigkeit kann man in solchen Fällen u. U. bis zu 1 mm und mehr ohne Instandsetzungsmaßnahme akzeptieren. In so einem Fall ist – wie Herr Dr. Oswald heute vormittag schon angemerkt hat – zerstörungsfreies Nachdenken zunächst einmal sehr wirtschaftlich.

Diese Aussage gilt aber nur, sofern nicht mit der Einwirkung aggressiver Medien zu rechnen ist und damit komme ich zurück auf das Parkdeck. Bei einem Parkdeck muß immer mit der Einwirkung von Tausalzen gerechnet werden, die mit PKW's eingeschleppt werden. In diesem Fall werden sich sehr rasch hohe Chloridkonzentrationen an der Bewehrung im Bereich von Rissen unabhängig von ihrer Breite einstellen und damit Korrosionsgefahr erzeugen.

Meines Erachtens sollten wir direkt befahrene Betonoberflächen bei Chloridbeaufschlagung ohnehin nicht mehr ausführen. Man hat in den 60er und 70er Jahren geglaubt, durch hohe Betonqualität, z. B. Vakuumbeton, direkt befahrene Betonoberflächen dauerhaft herstellen zu können. Dies ist bis zu einem gewissen Grad möglich, solange keine Risse auftreten. Wir müssen aber akzeptieren, daß auch bei guter Betontechnologie Rißbildung in Betonbauwerken unvermeidbar ist. Eine sichere Oberflächenabdichtung des Betons bei Tausalzbeaufschlagung deshalb auf jeden Fall empfehlenswert. Die drucklose Injektion von Oberflächenrissen kann nur dann empfohlen werden, wenn die Risse ausreichend breit sind und insbesondere sichergestellt ist, daß zukünftig Rißbewegungen ausgeschlossen sind. Dies kann nur bei Rissen infolge Betontechnologie erwartet werden. Risse aus wechselnder Temperatur sind mit der drucklosen Injektion nicht dauerhaft zu schließen.

Oswald:

Ab wann ist das schätzungsweise als Regel anzusehen, daß man Parkdecks nicht einfach nur betonieren darf? Ab wann kann man das als Mangel ansehen?

Schießl:

Die Frage ist sehr schwierig zu beantworten. Wenn man sich auf den anerkannten Stand der Technik bezieht, dann sind zunächst einmal die einschlägige Normung und die einschlägigen Fachveröffentlichungen heranzuziehen. Wenn man die einschlägige Normung zu Hilfe nimmt, das wäre in diesem Fall die DIN 1045, dann ist man eigentlich bis zur Neuauflage der Norm im Jahre 1988 im Stich gelassen, weil bis dahin zu dieser Frage keine klaren Aussagen in der Norm zu finden sind. In der Fachliteratur würde ich sagen, kann man, wenn man seine Aufgabe als Planer und Fachmann ernst nimmt, spätestens ab Mitte der 80er Jahre klare Hinweise finden, daß bei durchgehenden Rissen und Tausalzeinwirkung mit starker Korrosion der Bewehrung, unabhängig von der Rißbreite, gerechnet werden muß.

Frage:

Sie haben geäußert, daß der „normale" Sachverständige die Detailkenntnisse, die bei dieser Tagung präsentiert worden sind, häufig nicht besitzt und deshalb schon mal öffnen muß. Ist er dann der richtige Sachverständige oder kann man von einem Sachverständigen nicht erwarten, daß er den anerkannten Stand der Technik zu dem Thema, das er beurteilt, auch beherrscht?

Jürgensen:

Natürlich kann man das erwarten. Ich habe doch auch nur mit einem „Schlenker" gesagt, daß gestern Herr Prof. Pfefferkorn hier geäußert hat, er wäre in der Lage, Risse durch Inaugenscheinnahme zu beurteilen und dann später gesagt hat, das gilt eigentlich nur für die von ihm berechneten Bauten. Ich habe in bezug auf dieses Referat gesagt, mir sind diese Kenntnisse, daß die Rißflanken rund sind, nicht bekannt gewesen. Ich beschäftige mich auch nicht mit Beton und insofern ist die Antwort doch ganz simpel die: Derjenige Sachverständige, der sich auf ein Fachgebiet wagt, das er nicht beherrscht, wird natürlich später bei Gericht Schwierigkeiten haben und u. U. auch abgelehnt. Grundsatz ist doch, daß alle Fachgebiete, die wir nicht beherrschen, von uns auch nicht bearbeitet werden. Das war mit dem „mal öffnen" gemeint.

Oswald:

Im Zweifelsfall sollte man einmal mehr öffnen als einmal zu wenig. Vor allem, wenn es um schwerwiegende Fragen geht.

Jürgensen:

Es gibt ja auch heute noch eine Anzahl von Gutachten, in denen Hellseher tätig sind – ich sage das jetzt ganz süffisant –, die einen Schaden – wir sollten unterscheiden zwischen Schaden und Mangel –, nehmen wir mal an, die Feuchtigkeit als Mangel ansehen. Das ist nicht der Mangel, sondern der Schaden, der sichtbar ist. Der Mangel liegt ganz woanders.

Frage:

Mit welchen Materialien werden Vollstein- und Hohlblockmauerwerk verpreßt?
Wie weit ist das Verpressen von Mauerwerk machbar und wo liegen die Probleme?

Fix:

Die Probleme liegen einerseits in der Rißweite, zum zweiten in der Ausbildung von Hohlstellen oder von Fehlstellen im Mauerwerk selbst, z. B. Kammern bei Steinen, drittens in den Fugenbreiten und viertens in der nachträglichen Sichtbarkeit der Flächen. Ausgeführt werden derartige Rißverpressungen in der Regel mit Zementsuspensionen, wobei in Abhängigkeit von den Rissen man entweder mit Zementleimen oder – bei größeren Rissen – mit Mörteln arbeitet.

Frage:

Wie hoch liegen die Kosten für Injektionsarbeiten?

Fix:

Zu den Kosten für Verpreßarbeiten grundsätzlich kann ich etwa für den Verfahrensgang Klebepacker-Injektionen, Größenordnungen von ca. 150,– bis 225,– DM/lfm, für Bohrpacker-Injektionen, Größenordnungen von ca. 200,– bis 275,– DM/lfm, im Einzelfall sogar deutlich darüber angeben. Es empfiehlt sich, bei Ausschreibungen in dieser Richtung sowohl den Aufwand für lfm begrenzt auf einen bestimmten Materialeinsatz (Empfehlung in die Größenordnung 0,5–0,75 kg/lfm) festzulegen und zusätzlich Folgekosten, Lohnkosten und Zusatz-Materialkosten auszuweisen.

Frage:

Aufgrund Ihrer Ausführungen hinsichtlich WU-Beton, daß „technische Dichtigkeit" gegeben ist, wenn die Druckzonenhöhe mindestens 3 bis 5 cm und die Rißbreite $\leq$ 0,4 mm ist, könnte auf Rißsicherheitsnachweis entsprechend DIN 1045, Abschnitt 17.6.3, bzw. Nachweis nach Falkner verzichtet werden. Dabei ergäbe sich eine erhebliche Bewehrungseinsparung.

Schießl:

Das ist sicherlich richtig, was die Bewehrungseinsparung bzw. die erforderliche Bauteilgeometrie betrifft. Voraussetzung ist allerdings, daß eine Druckzone von mindestens 3 bis 5 cm verbleibt, die Risse also nicht über den gesamten Querschnitt reichen.
Der Bezug auf den Abschnitt 17.6.3 in der Fragestellung betrifft wohl die alte Fassung der DIN 1045 vor 1988. In dieser Fassung der Norm war im Abschnitt 17.6.3 der Nachweis der Vergleichszugspannung geregelt. Dieser Nachweis der Vergleichszugspannung ist in der Neufassung ersatzlos entfallen, da er bei Zwängungsbeanspruchung zu falschen Lösungen führt. Der Nachweis nach Falkner und auch der Nachweis der Vergleichszugspannung in der alten Fassung der DIN 1045 bezieht sich auf die Gefahr der durchgehenden Rißbildung bei Zwangbeanspruchung. Für diesen Fall, bei dem ja keine Druckzone verbleibt, sind die zulässigen Rißbreiten natürlich deutlich kleiner als 0,4 mm. Ich habe Werte in der Größenordnung von 0,10 bis 0,15 mm genannt.

Frage:

Gibt es Argumente gegen die Verwendung von Betonverflüssigern bei der Erstellung von WU-Betonen?

Schießl:

Ganz eindeutig nein. Betonverflüssiger ermöglichen es, einen Beton mit geringeren Wasserzementwerten herzustellen, das bedeutet, Betone mit kleineren Zementgehalten und deshalb geringeren Schwindmaßen. Die Verwendung von Betonverflüssigern und Fließmitteln in Zusammenhang mit WU-Beton kann nur positiv beurteilt werden, weil dadurch eine bessere Betonqualität erreicht wird.

Frage:

Der Sachverständige braucht und sollte kein Risiko eingehen. Auftraggeber für die Bauteilöffnung durch einen Handwerker sollte derjenige sein, der beweispflichtig für seine Behauptung ist (natürlich unter Aufsicht des Sachverständigen und im Einverständnis des Objekteigentümers). Nur so ist sichergestellt, daß der Sachverständige für Folgeschäden nicht haftet.

Jürgensen:

Im Prinzip ist es das, was ich gesagt habe. Der Sachverständige kann durchaus in Anspruch genommen werden. Nur – wenn Sie durch das Gericht beauftragt werden, dann können Sie sich nicht denjenigen aussuchen, der beweispflichtig ist, sondern Sie sind beauftragt, festzustellen, wer den Mangel gesetzt hat. Um das durchzuführen, öffnen Sie natürlich im Einverständnis mit dem Gericht und mit dem jeweiligen Eigentümer das einzelne Bauteilstück. Das kann nicht derjenige sein, der in diesem Prozeß der Beweispflichtige ist. Anders verhält es sich, wenn Sie privat beauftragt werden. Dann ist natürlich derjenige, der von ihnen das Gutachten haben will, daran interessiert, einen Beweis herbeizuführen und damit auch an einer Bauteilöffnung interessiert.

Oswald:

Im gerichtlichen Verfahren teilen wir grundsätzlich den Parteien mit, daß die beweispflichtige Partei dafür zu sorgen hat, daß die Öffnungsarbeiten durchgeführt werden. Wir lassen bewußt in unseren Schreiben offen – es geht ja an alle Beteiligten – wer die beweispflichtige Partei ist. Diese juristische Frage sollen die beiden Parteien untereinander klären. Meistens ist aber allein aus praktischen Erwägungen – gleichgültig wer die Beweispflicht hat – der beteiligte Bauunternehmer bereit, die Arbeiten durchzuführen, da dies zur Kostenminimierung führt.

Frage:

Liegen Erfahrungen beim Verpressen von mangelhaften Schalenfugen vor?

Fix:

Das muß ich verneinen. Vom Prinzip her sehe ich Schwierigkeiten, die Fehlstellen sicher zu finden. Ich weise darauf hin, daß der Injektionsdruck sehr problematisch ist und verweise dabei auf die Schäden, die man beim Injizieren von mangelhaftem Verbund bei Estrichen durch Injizieren mit zu hohen Drücken produzieren kann.

Frage:

Ist es sinnvoll, gegen das Schwinden durch Abfluß von Hydratationswärme anzubewehren? Hat es Sinn, dort überhaupt Bewehrung einzulegen? Klassisches Beispiel: eine nachträglich auf einer vorher betonierten Sohlplatte aufbetonierte Wand, die dann in etwa ein Drittel der Wandhöhe häufig auftretende Rißbildungen zeigt, durch abfließende Hydratationswärme und behinderte Verkürzung durch die vorher betonierte Sohle.

Schießl:

Wenn damit gemeint ist, daß man durch die Bewehrung diese Risse verhindern könnte, dann ist die Frage mit nein zu beantworten. Es ist in der Tat sinnlos, dagegen anzubewehren, weil Risse trotz Bewehrung auftreten werden. Durch Bewehrung kann man allenfalls die Rißverteilung und die Rißbreiten beeinflussen. Es kann in dem einen oder anderen Fall durchaus sinnvoll sein, bei zwängungsbeanspruchten Bauteilen auf die Bewehrung ganz zu verzichten und einzelne breite Risse in Kauf zu nehmen, die dann mit kleinerem Aufwand zu verpressen sind als viele kleine Risse. Ein solches Vorgehen hat aber nur Sinn, wenn es sich um einen einmalig auftretenden Zwang handelt, wie dies z.B. bei dem geschilderten Fall der abfließenden Hydratationswärme der Fall ist. Bei wiederkehrenden Beanspruchungen ist der Verzicht auf Mindestbewehrung und die Injektion von aufgetretenen Rissen ein ungeeignetes Konzept. Zur Vermeidung von Rißbildung infolge abfließender Hydratationswärme kann man natürlich auch sehr viel durch geeignete Betontechnologie tun, das heißt, durch Wahl von Betonzusammensetzungen, die geringe Hydratationswärme entwickeln oder auch durch Steuerung der Temperatur.

Frage:

Welche Mindestbewehrung ist bei fugenlosen Bauwerken in den neuen Regelungen festgelegt?

Schießl:

Die erforderliche Mindestbewehrung steht in direktem Zusammenhang mit der angestrebten

Rißbreite. Bei den Rißbreiten, die in der Regel einzuhalten sind, also 0,3 bis 0,4 mm Rißbreite, ergibt sich bei zentrischer Zwangbeanspruchung eine Mindestbewehrung in der Größenordnung von 0,5 %. Das heißt, bei einer 30 cm dicken Wand etwa 15 cm^2/m. Wenn man sehr viel kleinere Rißbreiten sicherstellen will, dann kann die erforderliche Bewehrung auch bis zu 1% anwachsen.

Frage:

Haftet ein Sachverständiger, der die Abnahme einer Bauleistung übernommen hat, auch dann für den später sich ergebenden Schaden, wenn der schadensursächliche Mangelzustand bei der Abnahmebegehung nicht offensichtlich war, sondern nur durch Öffnungsarbeiten – z.B. Aufnehmen einer Dacheindeckung – erkennbar war?

Jürgensen:

Ich halte es für unsinnig zu fordern, daß ein Sachverständiger im Zuge einer Abnahme Bauteilöffnungen durchführen muß. Das würde auch zur Folge haben, daß wir letztlich bei Abnahmen eine Dränung freilegen müßten.

Oswald:

Ich stimme dem völlig zu, bei der Abnahme sind nur sichtbare Mangelzustände festzuhalten.

Frage:

Aufgrund Ihres Bildes hinsichtlich des Korrosionsmechanismus könnte man folgern, daß die bisherigen Sanierungsmethoden (Spachteln) problematisch sein könnten, da eine Potentialdifferenz vorhanden sein kann und als Folge davon Korrosion. Trifft diese Überlegung zu?

Schießl:

Diese Überlegung trifft dann zu, wenn im Bereich des Risses bereits größere Mengen an Chloriden eingedrungen sind. Dann nützt eine Spachtelung ebensowenig wie eine Injektion von Rissen. Durch Injektion von Rissen können Korrosionsvorgänge an der Bewehrung nicht gestoppt werden. Wenn im Bereich von Rissen mit Bewehrungskorrosion zu rechnen ist, muß man sich Gedanken machen, ob die Tragfähigkeit des Systems bei Ausfall der betroffenen Bewehrung im Bereich des Risses gefährdet ist. In der Regel haben wir nämlich das Glück, daß solche Risse als Zwängungsrisse parallel zur Spannrichtung verlaufen. In so einem Fall fällt dann bei starker Korrosion allenfalls ein Bewehrungsstab von vielen aus, so daß die Tragfähigkeit nur in unerheblichem Maß beeinträchtigt wird.

Ganz anders sieht es aus, wenn ein Riß senkrecht zur Spannrichtung verläuft und in einem Querschnitt alle Tragstäbe kreuzt. In so einem Fall muß man Bewehrungskorrosion zukünftig verhindern. Dies kann aber nicht, wie erläutert, durch Injektion geschehen. Vielmehr muß im Rißbereich der chloridbelastete Beton entfernt und durch chloridfreien Instandsetzungsmörtel ersetzt werden. Darüber hinaus ist dafür zu sorgen, daß zukünftig kein neues Chlorid in Risse eindringt.

Frage:

Warum halten Sie eine zusätzliche Haftpflichtversicherung des Sachverständigen für erforderlich?

Jürgensen:

Nach Erkundigungen bei Versicherungen ist es so, daß z.B. die planerische Tätigkeit im Rahmen der HOAI durch einen normalen Sachverständigen-Versicherungsvertrag in vielen Fällen nicht mit abgedeckt ist. Sie sollten sich bei Ihrer Versicherung erkundigen, ob die Tätigkeit als Architekt, die Sie ausüben sobald Sie eine Mangelbeseitigung vorschreiben, überwachen, abnehmen, abrechnen, mit der Versicherung abgedeckt ist. Deshalb habe ich vorgeschlagen, schließen Sie lieber eine allgemeine Berufshaftpflichtversicherung für Architekten und Ingenieure ab. Diese Versicherung deckt solche Tätigkeiten ab.

Frage:

Muß der Sachverständige das ordnungsgemäße Verschließen der von ihm angeordneten Öffnung überwachen?

Jürgensen:

Sicherlich ist er dafür verantwortlich, wenn er die Anordnung erteilt hat, eine Öffnung vorzunehmen. Er muß aber nicht dabeistehen, wenn er davon ausgehen kann, daß ein Handwerksbetrieb beauftragt wurde, der das ordnungsgemäße Verschließen gewährleistet. Es sei denn, es handelt sich um sehr kritische Stellen.

Aachener Bausachverständigentage 1981
Die Nachbesserung von Bauschäden. Rechtsfragen für Baupraktiker

1981. 146 Seiten DIN A 5 mit zahlreichen Abbildungen. Kartoniert DM 34,–
ISBN 3-7625-1482-8

Aachener Bausachverständigentage 1984
Wärme- und Feuchtigkeitsschutz von Dach und Wand. Rechtsfragen für Baupraktiker

1984. 134 Seiten DIN A 5 mit Abbildungen. Kartoniert DM 36,–
ISBN 3-7625-2236-7

Aachener Bausachverständigentage 1986
Genutzte Dächer und Terrassen.
Konstruktion und Nachbesserung begangener, bepflanzter und befahrener Flächen. Rechtsfragen für Baupraktiker

1986. 144 Seiten mit zahlreichen Abbildungen. Format DIN A 5. Kartoniert DM 39,–
ISBN 3-7625-2510-2

Aachener Bausachverständigentage 1987
Leichte Dächer und Fassaden

1987. 135 Seiten mit zahlreichen Abbildungen. Format DIN A 5. Kartoniert DM 42,–
ISBN 3-7625-2589-7

Aachener Bausachverständigentage 1989
Mauerwerkswände und Putz

1989. 153 Seiten DIN A 5 mit zahlreichen Abbildungen. Kartoniert DM 49,–
ISBN 3-7625-2738-6

Aachener Bausachverständigentage 1990
Erdberührte Bauteile und Gründungen

1990. 164 Seiten DIN A 5 mit zahlreichen Abbildungen. Kartoniert DM 54,–
ISBN 3-7625-2827-6

B A U V E R L A G GMBH · POSTFACH 1460 · D-6200 WIESBADEN

Preise Stand August '91, Preisänderungen vorbehalten.